ベクトルと行列

[基礎からはじめる線形代数]

新井啓介・池田京司・出耒光夫・國分雅敏
藤澤太郎・三鍋聡司・宮崎 桂・山本 現
共著

培風館

はじめに

本書は，大学の理工系学部において，たいてい初年次に学ぶこととなる「線形代数学」の入門的教科書です．理工系の大学 1 年次生を読者に想定しています．線形代数学とは，平易に言えば，ベクトルや行列に関する数学であり，理工系の話題の様々なところに顔をだすものです．理工系学問の土台のひとつですから，読者の皆さんにはしっかりと基礎を固めていただきたいと考えています．

執筆にあたっては，「線形代数学」の通年授業の分量を想定しました．授業の教科書としての利用はもちろんのこと，読者の皆さんが自習にも使えるための本を目指しました．いきなり抽象的な概念を与えて始めるようなことはせず，具体例を多く交え，段階を踏んで，少しずつ進んだ内容に到達できるように気を配りました．各章とも「助走」にあたる部分に少なからぬページを割いた点，および各頁の余白に補足コメントを豊富に載せた点において，本書は他に類を見ないユニークなものであると著者たちは考えています．

理工系学生であっても，数学に苦手意識をもつ者が存在するようです．もしくは，高校時代までは「数学が得意である，好きである」と感じていた学生でも，大学の数学が始まったとたんに「苦手である，できれば避けて通りたい」に変わってしまう学生も... そのような学生にも親しみやすいように，本文では直観的な説明ですませた部分や，証明も「ある特別な場合の証明」ですませたところがいくらかあります．また，あまり欲張らず，多くの「線形代数学」の本で扱われていることでも，本書では割愛した内容もあります．そこで，より厳密な証明や，本書では扱えなかった内容については Web で提供するスタイルとしました．

`http://www.baifukan.co.jp/shoseki/kanren.html`

(例えば，一般の線形空間や 2 次形式の話題は Web で扱います．) 数学の勉強の進度において個人差がでるのは，きわめて自然なことですから，より深い内容や，より先の内容に進みたい読者は Web を大いに活用してください．また，Web から本書のレジュメも入手することが可能です．こちらも必要に応じてご利用ください．

本書の構成

第1章では幾何ベクトルについて学びます．高等学校で学ぶ内容と重複する部分もありますが，できるだけ高校での予備知識を仮定しない形で執筆しました．高等学校で学ぶベクトルがしっかり身についている読者は，1.1〜1.3節を記号の確認程度ですませ，1.4節から始めることも可能でしょう．

第2章では，その導入として2行2列の行列から始め，平面の1次変換などである程度2行2列の行列に慣れ親しんでから一般の行列へと話を進めます．高等学校で行列を扱わなくなったことに配慮して執筆しました．

第3章では，連立1次方程式を筆頭に行列の行基本変形の応用を扱います．基本変形は，一見したところ初等的な計算技法で，華やかな表舞台にはでてきませんが，線形代数学を縁の下から支え，重要な役割を担います．

第4章では，行列式とその性質について詳しく学びます．初学者にとって，出発となる行列式の定義がひとつの難所かもしれません．特に序盤は辛抱強く取り組んでいただきたいと考えます．

第5章では，数ベクトルの1次独立性や数ベクトル空間およびその線形部分空間について学びます．話が抽象的になりすぎないように，極力，“計算”の話に帰着した形で執筆しました．

第6章では，固有値・固有ベクトルについて，豊富な例題を通じて理解を深めていただきます．本章を理解するには，第1〜5章の内容をきちんと身につけていることが鍵となります．

本書は，各章を1名ないし2名で分担し，それをもとに全体で会合を開き，数々の討議を経てブラッシュアップしてゆくという方法で作成されました．そのような理由もあって，注意深い読者は，章による文体の風合の違いなど感じるかもしれません．それもまた本書の個性のひとつとしてご容赦ください．

2014年度 東京電機大学工学部・未来科学部の開講科目「線形代数学Ⅰ，Ⅱ」において，本書の暫定版が授業用教科書として使用されました．その際に寄せられた貴重な意見の数々はとても有益なものでした．担当講師各位・受講生諸君に深く感謝いたします．特に，赤堀庸子氏，網谷泰治氏，入江博氏，菊田伸氏，戸野恵太氏，前田恵子氏には，誤りの指摘等の重要な助言をいただきました．心より御礼申し上げます．

2015年1月

執筆者一同

目　　次

1

ベクトルと空間図形

1.1　幾何ベクトル

長さや面積あるいは気温のように，1つの実数で表される量を**スカラー**という．それに対し，図形の平行移動や風の吹き方は，記述するには向きと大きさを指定する必要がある．このような量を表すためにベクトルを考える．

A, B を平面の 2 点，あるいは空間の 2 点とするとき，A を始点，B を終点とし A から B への向きをもつ線分を**有向線分** AB という．有向線分において，その位置を問題にしないで，向きと長さのみ考えたものを**ベクトル**という．有向線分 AB の表すベクトルを $\overrightarrow{\mathrm{AB}}$ と表す．ベクトルは，$\boldsymbol{a}, \boldsymbol{b}, \vec{a}, \vec{b}$ のように，1つの文字を太字にしたり上に矢印をつけたりして表すこともある．高校数学では矢印をつけていたが，本書では太字で表す．

定義 1.1　ベクトル $\boldsymbol{a}$ を表す有向線分とベクトル $\boldsymbol{b}$ を表す有向線分が，同じ向き，同じ長さをもつとき，$\boldsymbol{a}$ と $\boldsymbol{b}$ は**等しい**といい，$\boldsymbol{a}=\boldsymbol{b}$ で表す．したがって，有向線分 AB を平行移動して有向線分 CD にぴったり重なる (始点 A が C に，終点 B が D に重なる) とき，$\overrightarrow{\mathrm{AB}}=\overrightarrow{\mathrm{CD}}$ である (図 1).

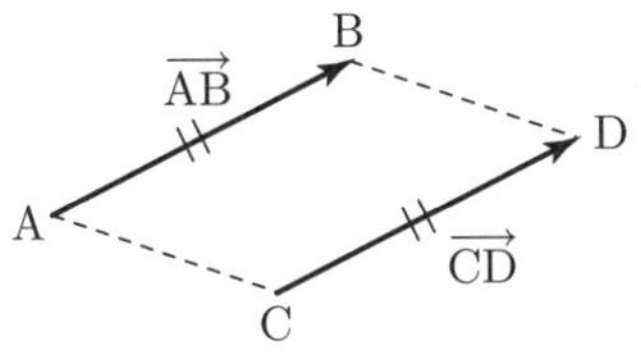

図 1　$\overrightarrow{\mathrm{AB}}=\overrightarrow{\mathrm{CD}}$

本章では，有向線分と結びつけてベクトルを考えているが，後の章ではより抽象的に数ベクトルを考える．これらのベクトル概念と対比して，有向線分で表されるベクトルを**幾何ベクトル**あるいは**矢線ベクトル**という．

定義 1.2　ベクトル $\boldsymbol{a}$ を表す有向線分の長さを $\boldsymbol{a}$ の**長さ**といい，$|\boldsymbol{a}|$ で表す．

零ベクトル $\mathbf{0}$ と実数の零 0 を混同してはいけない．

$\overrightarrow{\mathrm{AB}}$ の長さ $|\overrightarrow{\mathrm{AB}}|$ は線分 AB の長さである．長さ 0 のベクトルを**零ベクトル**といい，$\mathbf{0}$ で表す．零ベクトルは $\overrightarrow{\mathrm{AA}}$ のように始点と終点が一致する有向線分で表され，向きは考えないものとする．また，長さ 1 のベクトルを**単位ベクトル**という．

さて，ベクトルの和とスカラー (実数) 倍を定義しよう．

定義 1.3 (ベクトルの和)　ベクトル $\boldsymbol{a}$, $\boldsymbol{b}$ を表す有向線分を，$\boldsymbol{a}$ を表す有向線分の終点が $\boldsymbol{b}$ を表す有向線分の始点になるように，つまり $\boldsymbol{a}=\overrightarrow{\mathrm{AB}}$, $\boldsymbol{b}=\overrightarrow{\mathrm{BC}}$ のようにとる．このとき，$\boldsymbol{a}$ と $\boldsymbol{b}$ の**和**を $\boldsymbol{a}+\boldsymbol{b}=\overrightarrow{\mathrm{AC}}$ と定める．つまり

$$\overrightarrow{\mathrm{AB}}+\overrightarrow{\mathrm{BC}}=\overrightarrow{\mathrm{AC}}$$

が成立する (図 2).

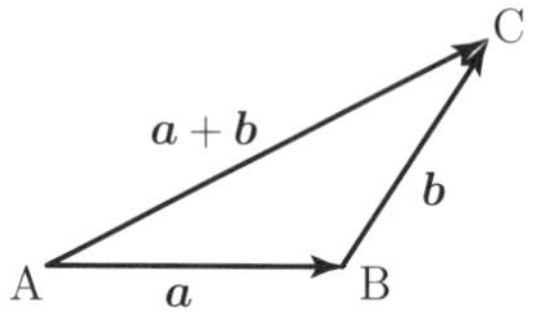

図 2　ベクトルの和

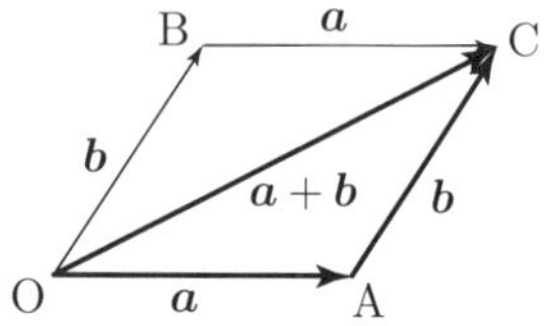

図 3　$\boldsymbol{a}+\boldsymbol{b}=\boldsymbol{b}+\boldsymbol{a}$

平行四辺形 OACB において, $\overrightarrow{\mathrm{OB}}=\overrightarrow{\mathrm{AC}}$, $\overrightarrow{\mathrm{OA}}=\overrightarrow{\mathrm{BC}}$ である．よって, $\boldsymbol{a}=\overrightarrow{\mathrm{OA}}$, $\boldsymbol{b}=\overrightarrow{\mathrm{OB}}$ とすると，図 3 より $\boldsymbol{a}+\boldsymbol{b}=\boldsymbol{b}+\boldsymbol{a}=\overrightarrow{\mathrm{OC}}$ (平行四辺形 OACB の対角線) が成立する．

記号の注意．本書では，等号付き不等号として，≦ の代わりに $\leq$ を，≧ の代わりに $\geq$ を使う．したがって，$k\geq 0$ は k ≧ 0 と同じ式である．

定義 1.4 (ベクトルのスカラー倍，逆ベクトル)　ベクトル $\boldsymbol{a}$ の**実数 k 倍 (スカラー倍) $k\boldsymbol{a}$** を

$$k\boldsymbol{a}=\begin{cases}\boldsymbol{a}\text{ と同じ向きで，長さ }k\text{ 倍のベクトル} & (k\geq 0\text{ のとき})\\ \boldsymbol{a}\text{ と逆向きで，長さ }|k|\text{ 倍のベクトル} & (k<0\text{ のとき})\end{cases}$$

と定義する．特に，$(-1)\boldsymbol{a}$ は，$\boldsymbol{a}$ と逆向きで，同じ長さのベクトルである．これを $\boldsymbol{a}$ の**逆ベクトル**といい，$-\boldsymbol{a}$ で表す (図 4).

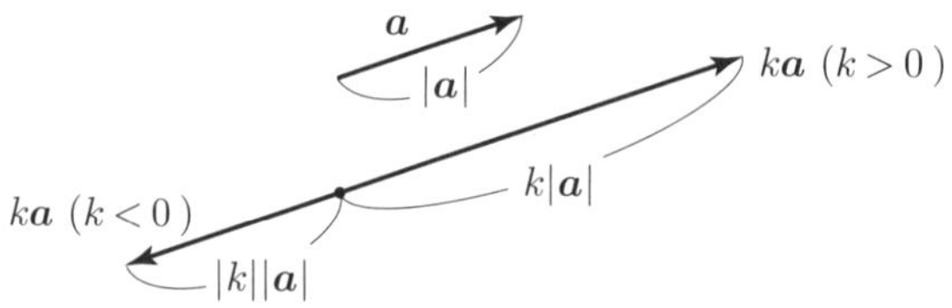

図 4　スカラー倍 $k\boldsymbol{a}$

任意の実数 k に対して $k\mathbf{0}=\mathbf{0}$ である．また，任意のベクトル $\boldsymbol{a}$ に対して，$0\boldsymbol{a}=\mathbf{0}$, $1\boldsymbol{a}=\boldsymbol{a}$ である．

$\mathbf{0}$ でない 2 つのベクトル $\boldsymbol{a}, \boldsymbol{b}$ が同じ向きあるいは逆の向きをもつとき，$\boldsymbol{a}$ と $\boldsymbol{b}$ は平行であるという．ベクトルの平行条件はスカラー倍を用いて表される．

命題 1.5 (ベクトルの平行条件 1)　$\mathbf{0}$ でない 2 つのベクトル $\boldsymbol{a}, \boldsymbol{b}$ に対して，

$$\boldsymbol{a} \text{ と } \boldsymbol{b} \text{ が平行} \iff \boldsymbol{b} = k\boldsymbol{a} \text{ を満たす実数 } k \text{ がある．}$$

例題 1.6　$|\boldsymbol{a}| = 3$ のとき，$\boldsymbol{a}$ と平行な単位ベクトルを $\boldsymbol{a}$ を用いて表せ．

［解答］　命題 1.5 より $\boldsymbol{a}$ に平行なベクトルは $k\boldsymbol{a}$ と表される．$\boldsymbol{a}$ の長さは 3 なので，$k\boldsymbol{a}$ の長さは $|k|$ 倍の $3|k|$ である．$k\boldsymbol{a}$ が単位ベクトルのとき，$3|k| = 1$ より $k = \pm\frac{1}{3}$．よって，$\pm\frac{1}{3}\boldsymbol{a}$ が求めるベクトルである．$\frac{1}{3}\boldsymbol{a}$ は $\boldsymbol{a}$ と同じ向きの単位ベクトルであり，$-\frac{1}{3}\boldsymbol{a}$ は $\boldsymbol{a}$ と逆向きの単位ベクトルである．　□

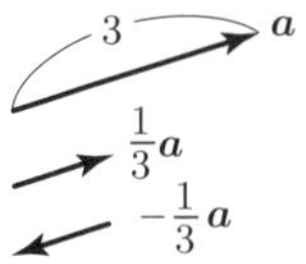

$\boldsymbol{a}$ に平行な単位ベクトル

注意 1.7　一般に，ベクトル $\boldsymbol{a}$ $(\neq \mathbf{0})$ と平行な単位ベクトルは $\frac{1}{|\boldsymbol{a}|}\boldsymbol{a}$ と $-\frac{1}{|\boldsymbol{a}|}\boldsymbol{a}$ の 2 つある．

零ベクトル $\mathbf{0}$ においては，任意のベクトル $\boldsymbol{a}$ に対し，$\mathbf{0} = k\boldsymbol{a}$ を満たす実数 k がある ($k = 0$ とすればよい)．そこで，零ベクトル $\mathbf{0}$ は任意のベクトル $\boldsymbol{a}$ と平行，ということにする．$\boldsymbol{a} = \overrightarrow{\mathrm{OA}}, \boldsymbol{b} = \overrightarrow{\mathrm{OB}}$ が平行ならば 3 点 O, A, B は同一直線上にある．よって，任意のベクトルに対する平行条件は次のようになる．

命題 1.5 の条件 $\boldsymbol{b} = k\boldsymbol{a}$ だけでは，$\boldsymbol{a} = \mathbf{0}$ かつ $\boldsymbol{b} \neq \mathbf{0}$ のとき $\boldsymbol{a}, \boldsymbol{b}$ は平行でなくなってしまう．

命題 1.8 (ベクトルの平行条件 2)　任意のベクトル $\boldsymbol{a}, \boldsymbol{b}$ に対して，

$\boldsymbol{a}$ と $\boldsymbol{b}$ が平行 $\iff$ $\boldsymbol{b} = k\boldsymbol{a}$ または $\boldsymbol{a} = k\boldsymbol{b}$，を満たす実数 k がある．

$\iff$ $\boldsymbol{a} = \overrightarrow{\mathrm{OA}}$，$\boldsymbol{b} = \overrightarrow{\mathrm{OB}}$ を満たす 3 点 O，A，B は同一直線上にある．

ベクトル $\boldsymbol{a}, \boldsymbol{b}$ が平行なとき，$\boldsymbol{a}, \boldsymbol{b}$ は**同一直線上にある**ともいう．

定義 1.9 (ベクトルの差)　ベクトル $\boldsymbol{a}$ とベクトル $\boldsymbol{b}$ の差を，$\boldsymbol{a} - \boldsymbol{b} = \boldsymbol{a} + (-\boldsymbol{b})$ と定義する．図 5 からわかるように，△OAB において

$$\overrightarrow{\mathrm{AB}} = \overrightarrow{\mathrm{OB}} - \overrightarrow{\mathrm{OA}}$$

が成立する．

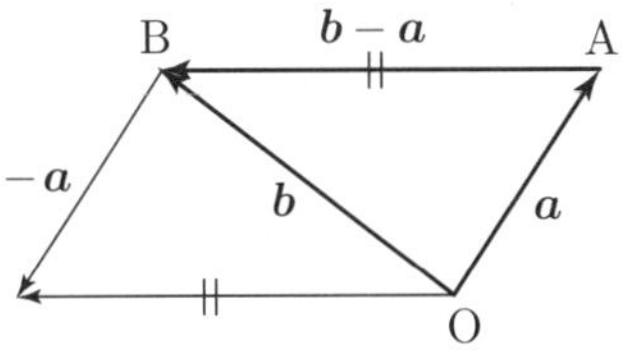

図 5　ベクトルの差

問 1.10　図 6 のようなベクトル $\boldsymbol{a}$, $\boldsymbol{b}$ に対して，次のベクトルを図示せよ．

(1)　$-\boldsymbol{a}$　　(2)　$\boldsymbol{a} + \boldsymbol{b}$　　(3)　$2\boldsymbol{a}$　　(4)　$\frac{1}{2}\boldsymbol{b}$　　(5)　$\boldsymbol{a} - \boldsymbol{b}$

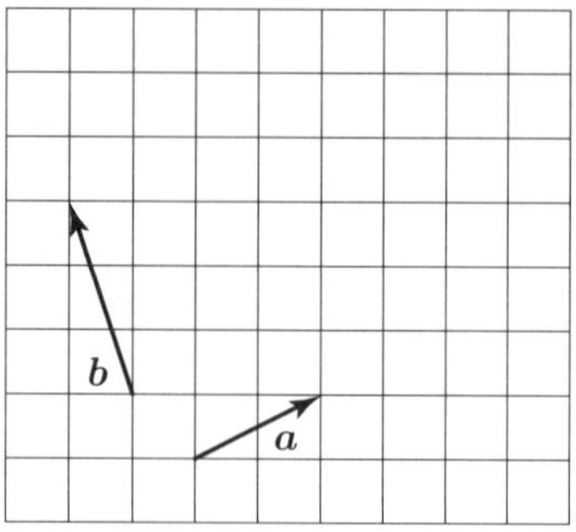

図 6 ベクトルの図示

ベクトルの和，スカラー倍について次の基本性質が成り立つ．ベクトルの計算は，文字式の計算と同じように行ってよいことがわかる．

命題 1.11 (ベクトルの和，スカラー倍の基本性質)

(1) $\boldsymbol{a}+\boldsymbol{b}=\boldsymbol{b}+\boldsymbol{a}$ (交換法則)

(2) $(\boldsymbol{a}+\boldsymbol{b})+\boldsymbol{c}=\boldsymbol{a}+(\boldsymbol{b}+\boldsymbol{c})$ (結合法則)

(3) $\boldsymbol{a}+\boldsymbol{0}=\boldsymbol{a}$

(4) $\boldsymbol{a}+(-\boldsymbol{a})=\boldsymbol{0}$

(5) $k(\boldsymbol{a}+\boldsymbol{b})=k\boldsymbol{a}+k\boldsymbol{b}$ (分配法則)

(6) $(k+l)\boldsymbol{a}=k\boldsymbol{a}+l\boldsymbol{a}$ (分配法則)

(7) $(kl)\boldsymbol{a}=k(l\boldsymbol{a})$ (結合法則)

(8) $\boldsymbol{a}=\boldsymbol{0} \iff |\boldsymbol{a}|=0$

(9) $|\boldsymbol{a}+\boldsymbol{b}| \leq |\boldsymbol{a}|+|\boldsymbol{b}|$ (三角不等式)

(10) $|k\boldsymbol{a}|=|k||\boldsymbol{a}|$

(10) において，$|k|$ は実数 k の絶対値を，$|\boldsymbol{a}|$ はベクトル $\boldsymbol{a}$ の長さを表す．$|\ |$ という記号が二通りの意味で使われている．

命題 1.11 の証明は省略するが，たとえば (2) の結合法則は次の図 7 からわかる．

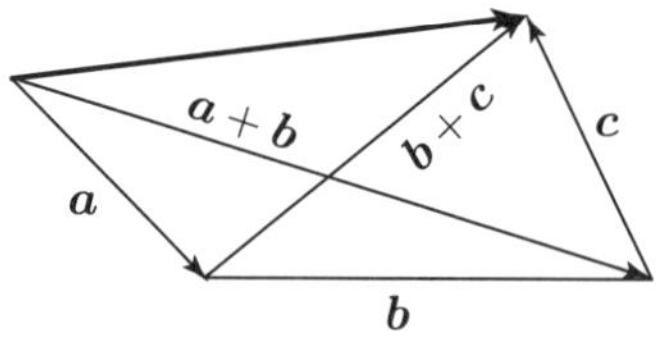

図 7 $(\boldsymbol{a}+\boldsymbol{b})+\boldsymbol{c}=\boldsymbol{a}+(\boldsymbol{b}+\boldsymbol{c})$

例題 1.12 図 8 の正六角形 ABCDEF において，$\boldsymbol{b}=\overrightarrow{\mathrm{AB}}$, $\boldsymbol{c}=\overrightarrow{\mathrm{AC}}$ とする．このとき，$\overrightarrow{\mathrm{AD}}$ を $\boldsymbol{b}, \boldsymbol{c}$ で表せ．

[解答] $\overrightarrow{\mathrm{AD}}$ は $\overrightarrow{\mathrm{BC}}$ と同じ向きなので，$\overrightarrow{\mathrm{AD}}=k\overrightarrow{\mathrm{BC}}$ $(k>0)$ と表せる．さらに $\overrightarrow{\mathrm{AD}}$ の長さは $\overrightarrow{\mathrm{BC}}$ の 2 倍なので，$\overrightarrow{\mathrm{AD}}=2\overrightarrow{\mathrm{BC}}$ とわかる．$\overrightarrow{\mathrm{BC}}=\boldsymbol{c}-\boldsymbol{b}$ より $\overrightarrow{\mathrm{AD}}=2(\boldsymbol{c}-\boldsymbol{b})$ である．もちろん $\overrightarrow{\mathrm{AD}}=2\boldsymbol{c}-2\boldsymbol{b}$ と答えてもよい． □

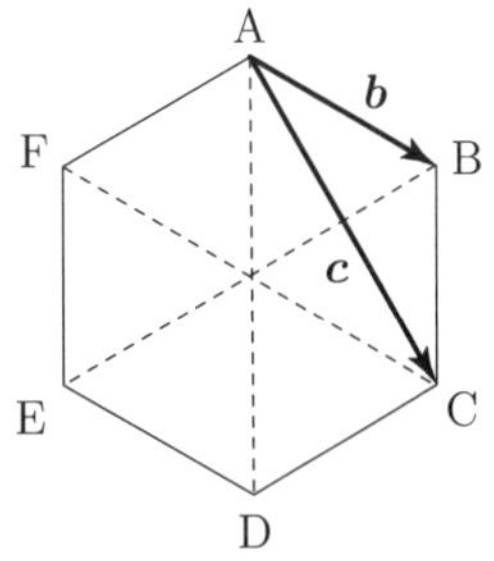

図 8 正六角形 ABCDEF

問 1.13 図 8 の正六角形 ABCDEF において，次のベクトルを $\boldsymbol{b}, \boldsymbol{c}$ で表せ．

(1) $\overrightarrow{\mathrm{AF}}$ (2) $\overrightarrow{\mathrm{CE}}$

命題 1.14 (平面上のベクトルの分解) 平面上のベクトル $\boldsymbol{a}, \boldsymbol{b}$ が平行でないとする．このとき，同じ平面上の任意のベクトル $\boldsymbol{p}$ は $\boldsymbol{p} = s\boldsymbol{a} + t\boldsymbol{b}$ (s, t は実数) の形に表せ，その表し方は一通りである．

［証明］ 点 O, A, B を $\boldsymbol{a} = \overrightarrow{\mathrm{OA}}, \boldsymbol{b} = \overrightarrow{\mathrm{OB}}$ を満たすようにとる．$\boldsymbol{p}$ を平面上の任意のベクトルとし，$\boldsymbol{p} = \overrightarrow{\mathrm{OP}}$ となる点 P を定める．点 P を通り直線 OB に平行な直線と直線 OA との交点を A′ とし，点 P を通り直線 OA に平行な直線と直線 OB との交点を B′ とする (図 9)．このとき

$\boldsymbol{a}, \boldsymbol{b}$ が平行でないため，O, A, B は同一直線上にはない．

$$\overrightarrow{\mathrm{OP}} = \overrightarrow{\mathrm{OA'}} + \overrightarrow{\mathrm{OB'}} \tag{1.1}$$

となる．$\overrightarrow{\mathrm{OA'}}$ は $\overrightarrow{\mathrm{OA}}$ と平行なので，$\overrightarrow{\mathrm{OA'}} = s\overrightarrow{\mathrm{OA}}$ と表せる．同様に，$\overrightarrow{\mathrm{OB'}}$ は $\overrightarrow{\mathrm{OB}}$ と平行なので $\overrightarrow{\mathrm{OB'}} = t\overrightarrow{\mathrm{OB}}$ と表せる．よって，(1.1) から $\boldsymbol{p} = s\boldsymbol{a} + t\boldsymbol{b}$ が導かれる．

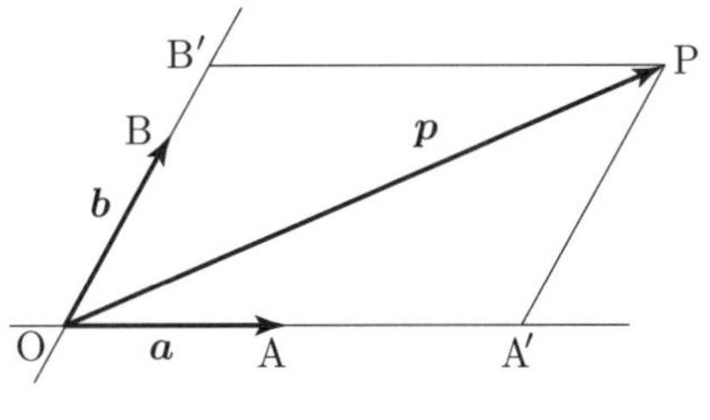

図 9

このとき，$\overrightarrow{\mathrm{OA'}} = s\overrightarrow{\mathrm{OA}}, \overrightarrow{\mathrm{OB'}} = t\overrightarrow{\mathrm{OB}}$ を満たす s, t の組は 1 つに決まるので $\boldsymbol{p} = s\boldsymbol{a} + t\boldsymbol{b}$ を満たす s, t は一通りに決まる． □

1.2 ベクトルの成分表示

ベクトルを考えるとき，平面または空間に基準点 O を決めて O を始点とすると便利である．このとき，ベクトル $\overrightarrow{\mathrm{OA}}$ を点 A の**位置ベクトル**といい，A の小文字の太字 $\boldsymbol{a}$ で表すことが多い．

2 点 A,B の位置ベクトルをそれぞれ $\boldsymbol{a}, \boldsymbol{b}$ とすると，$\overrightarrow{\mathrm{AB}} = \boldsymbol{b} - \boldsymbol{a}$ と表される (図 10).

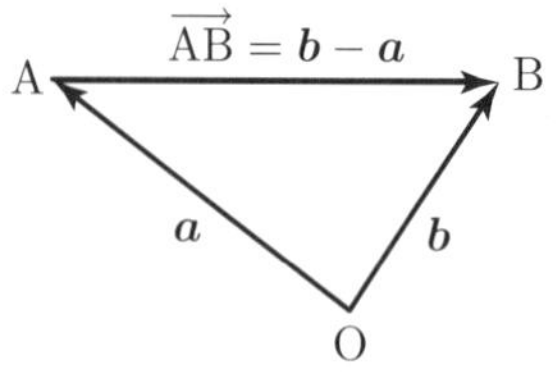

図 10 位置ベクトルによる表示

例題 1.15 同一直線上にない 3 点 A, B, C の位置ベクトルをそれぞれ $\boldsymbol{a}, \boldsymbol{b}, \boldsymbol{c}$ とする．このとき，次を示せ．

(1) 線分 AB の中点 M の位置ベクトル $\boldsymbol{m}$ は，$\boldsymbol{m} = \dfrac{\boldsymbol{a}+\boldsymbol{b}}{2}$.

(2) 三角形 ABC の重心 G の位置ベクトル $\boldsymbol{g}$ は，$\boldsymbol{g} = \dfrac{\boldsymbol{a}+\boldsymbol{b}+\boldsymbol{c}}{3}$.

［解答］ (1) 点 M は線分 AB の中点であるから，$\overrightarrow{\mathrm{AM}} = \dfrac{1}{2}\overrightarrow{\mathrm{AB}} = \dfrac{1}{2}(\boldsymbol{b}-\boldsymbol{a})$ である．よって，$\boldsymbol{m} = \overrightarrow{\mathrm{OM}} = \overrightarrow{\mathrm{OA}} + \overrightarrow{\mathrm{AM}} = \boldsymbol{a} + \dfrac{1}{2}(\boldsymbol{b}-\boldsymbol{a}) = \dfrac{\boldsymbol{a}+\boldsymbol{b}}{2}$.

(2) (1) のように M をおくとき，G は線分 CM 上にあり，CG : CM = 2 : 3 であるから，$\overrightarrow{\mathrm{CG}} = \dfrac{2}{3}\overrightarrow{\mathrm{CM}} = \dfrac{2}{3}(\overrightarrow{\mathrm{OM}} - \overrightarrow{\mathrm{OC}}) = \dfrac{2}{3}\left(\dfrac{\boldsymbol{a}+\boldsymbol{b}}{2} - \boldsymbol{c}\right) = \dfrac{\boldsymbol{a}+\boldsymbol{b}-2\boldsymbol{c}}{3}$.
よって，$\boldsymbol{g} = \overrightarrow{\mathrm{OG}} = \overrightarrow{\mathrm{OC}} + \overrightarrow{\mathrm{CG}} = \boldsymbol{c} + \dfrac{\boldsymbol{a}+\boldsymbol{b}-2\boldsymbol{c}}{3} = \dfrac{\boldsymbol{a}+\boldsymbol{b}+\boldsymbol{c}}{3}$. □

3 点 O, A, B が同一直線上にないとき，命題 1.14 より，O, A, B を含む平面上の任意の点 P の位置ベクトル $\overrightarrow{\mathrm{OP}}$ は $s\boldsymbol{a} + t\boldsymbol{b}$ の形に表される．命題 1.14 の証明から次のこともわかる．

命題 1.16 (平行四辺形のベクトル表示) 平面上の 3 点 O, A, B は同一直線上にないとし，OA, OB を 2 辺とする平行四辺形に内部の点を加えた図形を R とする．点 A, B の位置ベクトルを $\boldsymbol{a}, \boldsymbol{b}$ とすると，点 P が R の点である必要十分条件は，P の位置ベクトル $\overrightarrow{\mathrm{OP}}$ が

$$\overrightarrow{\mathrm{OP}} = s\boldsymbol{a} + t\boldsymbol{b} \qquad (0 \leq s \leq 1,\ 0 \leq t \leq 1)$$

と表されることである．

任意のベクトル $\boldsymbol{a}$ は，O を始点とする有向線分で表すことができる．このときの終点を A とすると，$\boldsymbol{a}$ は点 A の位置ベクトルとなる．この考え方を用いて，座標平面と座標空間それぞれの場合に，ベクトルを座標を用いて表そう．

1.2.1 平面上のベクトルの成分表示

定義 1.17 O を原点とする座標平面上のベクトル $\boldsymbol{a}$ に対し，位置ベクトルが $\boldsymbol{a}$ になる点 A の座標を (a_1, a_2) とする．このとき，$\boldsymbol{a}$ を縦ベクトル $\begin{pmatrix} a_1 \\ a_2 \end{pmatrix}$ で表す．

$$\boldsymbol{a} = \overrightarrow{\mathrm{OA}} = \begin{pmatrix} a_1 \\ a_2 \end{pmatrix}$$

この a_1, a_2 をそれぞれ，ベクトル $\boldsymbol{a}$ の x **成分**，y **成分**といい，このような表示を**ベクトル $\boldsymbol{a}$ の成分表示**という．

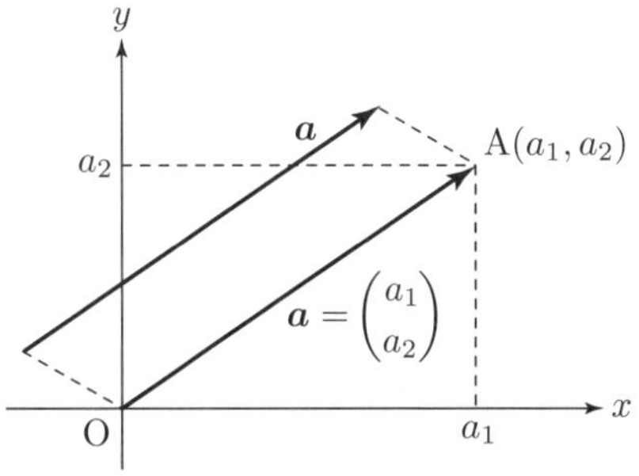

図 11 平面上のベクトルの成分表示

高校の数学では $\boldsymbol{a} = (a_1, a_2)$ と横ベクトルで表したが，本書では点の座標と区別して縦ベクトルで表す．点 A の座標と (位置) ベクトル $\boldsymbol{a} = \overrightarrow{\mathrm{OA}}$ の成分表示の違いは縦に書くか横に書くかの違いだけだが，ベクトルと違って，そもそも点には和やスカラー倍などの演算は定義されていない．

ベクトルの演算等が成分でどのように表されるかをみてみよう．

- 2 つのベクトルが等しくなるのは，位置ベクトルとして同じ点を表すときである．よって，$\boldsymbol{a} = \begin{pmatrix} a_1 \\ a_2 \end{pmatrix}$，$\boldsymbol{b} = \begin{pmatrix} b_1 \\ b_2 \end{pmatrix}$ に対して，
$$\boldsymbol{a} = \boldsymbol{b} \iff \begin{cases} a_1 = b_1 \\ a_2 = b_2. \end{cases}$$
- ベクトル $\boldsymbol{a} = \begin{pmatrix} a_1 \\ a_2 \end{pmatrix}$ の長さは $|\boldsymbol{a}| = \mathrm{OA} = \sqrt{a_1^2 + a_2^2}$.
- 零ベクトルは $\boldsymbol{0} = \begin{pmatrix} 0 \\ 0 \end{pmatrix}$ と表され，$\boldsymbol{a} = \begin{pmatrix} a_1 \\ a_2 \end{pmatrix}$ の逆ベクトルは $-\boldsymbol{a} = \begin{pmatrix} -a_1 \\ -a_2 \end{pmatrix}$ と表される．
- ベクトルの和・差とスカラー倍：$\boldsymbol{a} = \begin{pmatrix} a_1 \\ a_2 \end{pmatrix}$，$\boldsymbol{b} = \begin{pmatrix} b_1 \\ b_2 \end{pmatrix}$ のとき，
$$\boldsymbol{a} \pm \boldsymbol{b} = \begin{pmatrix} a_1 \pm b_1 \\ a_2 \pm b_2 \end{pmatrix} \quad (\text{複号同順}), \quad k\boldsymbol{a} = \begin{pmatrix} ka_1 \\ ka_2 \end{pmatrix}$$
となる．すなわち，成分ごとに和や差，あるいはスカラー倍をとればよい．

- $\mathrm{A}(a_1, a_2)$, $\mathrm{B}(b_1, b_2)$ のとき，点 A から点 B への x 座標と y 座標の増加分が $\overrightarrow{\mathrm{AB}}$ の x 成分と y 成分になる．

$$\overrightarrow{\mathrm{AB}} = \boldsymbol{b} - \boldsymbol{a} = \begin{pmatrix} b_1 - a_1 \\ b_2 - a_2 \end{pmatrix}$$

問 1.18　平行四辺形 ABCD において，$\mathrm{A}(5,1)$, $\mathrm{B}(1,-2)$, $\mathrm{C}(-1,0)$ とする．点 D の座標を求めよ．

例題 1.19　2 点 $\mathrm{A}(-1,2)$, $\mathrm{B}(1,3)$ に対し，次のベクトルを成分表示せよ．

(1)　$\overrightarrow{\mathrm{AB}}$ と平行な単位ベクトル

(2)　$\overrightarrow{\mathrm{AB}}$ と逆向きで長さ 10 のベクトル

［解答］　(1)　注意 1.7 より，$\pm\dfrac{1}{|\overrightarrow{\mathrm{AB}}|}\overrightarrow{\mathrm{AB}}$ が求めるベクトルである．点 A, B の座標を使ってベクトルを成分表示する．

$$\overrightarrow{\mathrm{AB}} = \overrightarrow{\mathrm{OB}} - \overrightarrow{\mathrm{OA}} = \begin{pmatrix} 1 \\ 3 \end{pmatrix} - \begin{pmatrix} -1 \\ 2 \end{pmatrix} = \begin{pmatrix} 2 \\ 1 \end{pmatrix}, \quad |\overrightarrow{\mathrm{AB}}| = \sqrt{2^2 + 1^2} = \sqrt{5}$$

よって，求めるベクトルは $\pm\dfrac{1}{\sqrt{5}}\begin{pmatrix} 2 \\ 1 \end{pmatrix} = \pm\dfrac{\sqrt{5}}{5}\begin{pmatrix} 2 \\ 1 \end{pmatrix}$.

(2)　$\overrightarrow{\mathrm{AB}}$ に負の数を掛けると逆向きのベクトルになる．長さが 10 のベクトルは単位ベクトルを 10 倍すれば得られる．よって，求めるベクトルは $-\dfrac{10}{|\overrightarrow{\mathrm{AB}}|}\overrightarrow{\mathrm{AB}} = -2\sqrt{5}\begin{pmatrix} 2 \\ 1 \end{pmatrix}$.　□

問 1.20　$\boldsymbol{a} = \begin{pmatrix} -1 \\ 3 \end{pmatrix}$ と平行な単位ベクトルを求めよ．

例題 1.21　2 点 $\mathrm{A}(3,4)$, $\mathrm{B}(-1,2)$ のそれぞれの位置ベクトルを $\boldsymbol{a}, \boldsymbol{b}$ とするとき，ベクトル $3(\boldsymbol{a} + 2\boldsymbol{b}) + 2(\boldsymbol{b} - \boldsymbol{a})$ を成分表示せよ．

［解答］　$3(\boldsymbol{a} + 2\boldsymbol{b}) + 2(\boldsymbol{b} - \boldsymbol{a}) = \boldsymbol{a} + 8\boldsymbol{b} = \begin{pmatrix} 3 \\ 4 \end{pmatrix} + 8\begin{pmatrix} -1 \\ 2 \end{pmatrix} = \begin{pmatrix} -5 \\ 20 \end{pmatrix}$　□

座標平面を考えるうえで重要なベクトルの組を導入しよう．

定義 1.22 (基本ベクトル)　$\boldsymbol{e}_1 = \begin{pmatrix} 1 \\ 0 \end{pmatrix}$, $\boldsymbol{e}_2 = \begin{pmatrix} 0 \\ 1 \end{pmatrix}$ を座標平面の**基本ベクトル**という．これらはそれぞれ，x 軸，y 軸の正の向きの単位ベクトルである．

平面上の任意のベクトル $\boldsymbol{a} = \begin{pmatrix} a_1 \\ a_2 \end{pmatrix}$ は，$\begin{pmatrix} a_1 \\ a_2 \end{pmatrix} = a_1\begin{pmatrix} 1 \\ 0 \end{pmatrix} + a_2\begin{pmatrix} 0 \\ 1 \end{pmatrix}$ と表せるので，基本ベクトルを用いて

$$\boldsymbol{a} = a_1\boldsymbol{e}_1 + a_2\boldsymbol{e}_2$$

と表せる (図 12)．逆に，$\boldsymbol{a}$ を $s\boldsymbol{e}_1 + t\boldsymbol{e}_2$ の形で表すときの実数 s, t の組は $s = a_1,\ t = a_2$ の一通りに決まる．

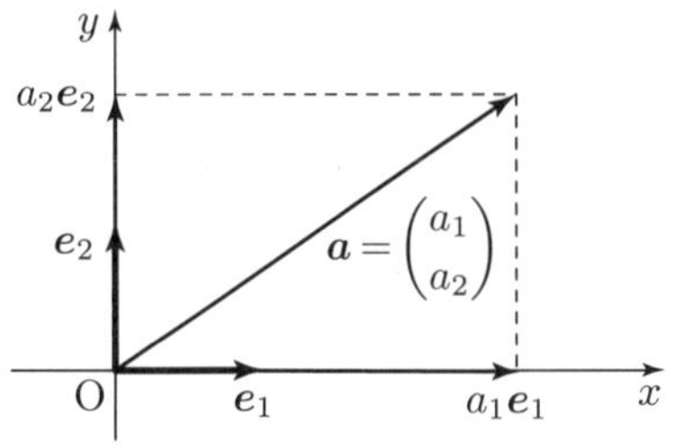

図 12　$\boldsymbol{a} = a_1\boldsymbol{e}_1 + a_2\boldsymbol{e}_2$

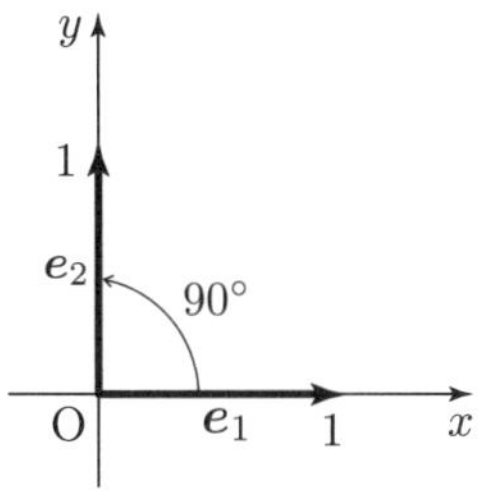

図 13　座標軸の向き (平面)

注意 1.23　座標平面において，x 軸，y 軸は通常，$\boldsymbol{e}_1$ を反時計回りに 90° 回転すると $\boldsymbol{e}_2$ に一致するようにとる (図 13)．

例題 1.24　2 点 A$(3, 4)$，B$(-1, 2)$ のそれぞれの位置ベクトルを $\boldsymbol{a}, \boldsymbol{b}$ とする．$\boldsymbol{v} = \begin{pmatrix} 3 \\ 14 \end{pmatrix}$ を $s\boldsymbol{a} + t\boldsymbol{b}$ の形 (s, t は実数) で表せ．

［解答］　$\boldsymbol{v} = s\boldsymbol{a} + t\boldsymbol{b}$ とおくと

$$\begin{pmatrix} 3 \\ 14 \end{pmatrix} = s\begin{pmatrix} 3 \\ 4 \end{pmatrix} + t\begin{pmatrix} -1 \\ 2 \end{pmatrix} \quad \text{より} \quad \begin{cases} 3s - t = 3 \\ 4s + 2t = 14. \end{cases}$$

この連立方程式を解くと，$s = 2,\ t = 3$．よって，$\boldsymbol{v} = 2\boldsymbol{a} + 3\boldsymbol{b}$．　□

問 1.25　$\boldsymbol{a} = \begin{pmatrix} -2 \\ 3 \end{pmatrix}$，$\boldsymbol{b} = \begin{pmatrix} 4 \\ 1 \end{pmatrix}$ のとき，次のベクトルを $s\boldsymbol{a} + t\boldsymbol{b}$ の形で表せ．

(1)　$\boldsymbol{c} = \begin{pmatrix} -8 \\ -9 \end{pmatrix}$　　　(2)　$\boldsymbol{d} = \begin{pmatrix} 7 \\ 0 \end{pmatrix}$

1.2.2　座標空間のベクトルの成分表示

座標平面の場合と同じようにして，空間ベクトルの成分表示を定義する．

定義 1.26　O を原点とする座標空間のベクトル $\boldsymbol{a}$ に対し，位置ベクトルが $\boldsymbol{a}$ になる点 A の座標を (a_1, a_2, a_3) とする．このとき，$\boldsymbol{a}$ を縦ベクトル $\begin{pmatrix} a_1 \\ a_2 \\ a_3 \end{pmatrix}$ で表す．

$$\boldsymbol{a} = \overrightarrow{\mathrm{OA}} = \begin{pmatrix} a_1 \\ a_2 \\ a_3 \end{pmatrix}$$

高校数学では
$\boldsymbol{a} = (a_1, a_2, a_3)$
と横ベクトルで表した．

このとき，a_1, a_2, a_3 をそれぞれ，ベクトル $\boldsymbol{a}$ の x **成分**，y **成分**，z **成分**といい，このような表示をベクトル $\boldsymbol{a}$ の**成分表示**という．

平面ベクトルの成分表示の場合と同様にして，次のことが成立する．

- ベクトル $\boldsymbol{a} = \begin{pmatrix} a_1 \\ a_2 \\ a_3 \end{pmatrix}$，$\boldsymbol{b} = \begin{pmatrix} b_1 \\ b_2 \\ b_3 \end{pmatrix}$ に対して，

$$\boldsymbol{a} = \boldsymbol{b} \iff \begin{cases} a_1 = b_1 \\ a_2 = b_2 \\ a_3 = b_3. \end{cases}$$

- ベクトル $\boldsymbol{a} = \begin{pmatrix} a_1 \\ a_2 \\ a_3 \end{pmatrix}$ の長さは $|\boldsymbol{a}| = \mathrm{OA} = \sqrt{a_1^2 + a_2^2 + a_3^2}$.
- 零ベクトルは $\boldsymbol{0} = \begin{pmatrix} 0 \\ 0 \\ 0 \end{pmatrix}$ と表され，ベクトル $\boldsymbol{a} = \begin{pmatrix} a_1 \\ a_2 \\ a_3 \end{pmatrix}$ の逆ベクトルは $-\boldsymbol{a} = \begin{pmatrix} -a_1 \\ -a_2 \\ -a_3 \end{pmatrix}$ と表される．
- ベクトルの和・差とスカラー倍：　$\boldsymbol{a} = \begin{pmatrix} a_1 \\ a_2 \\ a_3 \end{pmatrix}$，$\boldsymbol{b} = \begin{pmatrix} b_1 \\ b_2 \\ b_3 \end{pmatrix}$ のとき，

$$\boldsymbol{a} \pm \boldsymbol{b} = \begin{pmatrix} a_1 \pm b_1 \\ a_2 \pm b_2 \\ a_3 \pm b_3 \end{pmatrix} \quad (\text{複号同順}), \quad k\boldsymbol{a} = \begin{pmatrix} ka_1 \\ ka_2 \\ ka_3 \end{pmatrix}$$

となる．すなわち，成分ごとに和・差，あるいはスカラー倍をとればよい．

- $\mathrm{A}(a_1, a_2, a_3)$，$\mathrm{B}(b_1, b_2, b_3)$ のとき，$\overrightarrow{\mathrm{AB}} = \boldsymbol{b} - \boldsymbol{a} = \begin{pmatrix} b_1 - a_1 \\ b_2 - a_2 \\ b_3 - a_3 \end{pmatrix}$.

問 1.27　$\boldsymbol{a} = \begin{pmatrix} 2 \\ 3 \\ 1 \end{pmatrix}$，$\boldsymbol{b} = \begin{pmatrix} -1 \\ 2 \\ -4 \end{pmatrix}$ のとき，次のベクトルを成分表示せよ．また，それらのベクトルの長さも求めよ．

(1)　$(3\boldsymbol{a} + \boldsymbol{b}) - 2(\boldsymbol{a} - 2\boldsymbol{b})$　　　(2)　$\dfrac{3}{7}\boldsymbol{a} - \dfrac{1}{7}\boldsymbol{b}$

定義 1.28　$\boldsymbol{e}_1 = \begin{pmatrix} 1 \\ 0 \\ 0 \end{pmatrix}, \boldsymbol{e}_2 = \begin{pmatrix} 0 \\ 1 \\ 0 \end{pmatrix}, \boldsymbol{e}_3 = \begin{pmatrix} 0 \\ 0 \\ 1 \end{pmatrix}$ を座標空間の**基本ベクトル**という．これらはそれぞれ，x 軸，y 軸，z 軸の正の向きの単位ベクトルである．

$\boldsymbol{e}_1, \boldsymbol{e}_2, \boldsymbol{e}_3$ を，それぞれ $\boldsymbol{i}, \boldsymbol{j}, \boldsymbol{k}$ と書くこともある．

座標空間の任意のベクトル $\boldsymbol{a} = \begin{pmatrix} a_1 \\ a_2 \\ a_3 \end{pmatrix}$ は，$\boldsymbol{a} = a_1\boldsymbol{e}_1 + a_2\boldsymbol{e}_2 + a_3\boldsymbol{e}_3$ と表される．逆に，$\boldsymbol{a} = s\boldsymbol{e}_1 + t\boldsymbol{e}_2 + u\boldsymbol{e}_3$ を満たす実数 s, t, u の組は $s = a_1$, $t = a_2$, $u = a_3$ の一通りに決まる．

注意 1.29　座標空間において x 軸，y 軸，z 軸は通常，右手の親指，人差し指，中指を互いに直交するようにしたとき，親指が $\boldsymbol{e}_1$ の，人差し指が $\boldsymbol{e}_2$ の，そして中指が $\boldsymbol{e}_3$ の方向を向くようにとる (図 14)．このような座標空間を**右手系の座標空間**とよび，$\boldsymbol{e}_1, \boldsymbol{e}_2, \boldsymbol{e}_3$ はこの順序で**右手系をなす**，という．

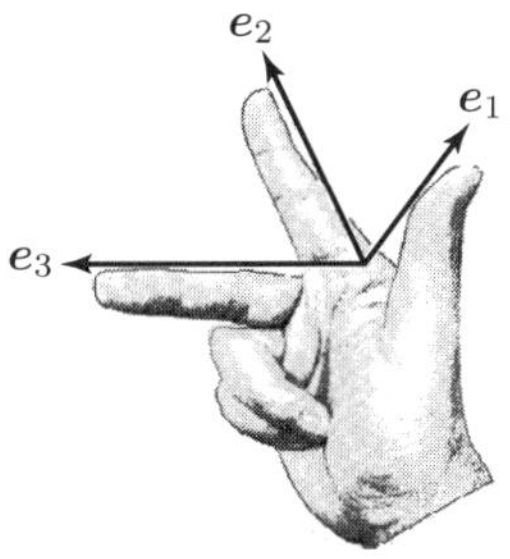

図 14　右手系

例題 1.30　3 点 A(1, 2, 3)，B(4, y, 2)，C(x, −4, 0) が同一直線上にあるような x, y の値を求めよ．

［解答］　3 点 A, B, C が同一直線上にある $\Longleftrightarrow$ $\overrightarrow{\mathrm{AB}}$ と $\overrightarrow{\mathrm{AC}}$ が平行．
よって，命題 1.5 より，$\overrightarrow{\mathrm{AC}} = k\overrightarrow{\mathrm{AB}}$ を満たす実数 k が存在する．

$$\begin{pmatrix} x-1 \\ -4-2 \\ 0-3 \end{pmatrix} = k\begin{pmatrix} 4-1 \\ y-2 \\ 2-3 \end{pmatrix},\quad よって\quad \begin{cases} x-1 = 3k & \cdots ① \\ -6 = k(y-2) & \cdots ② \\ -3 = -k & \cdots ③ \end{cases}$$

③より $k = 3$．①，② へ代入すると，$x = 10$，$y = 0$ が得られる．□

1.3　ベクトルの内積

定義 1.31 (内積)　$\mathbf{0}$ でない 2 つのベクトル $\boldsymbol{a}, \boldsymbol{b}$ に対し，点 O, A, B を $\boldsymbol{a} = \overrightarrow{\mathrm{OA}}$，$\boldsymbol{b} = \overrightarrow{\mathrm{OB}}$ となるようにとる．∠AOB を $\boldsymbol{a}$ と $\boldsymbol{b}$ の**なす角**という．ただし，なす角 θ は $0^\circ \leq \theta \leq 180^\circ$ の範囲にとる．このとき，ベクトル $\boldsymbol{a}, \boldsymbol{b}$ の**内積** $\boldsymbol{a} \cdot \boldsymbol{b}$ を

$$\boldsymbol{a} \cdot \boldsymbol{b} = |\boldsymbol{a}||\boldsymbol{b}|\cos\theta \tag{1.2}$$

で定義する．よって，ベクトルのなす角の余弦 $\cos\theta$ は

$$\cos\theta = \frac{\boldsymbol{a} \cdot \boldsymbol{b}}{|\boldsymbol{a}||\boldsymbol{b}|} \tag{1.3}$$

と表せる．$\boldsymbol{a} = \mathbf{0}$ または $\boldsymbol{b} = \mathbf{0}$ のときはなす角が定義されないが，内積を $\boldsymbol{a} \cdot \boldsymbol{b} = 0$ と定義する．内積は数 (スカラー) であってベクトルではない．

$\boldsymbol{a} \neq \mathbf{0}$ のとき，同じベクトルどうし $\boldsymbol{a}$ と $\boldsymbol{a}$ のなす角は 0° であるから，$\boldsymbol{a} \cdot \boldsymbol{a} = |\boldsymbol{a}||\boldsymbol{a}|\cos 0^\circ = |\boldsymbol{a}|^2$．ゆえに，$\mathbf{0}$ を含む任意のベクトル $\boldsymbol{a}$ に対して，

$$|\boldsymbol{a}|^2 = \boldsymbol{a}\cdot\boldsymbol{a}, \quad |\boldsymbol{a}| = \sqrt{\boldsymbol{a}\cdot\boldsymbol{a}} \tag{1.4}$$

が成立する．

$\mathbf{0}$ でないベクトル $\boldsymbol{a}, \boldsymbol{b}$ のなす角が 90° のとき，$\boldsymbol{a}$ と $\boldsymbol{b}$ は**垂直**である，あるいは**直交**する，という．このとき，$\boldsymbol{a}\cdot\boldsymbol{b} = |\boldsymbol{a}||\boldsymbol{b}|\cos 90^\circ = 0$ となる．一方，$\boldsymbol{a}$ か $\boldsymbol{b}$ が零ベクトルなら $\boldsymbol{a}\cdot\boldsymbol{b} = 0$ なので，零ベクトル $\mathbf{0}$ は任意のベクトルと垂直，ということにする．つまり，2 つのベクトルが垂直かどうかは内積が 0 かどうかで判定できる．

命題 1.32 (ベクトルの垂直条件) 任意のベクトル $\boldsymbol{a}, \boldsymbol{b}$ に対して，

$$\boldsymbol{a}\cdot\boldsymbol{b} = 0 \iff \boldsymbol{a} \text{ と } \boldsymbol{b} \text{ が垂直.}$$

定義 1.31 ではベクトルの長さとなす角を使って内積を定義したが，内積はベクトルの成分を用いても計算できる．

命題 1.33 (内積の成分表示) 成分表示されたベクトルの内積は次の公式で計算できる．

命題 1.33 の公式を内積の定義式とすることも多い．

平面のベクトル： $\boldsymbol{a} = \begin{pmatrix} a_1 \\ a_2 \end{pmatrix}$，$\boldsymbol{b} = \begin{pmatrix} b_1 \\ b_2 \end{pmatrix}$ のとき，$\boldsymbol{a}\cdot\boldsymbol{b} = a_1b_1 + a_2b_2$.

空間のベクトル： $\boldsymbol{a} = \begin{pmatrix} a_1 \\ a_2 \\ a_3 \end{pmatrix}$，$\boldsymbol{b} = \begin{pmatrix} b_1 \\ b_2 \\ b_3 \end{pmatrix}$ のとき，$\boldsymbol{a}\cdot\boldsymbol{b} = a_1b_1 + a_2b_2 + a_3b_3$.

つまり，2 つのベクトルの対応する成分どうしの積を足せば内積になる．

[証明] ベクトル $\boldsymbol{a}, \boldsymbol{b}$ は $\mathbf{0}$ でないとし，3 点 O, A, B を $\boldsymbol{a} = \overrightarrow{\mathrm{OA}}$, $\boldsymbol{b} = \overrightarrow{\mathrm{OB}}$ となるようにとり，$\angle \mathrm{AOB} = \theta$ とおく．

$0^\circ < \theta < 180^\circ$ のとき OAB は三角形になり (図 15)，余弦定理により

$$\mathrm{AB}^2 = \mathrm{OA}^2 + \mathrm{OB}^2 - 2\mathrm{OA}\,\mathrm{OB}\cos\theta. \tag{1.5}$$

(1.5) は $\theta = 0^\circ$，180° のときも成立する．

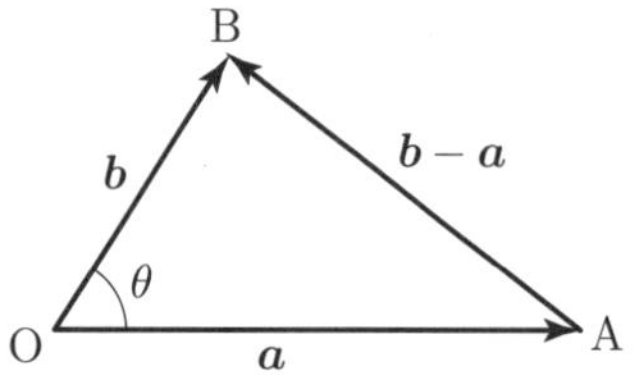

図 15

$\mathrm{OA}^2 = |\boldsymbol{a}|^2$, $\mathrm{OB}^2 = |\boldsymbol{b}|^2$, $\mathrm{AB}^2 = |\boldsymbol{b}-\boldsymbol{a}|^2$, $\mathrm{OA}\,\mathrm{OB}\cos\theta = \boldsymbol{a}\cdot\boldsymbol{b}$ であることに注意すると，(1.5) より

$$\boldsymbol{a}\cdot\boldsymbol{b}=\frac{1}{2}(|\boldsymbol{a}|^2+|\boldsymbol{b}|^2-|\boldsymbol{b}-\boldsymbol{a}|^2) \tag{1.6}$$

が得られる．(1.6) は，$\boldsymbol{a}$ または $\boldsymbol{b}$ が $\boldsymbol{0}$ のときも成立する．

(1.6) を $\boldsymbol{a},\boldsymbol{b}$ が平面上のベクトルのときに計算しよう．$\boldsymbol{a}=\begin{pmatrix}a_1\\a_2\end{pmatrix}$，$\boldsymbol{b}=\begin{pmatrix}b_1\\b_2\end{pmatrix}$ とすると，

$$\begin{aligned}\boldsymbol{a}\cdot\boldsymbol{b}&=\frac{1}{2}\{(a_1^2+a_2^2)+(b_1^2+b_2^2)-((b_1-a_1)^2+(b_2-a_2)^2)\}\\&=\frac{1}{2}\{a_1^2+a_2^2+b_1^2+b_2^2-(b_1^2-2b_1a_1+a_2^2+b_2^2-2b_2a_2+a_2^2)\}\\&=\frac{1}{2}(2a_1b_1+2a_2b_2)=a_1b_1+a_2b_2\end{aligned}$$

となり公式が得られた．

$\boldsymbol{a},\boldsymbol{b}$ が座標空間のベクトルのときも，同様の計算から公式が得られる．　□

例題 1.34　$\boldsymbol{a}=\begin{pmatrix}-2\\3\end{pmatrix}$ と $\boldsymbol{b}=\begin{pmatrix}-4\\k\end{pmatrix}$ が垂直になるような k の値を求めよ．

[解答]　ベクトルの垂直条件 (命題 1.32) より，$\boldsymbol{a}\cdot\boldsymbol{b}=0$ を満たす k を求めればよい．

$$\begin{pmatrix}-2\\3\end{pmatrix}\cdot\begin{pmatrix}-4\\k\end{pmatrix}=(-2)(-4)+3k=0.\quad \text{よって，}\quad k=-\frac{8}{3}.$$

□

例題 1.35　$\boldsymbol{a}=\begin{pmatrix}-2\\2\\1\end{pmatrix}$，$\boldsymbol{b}=\begin{pmatrix}1\\0\\-1\end{pmatrix}$ として，次を求めよ．

(1)　$\boldsymbol{a}\cdot\boldsymbol{b}$　　(2)　$\boldsymbol{a}$ と $\boldsymbol{b}$ のなす角 θ

[解答]　(1)　$\boldsymbol{a}\cdot\boldsymbol{b}=\begin{pmatrix}-2\\2\\1\end{pmatrix}\cdot\begin{pmatrix}1\\0\\-1\end{pmatrix}=-2+0-1=-3$

(2)　まず $\cos\theta$ を求める．(1.3) より $\cos\theta=\dfrac{\boldsymbol{a}\cdot\boldsymbol{b}}{|\boldsymbol{a}||\boldsymbol{b}|}=\dfrac{-3}{\sqrt{9}\sqrt{2}}=-\dfrac{\sqrt{2}}{2}$．よって，$0^\circ\leq\theta\leq180^\circ$ より $\theta=135^\circ$．　□

問 1.36　次のベクトル $\boldsymbol{a},\boldsymbol{b}$ のなす角を求めよ．

(1)　$\boldsymbol{a}=\begin{pmatrix}2\\3\end{pmatrix}$，$\boldsymbol{b}=\begin{pmatrix}-1\\5\end{pmatrix}$　　(2)　$\boldsymbol{a}=\begin{pmatrix}1\\2\\-3\end{pmatrix}$，$\boldsymbol{b}=\begin{pmatrix}4\\-6\\2\end{pmatrix}$

内積の基本的性質をまとめておく．

命題 1.37 (内積の基本的性質)

(1) $\boldsymbol{a}\cdot\boldsymbol{a}=|\boldsymbol{a}|^2\geqq 0,\quad \boldsymbol{a}\cdot\boldsymbol{a}=0 \iff \boldsymbol{a}=\boldsymbol{0}$

(2) $\boldsymbol{a}\cdot\boldsymbol{b}=0 \iff \boldsymbol{a}$ と $\boldsymbol{b}$ は垂直．

(3) $|\boldsymbol{a}\cdot\boldsymbol{b}|\leqq|\boldsymbol{a}||\boldsymbol{b}|$．特に

$$|\boldsymbol{a}\cdot\boldsymbol{b}|=|\boldsymbol{a}||\boldsymbol{b}| \iff \boldsymbol{a}\text{ と }\boldsymbol{b}\text{ が平行．} \tag{1.7}$$

(4) $\boldsymbol{a}\cdot\boldsymbol{b}=\boldsymbol{b}\cdot\boldsymbol{a}$

(5) $(k\boldsymbol{a})\cdot\boldsymbol{b}=k(\boldsymbol{a}\cdot\boldsymbol{b})=\boldsymbol{a}\cdot(k\boldsymbol{b})$

(6) (分配法則) $(\boldsymbol{a}+\boldsymbol{b})\cdot\boldsymbol{c}=\boldsymbol{a}\cdot\boldsymbol{c}+\boldsymbol{b}\cdot\boldsymbol{c}$

$\boldsymbol{a}\cdot(\boldsymbol{b}+\boldsymbol{c})=\boldsymbol{a}\cdot\boldsymbol{b}+\boldsymbol{a}\cdot\boldsymbol{c}$

［証明］ (1) は公式 (1.4) から導かれ，(2) は命題 1.32 ですでに述べた．

(3) $\boldsymbol{a},\boldsymbol{b}$ のなす角を θ とすると $|\cos\theta|\leqq 1$．よって $|\boldsymbol{a}\cdot\boldsymbol{b}|=|\boldsymbol{a}||\boldsymbol{b}||\cos\theta|\leqq|\boldsymbol{a}||\boldsymbol{b}|$．次に $|\boldsymbol{a}\cdot\boldsymbol{b}|\leqq|\boldsymbol{a}||\boldsymbol{b}|$ の等号が成立する条件を考える．$\boldsymbol{a}$ または $\boldsymbol{b}$ が $\boldsymbol{0}$ ならば，両辺ともに 0 になり等号成立．$\boldsymbol{a}\neq\boldsymbol{0},\boldsymbol{b}\neq\boldsymbol{0}$ とすると，$\boldsymbol{a}$ と $\boldsymbol{b}$ が平行 $\iff \theta=0^\circ$ または $180^\circ \iff \cos\theta=\pm1$，となり等号成立．よって，(1.7) が示された．

(4), (5), (6) は内積の成分表示を用いると容易に導くことができる．ここでは，(6) のみ平面上のベクトルについて示す．空間のベクトルについての証明も，成分の数が増えるだけで同様にできる．

$\boldsymbol{a}=\begin{pmatrix}a_1\\a_2\end{pmatrix},\ \boldsymbol{b}=\begin{pmatrix}b_1\\b_2\end{pmatrix},\ \boldsymbol{c}=\begin{pmatrix}c_1\\c_2\end{pmatrix}$ とすると，

$$\begin{aligned}(\boldsymbol{a}+\boldsymbol{b})\cdot\boldsymbol{c}&=\begin{pmatrix}a_1+b_1\\a_2+b_2\end{pmatrix}\cdot\begin{pmatrix}c_1\\c_2\end{pmatrix}\\&=(a_1+b_1)c_1+(a_2+b_2)c_2\\&=(a_1c_1+a_2c_2)+(b_1c_1+b_2c_2)=\boldsymbol{a}\cdot\boldsymbol{c}+\boldsymbol{b}\cdot\boldsymbol{c}.\end{aligned}$$ □

命題 1.37 の (4)～(6) は，内積は多項式の展開と同じように計算できることを示している．

$(\boldsymbol{a}+2\boldsymbol{b})\cdot(3\boldsymbol{a}-\boldsymbol{b})=$
$\boldsymbol{a}\cdot(3\boldsymbol{a}-\boldsymbol{b})+2\boldsymbol{b}\cdot(3\boldsymbol{a}-\boldsymbol{b})$

例 1.38 内積の分配法則を使うと

$$\begin{aligned}(\boldsymbol{a}+2\boldsymbol{b})\cdot(3\boldsymbol{a}-\boldsymbol{b})&=\boldsymbol{a}\cdot(3\boldsymbol{a}-\boldsymbol{b})+2\boldsymbol{b}\cdot(3\boldsymbol{a}-\boldsymbol{b})\\&=3\boldsymbol{a}\cdot\boldsymbol{a}-\boldsymbol{a}\cdot\boldsymbol{b}+6\boldsymbol{b}\cdot\boldsymbol{a}-2\boldsymbol{b}\cdot\boldsymbol{b}\\&=3|\boldsymbol{a}|^2+5\boldsymbol{a}\cdot\boldsymbol{b}-2|\boldsymbol{b}|^2\end{aligned}$$

これは多項式の展開 $(a+2b)(3a-b)=3a^2+5ab-2b^2$ と対応している．

例題 1.39 $|\boldsymbol{a}|=3,\ |\boldsymbol{b}|=5,\ |\boldsymbol{a}-\boldsymbol{b}|=7$ のとき，$\boldsymbol{a}$ と $\boldsymbol{b}$ のなす角 θ を求めよ．

[解答]　まず内積 $\boldsymbol{a}\cdot\boldsymbol{b}$ を求める．命題 1.37 (1) より，$|\boldsymbol{a}-\boldsymbol{b}|^2=(\boldsymbol{a}-\boldsymbol{b})\cdot(\boldsymbol{a}-\boldsymbol{b})=|\boldsymbol{a}|^2-2\boldsymbol{a}\cdot\boldsymbol{b}+|\boldsymbol{b}|^2$ (これは多項式の展開 $(a-b)^2=a^2-2ab+b^2$ と同じ計算)．よって，$49=9-2\boldsymbol{a}\cdot\boldsymbol{b}+25$．したがって，$\boldsymbol{a}\cdot\boldsymbol{b}=-\dfrac{15}{2}$ となり $\cos\theta=\dfrac{\boldsymbol{a}\cdot\boldsymbol{b}}{|\boldsymbol{a}||\boldsymbol{b}|}=\dfrac{-\frac{15}{2}}{3\cdot5}=-\dfrac{1}{2}$ が得られる．$0^\circ\leq\theta\leq180^\circ$ であるから $\theta=120^\circ$．

□

例題 1.40　$\boldsymbol{a}=\begin{pmatrix}1\\2\\3\end{pmatrix}$，$\boldsymbol{b}=\begin{pmatrix}4\\7\\2\end{pmatrix}$ のとき，次を求めよ．

(1)　$|\boldsymbol{a}|$　　(2)　$|\boldsymbol{b}|$　　(3)　$\boldsymbol{a}\cdot\boldsymbol{b}$　　(4)　$(10\boldsymbol{a}-\boldsymbol{b})\cdot\boldsymbol{b}$

[解答]　(1)　$|\boldsymbol{a}|=\sqrt{1^2+2^2+3^2}=\sqrt{14}$

(2)　$|\boldsymbol{b}|=\sqrt{4^2+7^2+2^2}=\sqrt{69}$

(3)　$\boldsymbol{a}\cdot\boldsymbol{b}=1\cdot4+2\cdot7+3\cdot2=24$

(4)　分配法則より，$(10\boldsymbol{a}-\boldsymbol{b})\cdot\boldsymbol{b}=10\boldsymbol{a}\cdot\boldsymbol{b}-|\boldsymbol{b}|^2=240-69=171$．　□

(4) は，$10\boldsymbol{a}-\boldsymbol{b}$ を求めてから $\boldsymbol{a}$ との内積を求めてもよいが，すでに，$\boldsymbol{a}\cdot\boldsymbol{b}$ と $|\boldsymbol{b}|$ を求めているので分配法則を使って展開する．

問 1.41　$\boldsymbol{a}=\begin{pmatrix}2\\1\\-2\end{pmatrix}$，$\boldsymbol{b}=\begin{pmatrix}3\\-1\\4\end{pmatrix}$ のとき，次を求めよ．

(1)　$|\boldsymbol{a}|$　　(2)　$|\boldsymbol{b}|$　　(3)　$\boldsymbol{a}\cdot\boldsymbol{b}$　　(4)　$|2\boldsymbol{a}-3\boldsymbol{b}|$

問 1.42　$\boldsymbol{a}=\begin{pmatrix}1\\-2\\1\end{pmatrix}$，$\boldsymbol{b}=\begin{pmatrix}2\\3\\-1\end{pmatrix}$ とする．$9\boldsymbol{b}+k\boldsymbol{a}$ と $\boldsymbol{a}$ が垂直になるような k の値を求めよ．

1.4　平行四辺形の面積と 2 次の行列式

平行でないベクトル $\boldsymbol{a},\boldsymbol{b}$ に対し，3 点 O, A, B を $\boldsymbol{a}=\overrightarrow{\mathrm{OA}}$, $\boldsymbol{b}=\overrightarrow{\mathrm{OB}}$ となるようにとる．このとき OA, OB を 2 辺とする平行四辺形を $\boldsymbol{a},\boldsymbol{b}$ が**張る平行四辺形**という (図 16)．平行四辺形の残りの頂点 C は $\overrightarrow{\mathrm{OC}}=\boldsymbol{a}+\boldsymbol{b}$ で定まる点である．

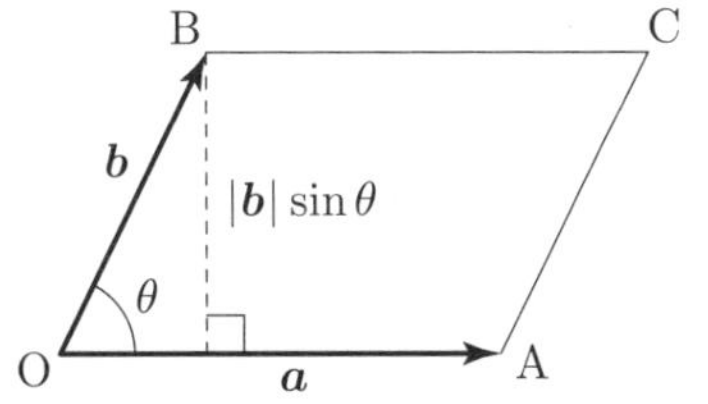

図 16　ベクトル $\boldsymbol{a},\boldsymbol{b}$ の張る平行四辺形

内積の応用として，$\boldsymbol{a}$, $\boldsymbol{b}$ の張る平行四辺形の面積を求めよう．$\boldsymbol{a}$ と $\boldsymbol{b}$ のなす角を θ とすると，図 16 の $|\boldsymbol{b}|\sin\theta$ は，OA を底辺とする平行四辺形の高さにあたる．よって，面積 S は次のようになる．

$$\begin{aligned} S &= |\boldsymbol{a}||\boldsymbol{b}|\sin\theta = |\boldsymbol{a}||\boldsymbol{b}|\sqrt{1-\cos^2\theta} \\ &= \sqrt{|\boldsymbol{a}|^2|\boldsymbol{b}|^2 - |\boldsymbol{a}|^2|\boldsymbol{b}|^2\cos^2\theta} = \sqrt{|\boldsymbol{a}|^2|\boldsymbol{b}|^2 - (|\boldsymbol{a}||\boldsymbol{b}|\cos\theta)^2} \\ &= \sqrt{|\boldsymbol{a}|^2|\boldsymbol{b}|^2 - (\boldsymbol{a}\cdot\boldsymbol{b})^2} \end{aligned}$$

命題 1.43 (平行四辺形の面積) 2 つのベクトル $\boldsymbol{a}$, $\boldsymbol{b}$ の張る平行四辺形の面積 S は

$$S = \sqrt{|\boldsymbol{a}|^2|\boldsymbol{b}|^2 - (\boldsymbol{a}\cdot\boldsymbol{b})^2}. \tag{1.8}$$

$\boldsymbol{a}$, $\boldsymbol{b}$ が平行なときは，辺 OA と OB が一直線上に並んだり，O = A となったりして OACB は平行四辺形にはならない．しかし，このような OACB は面積 0 のつぶれた平行四辺形とみなす．$\boldsymbol{a}$, $\boldsymbol{b}$ が平行なときは，命題 1.37 の (3) より (1.8) の右辺は 0 になるので，$\boldsymbol{a}$, $\boldsymbol{b}$ が平行なときも公式 (1.8) は成り立つ．

例題 1.44 ベクトル $\boldsymbol{a} = \begin{pmatrix} 2 \\ 4 \\ 3 \end{pmatrix}$，$\boldsymbol{b} = \begin{pmatrix} -1 \\ 2 \\ 0 \end{pmatrix}$ の張る平行四辺形の面積 S を求めよ．

[解答] $|\boldsymbol{a}| = \sqrt{2^2+4^2+3^2} = \sqrt{29}$，$|\boldsymbol{b}| = \sqrt{(-1)^2+2^2+0^2} = \sqrt{5}$，$\boldsymbol{a}\cdot\boldsymbol{b} = -2+8+0 = 6$．よって，公式 (1.8) より

$$S = \sqrt{|\boldsymbol{a}|^2|\boldsymbol{b}|^2 - (\boldsymbol{a}\cdot\boldsymbol{b})^2} = \sqrt{29\cdot 5 - 6^2} = \sqrt{109}.$$ □

$\boldsymbol{a}$, $\boldsymbol{b}$ が座標平面のベクトルのとき，座標空間のベクトルのとき，それぞれの場合に (1.8) を成分計算してみよう．

$\boldsymbol{a} = \begin{pmatrix} a_1 \\ a_2 \end{pmatrix}$，$\boldsymbol{b} = \begin{pmatrix} b_1 \\ b_2 \end{pmatrix}$ のとき

$$\begin{aligned} |\boldsymbol{a}|^2|\boldsymbol{b}|^2 - (\boldsymbol{a}\cdot\boldsymbol{b})^2 &= (a_1^2+a_2^2)(b_1^2+b_2^2) - (a_1b_1+a_2b_2)^2 \\ &= (a_1^2b_1^2 + a_1^2b_2^2 + a_2^2b_1^2 + a_2^2b_2^2) - (a_1^2b_1^2 + 2a_1a_2b_1b_2 + a_2^2b_2^2) \\ &= a_1^2b_2^2 - 2a_1a_2b_1b_2 + a_2^2b_1^2 = (a_1b_2 - a_2b_1)^2 \end{aligned}$$

となる．したがって次の公式が得られる．

命題 1.45 ベクトル $\boldsymbol{a} = \begin{pmatrix} a_1 \\ a_2 \end{pmatrix}$，$\boldsymbol{b} = \begin{pmatrix} b_1 \\ b_2 \end{pmatrix}$ の張る平行四辺形の面積 S は

$$S = |a_1b_2 - a_2b_1|. \tag{1.9}$$

命題 1.45 に現れた式 $a_1b_2 - a_2b_1$ は，2 次の行列式といわれるものである．

定義 1.46 (2 次の行列式) 4 つの実数 a_1, a_2, b_1, b_2 に対し，2 次の行列式 $\begin{vmatrix} a_1 & b_1 \\ a_2 & b_2 \end{vmatrix}$ を次の式で定義する．

$$\begin{vmatrix} a_1 & b_1 \\ a_2 & b_2 \end{vmatrix} = a_1b_2 - a_2b_1 \quad (a_1b_2 - b_1a_2 \text{としても同じ})$$

行列式を表すとき | | という記号を使っているが，これは絶対値ではない．行列式の値は負の数になることもある．

例 1.47

$$\begin{vmatrix} 1 & 3 \\ 4 & 5 \end{vmatrix} = 1 \cdot 5 - 4 \cdot 3 = -7, \qquad \begin{vmatrix} 0 & -3 \\ 4 & 7 \end{vmatrix} = 0 \cdot 7 - 4 \cdot (-3) = 12.$$

問 1.48 次の 2 次の行列式の値を求めよ．

(1) $\begin{vmatrix} 2 & 3 \\ -1 & -2 \end{vmatrix}$ (2) $\begin{vmatrix} 7 & -3 \\ -6 & 2 \end{vmatrix}$ (3) $\begin{vmatrix} \cos\theta & -\sin\theta \\ \sin\theta & \cos\theta \end{vmatrix}$

実は，2 次の行列式は，4 つの数を 2 行 2 列の正方形に並べてかっこ ( ) で囲った「2 次行列」に対して定義されるものである．2 次の行列式 $\begin{vmatrix} a_1 & b_1 \\ a_2 & b_2 \end{vmatrix}$ は，$\boldsymbol{a} = \begin{pmatrix} a_1 \\ a_2 \end{pmatrix}$, $\boldsymbol{b} = \begin{pmatrix} b_1 \\ b_2 \end{pmatrix}$ とおいて $\det(\boldsymbol{a} \ \ \boldsymbol{b})$ という記号でも表す．$(\boldsymbol{a} \ \ \boldsymbol{b})$ はベクトルの成分を並べて得られる $\begin{pmatrix} a_1 & b_1 \\ a_2 & b_2 \end{pmatrix}$ という 2 次行列を表し，det は determinant (行列式) を意味する．

第 1 章では，定義 1.76 で 3 次の行列式を定義する．行列については第 2 章で，一般の n 次の行列式については第 4 章で学ぶ．

行列式を用いると，命題 1.45 は次のように表せる．

命題 1.49 (2 次の行列式＝±面積) ベクトル $\boldsymbol{a} = \begin{pmatrix} a_1 \\ a_2 \end{pmatrix}$, $\boldsymbol{b} = \begin{pmatrix} b_1 \\ b_2 \end{pmatrix}$ の張る平行四辺形の面積 S は

$$S = |a_1b_2 - a_2b_1| = |\det(\boldsymbol{a} \ \ \boldsymbol{b})|.$$

行列式の絶対値が面積になる．行列式が負ならば，符号を + に変えた値が面積に等しい．

また，$\boldsymbol{a}$ と $\boldsymbol{b}$ が平行 $\iff$ $S = 0$, なので，行列式を使って平面ベクトルの平行性が判定できる．

命題 1.50 (ベクトルの平行条件 3) 平面ベクトル $\boldsymbol{a}, \boldsymbol{b}$ に対して，

$$\boldsymbol{a} \text{ と } \boldsymbol{b} \text{ が平行} \iff \det(\boldsymbol{a} \ \ \boldsymbol{b}) = 0.$$

例題 1.51 ベクトル $\boldsymbol{a} = \begin{pmatrix} 1 \\ 4 \end{pmatrix}$, $\boldsymbol{b} = \begin{pmatrix} 3 \\ 2 \end{pmatrix}$ の張る平行四辺形の面積 S を求めよ．

[解答] $\det(\boldsymbol{a} \ \ \boldsymbol{b}) = \begin{vmatrix} 1 & 3 \\ 4 & 2 \end{vmatrix} = 1 \cdot 2 - 3 \cdot 4 = -10.$ よって，$S = 10.$ □

問 1.52 ベクトル $\boldsymbol{a}=\begin{pmatrix}1\\2\end{pmatrix}$, $\boldsymbol{b}=\begin{pmatrix}3\\-1\end{pmatrix}$ の張る平行四辺形の面積を求めよ.

命題 1.49 からは，行列式が面積 S に等しいのか，$-S$ に等しいのかはわからない．実は，行列式 $\det(\boldsymbol{a}\ \ \boldsymbol{b})$ の符号は $\boldsymbol{a}$ から $\boldsymbol{b}$ への角の符号を表している．

命題 1.53 は Web「2 次の行列式の符号」で証明する．

命題 1.53 (2 次の行列式の符号) $\boldsymbol{a}, \boldsymbol{b}$ を平面上の平行でないベクトルとする．$\boldsymbol{a}$ を反時計回りに θ 回転して (ただし $-180^\circ < \theta \leq 180^\circ$) $\boldsymbol{b}$ と同じ向きになったとする．このとき，$\det(\boldsymbol{a}\ \ \boldsymbol{b})$ の符号は θ の符号と一致する．(この θ を **$\boldsymbol{a}$ から $\boldsymbol{b}$ への角**という．)

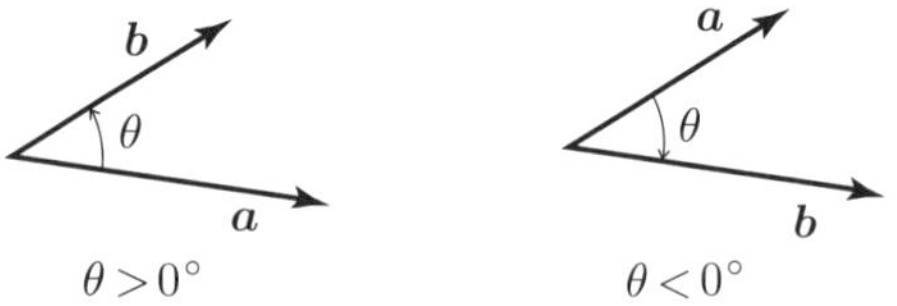

図 17 $\boldsymbol{a}$ から $\boldsymbol{b}$ への角 $\theta\,(-180^\circ < \theta \leq 180^\circ)$

次に，$\boldsymbol{a}, \boldsymbol{b}$ が座標空間のベクトルのとき，(1.8) を成分計算してみよう．
$\boldsymbol{a}=\begin{pmatrix}a_1\\a_2\\a_3\end{pmatrix}$, $\boldsymbol{b}=\begin{pmatrix}b_1\\b_2\\b_3\end{pmatrix}$ のとき，平面ベクトルより少し複雑な計算によって

$$
\begin{aligned}
|\boldsymbol{a}|^2|\boldsymbol{b}|^2-(\boldsymbol{a}\cdot\boldsymbol{b})^2 &= (a_1^2+a_2^2+a_3^2)(b_1^2+b_2^2+b_3^2)-(a_1b_1+a_2b_2+a_3b_3)^2\\
&= (a_2b_3-a_3b_2)^2+(a_3b_1-a_1b_3)^2+(a_1b_2-a_2b_1)^2\\
&= \begin{vmatrix}a_2 & b_2\\ a_3 & b_3\end{vmatrix}^2+\begin{vmatrix}a_3 & b_3\\ a_1 & b_1\end{vmatrix}^2+\begin{vmatrix}a_1 & b_1\\ a_2 & b_2\end{vmatrix}^2
\end{aligned}
$$

となる．

(1.10) の右辺は，外積 $\boldsymbol{a}\times\boldsymbol{b}$ の長さに等しい．1.5 節参照．

命題 1.54 ベクトル $\boldsymbol{a}=\begin{pmatrix}a_1\\a_2\\a_3\end{pmatrix}$, $\boldsymbol{b}=\begin{pmatrix}b_1\\b_2\\b_3\end{pmatrix}$ の張る平行四辺形の面積 S は

$$
S=\sqrt{\begin{vmatrix}a_2 & b_2\\ a_3 & b_3\end{vmatrix}^2+\begin{vmatrix}a_3 & b_3\\ a_1 & b_1\end{vmatrix}^2+\begin{vmatrix}a_1 & b_1\\ a_2 & b_2\end{vmatrix}^2}. \tag{1.10}
$$

これは例題 1.44 と同じ問題である．例題 1.44 では公式 (1.8) を使った．

例題 1.55 ベクトル $\boldsymbol{a}=\begin{pmatrix}2\\4\\3\end{pmatrix}$, $\boldsymbol{b}=\begin{pmatrix}-1\\2\\0\end{pmatrix}$ の張る平行四辺形の面積 S を求めよ．

［解答］ 公式 (1.10) より，

$$S = \sqrt{\begin{vmatrix} 4 & 2 \\ 3 & 0 \end{vmatrix}^2 + \begin{vmatrix} 3 & 0 \\ 2 & -1 \end{vmatrix}^2 + \begin{vmatrix} 2 & -1 \\ 4 & 2 \end{vmatrix}^2}$$
$$= \sqrt{(-6)^2 + (-3)^2 + 8^2} = \sqrt{109}.$$
□

問 1.56　ベクトル $\boldsymbol{a} = \begin{pmatrix} 1 \\ 0 \\ 1 \end{pmatrix}$, $\boldsymbol{b} = \begin{pmatrix} 2 \\ 3 \\ 1 \end{pmatrix}$ の張る平行四辺形の面積を求めよ.

問 1.57　$\boldsymbol{a} = \begin{pmatrix} a_1 \\ a_2 \end{pmatrix}$, $\boldsymbol{b} = \begin{pmatrix} b_1 \\ b_2 \end{pmatrix}$ とする. このとき, 2 次の行列式について次の性質を確かめよ.

(1)　$\det(\boldsymbol{b}\ \ \boldsymbol{a}) = -\det(\boldsymbol{a}\ \ \boldsymbol{b})$　　(2)　$\det(\boldsymbol{a}\ \ \boldsymbol{a}) = 0$

1.5　空間ベクトルの外積と平行六面体の体積

ここでは, 座標空間の 2 つのベクトル $\boldsymbol{a}, \boldsymbol{b}$ に対して, 外積 (またはベクトル積) とよばれるベクトル $\boldsymbol{a} \times \boldsymbol{b}$ を定義する. 外積は, 2 つのベクトルに垂直なベクトルを求めたり, 平行四辺形の面積を計算するとき役に立つ. また, $\boldsymbol{b} \times \boldsymbol{a} = -(\boldsymbol{a} \times \boldsymbol{b})$ となるように, 掛ける順序を変えると結果も変わるという, 数の掛け算や内積にはない性質をもつ.

$\boldsymbol{a} \times \boldsymbol{b}$ の "×" は「クロス」と読む.

定義 1.58 (外積)　2 つの空間ベクトル $\boldsymbol{a} = \begin{pmatrix} a_1 \\ a_2 \\ a_3 \end{pmatrix}$, $\boldsymbol{b} = \begin{pmatrix} b_1 \\ b_2 \\ b_3 \end{pmatrix}$ の**外積** $\boldsymbol{a} \times \boldsymbol{b}$ を

$$\boldsymbol{a} \times \boldsymbol{b} = \begin{pmatrix} a_2 b_3 - a_3 b_2 \\ a_3 b_1 - a_1 b_3 \\ a_1 b_2 - a_2 b_1 \end{pmatrix} = \begin{pmatrix} \begin{vmatrix} a_2 & b_2 \\ a_3 & b_3 \end{vmatrix} \\ \begin{vmatrix} a_3 & b_3 \\ a_1 & b_1 \end{vmatrix} \\ \begin{vmatrix} a_1 & b_1 \\ a_2 & b_2 \end{vmatrix} \end{pmatrix} \tag{1.11}$$

と定義する. 外積は**ベクトル積**ともよばれる.

ベクトル $\boldsymbol{a} \times \boldsymbol{b}$ の y 成分は $-\begin{vmatrix} a_1 & b_1 \\ a_3 & b_3 \end{vmatrix}$ と表すこともできる.

外積は, 3 次の行列式の展開公式を形式的に用いても計算できる (Web「3 次の行列式の展開」参照).

注意 1.59　内積と外積の違いのうちすぐにわかるものをあげておく.

(1)　内積 $\boldsymbol{a} \cdot \boldsymbol{b}$ は数だが, 外積 $\boldsymbol{a} \times \boldsymbol{b}$ はベクトルである.

(2)　$\boldsymbol{a}, \boldsymbol{b}$ の成分の個数が等しい (ともに平面ベクトルまたはともに空間ベクトル) ならば内積は定義できるが, 外積は $\boldsymbol{a}, \boldsymbol{b}$ が空間ベクトルのときだけ定義できる.

注意 1.60　簡単な計算により, $\boldsymbol{e}_1 \times \boldsymbol{e}_2 = \boldsymbol{e}_3$, $\boldsymbol{e}_2 \times \boldsymbol{e}_3 = \boldsymbol{e}_1$, $\boldsymbol{e}_3 \times \boldsymbol{e}_1 = \boldsymbol{e}_2$ が成立することがわかる.

外積は次の幾何的性質 (1)〜(3) をもつ．逆に，ベクトル $\boldsymbol{a}, \boldsymbol{b}$ に対して定理 1.61 の性質 (1)〜(3) をもつベクトル $\boldsymbol{a} \times \boldsymbol{b}$ は 1 つに決まる．したがって，この 3 つの性質を満たすものとして外積を定義することもできる．

定理 1.61 (外積の幾何的性質) 座標空間の任意のベクトル $\boldsymbol{a}, \boldsymbol{b}$ に対して，$\boldsymbol{a} \times \boldsymbol{b}$ は次の (1)〜(3) を満たす．逆に，条件 (1)〜(3) を満たす空間ベクトル $\boldsymbol{a} \times \boldsymbol{b}$ は 1 つに決まる．

(1) $\boldsymbol{a} \times \boldsymbol{b}$ は，$\boldsymbol{a}, \boldsymbol{b}$ の両方に垂直．

(2) $|\boldsymbol{a} \times \boldsymbol{b}|$ は $\boldsymbol{a}, \boldsymbol{b}$ の張る平行四辺形の面積に等しい．

(3) $\boldsymbol{a}$ と $\boldsymbol{b}$ が平行でないとき，$\boldsymbol{a}, \boldsymbol{b}, \boldsymbol{a} \times \boldsymbol{b}$ はこの順序で右手系をなす．つまり，右手の親指を $\boldsymbol{a}$ の向き，人差し指を $\boldsymbol{b}$ の向きにしたとき，中指の向きが $\boldsymbol{a} \times \boldsymbol{b}$ の向きになる (注意 1.29 参照)．

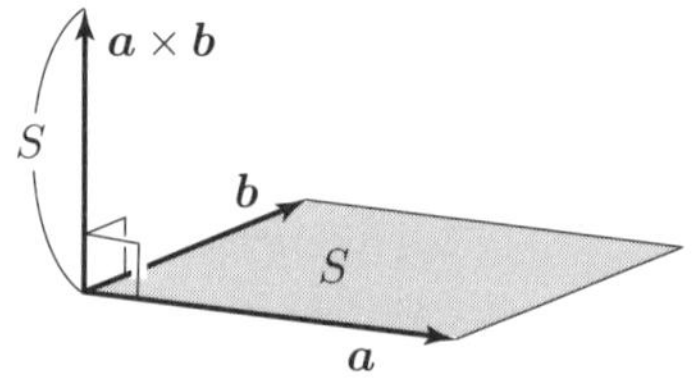

図 18 ベクトル $\boldsymbol{a}, \boldsymbol{b}$ の外積 $\boldsymbol{a} \times \boldsymbol{b}$

問 1.62 定理 1.61 を使って，$\boldsymbol{e}_1 \times \boldsymbol{e}_2 = \boldsymbol{e}_3$, $\boldsymbol{e}_2 \times \boldsymbol{e}_3 = \boldsymbol{e}_1$, $\boldsymbol{e}_3 \times \boldsymbol{e}_1 = \boldsymbol{e}_2$ を示せ．

[定理 1.61 の証明] まず，条件 (1)〜(3) を満たすベクトル $\boldsymbol{a} \times \boldsymbol{b}$ が 1 つに決まることを示す．もし $\boldsymbol{a}, \boldsymbol{b}$ が平行ならば，$\boldsymbol{a}$ と $\boldsymbol{b}$ が張る平行四辺形の面積は 0．よって，条件 (2) より $\boldsymbol{a} \times \boldsymbol{b} = \boldsymbol{0}$ と決まる．

次に，$\boldsymbol{a}$ と $\boldsymbol{b}$ が平行でないとする．このとき，条件 (1), (2) を満たすベクトルは，図 19 の $\boldsymbol{c}_1, \boldsymbol{c}_2$ の 2 つある．この 2 つのうち，$\boldsymbol{a}, \boldsymbol{b}, \boldsymbol{c}_1$ はこの順序で右手系になるが，$\boldsymbol{a}, \boldsymbol{b}, \boldsymbol{c}_2$ はこの順序では右手系にならない．よって，$\boldsymbol{a} \times \boldsymbol{b} = \boldsymbol{c}_1$ と決まる．

$\boldsymbol{b}, \boldsymbol{a}, \boldsymbol{c}_2$ はこの順序で右手系をなす．つまり $\boldsymbol{b} \times \boldsymbol{a} = \boldsymbol{c}_2$ である．右手系においては並べる順番が重要である．

次に，(1.11) で定義した外積 $\boldsymbol{a} \times \boldsymbol{b}$ が定理 1.61 の 3 条件を満たすことを示す．

(1) $\boldsymbol{a} = \begin{pmatrix} a_1 \\ a_2 \\ a_3 \end{pmatrix}$, $\boldsymbol{b} = \begin{pmatrix} b_1 \\ b_2 \\ b_3 \end{pmatrix}$ とすると，$\boldsymbol{a} \times \boldsymbol{b} = \begin{pmatrix} a_2 b_3 - a_3 b_2 \\ a_3 b_1 - a_1 b_3 \\ a_1 b_2 - a_2 b_1 \end{pmatrix}$ である．

$$
\begin{aligned}
\boldsymbol{a} \cdot (\boldsymbol{a} \times \boldsymbol{b}) &= a_1(a_2 b_3 - a_3 b_2) + a_2(a_3 b_1 - a_1 b_3) + a_3(a_1 b_2 - a_2 b_1) \\
&= a_1 a_2 b_3 - a_1 a_3 b_2 + a_2 a_3 b_1 - a_1 a_2 b_3 + a_1 a_3 b_2 - a_2 a_3 b_1 = 0, \\
\boldsymbol{b} \cdot (\boldsymbol{a} \times \boldsymbol{b}) &= b_1(a_2 b_3 - a_3 b_2) + b_2(a_3 b_1 - a_1 b_3) + b_3(a_1 b_2 - a_2 b_1) \\
&= a_2 b_1 b_3 - a_3 b_1 b_2 + a_3 b_1 b_2 - a_1 b_2 b_3 + a_1 b_2 b_3 - a_2 b_1 b_3 = 0
\end{aligned}
$$

により，$\boldsymbol{a} \times \boldsymbol{b}$ は $\boldsymbol{a}, \boldsymbol{b}$ の両方に垂直である．

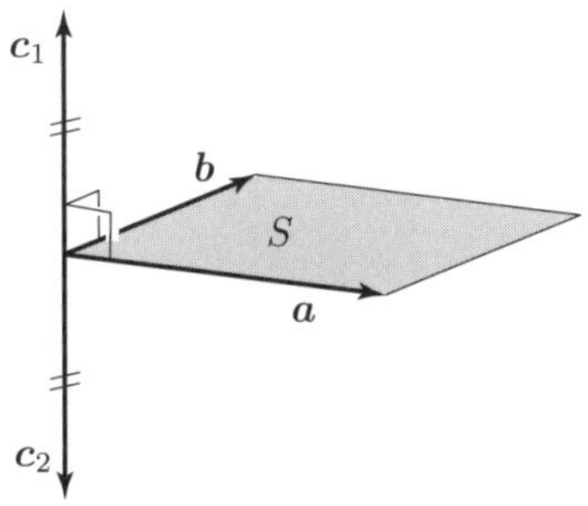

図 19　$|\boldsymbol{c}_1| = |\boldsymbol{c}_2| = S$.　$\boldsymbol{c}_2 = -\boldsymbol{c}_1$ になる．

(2)　$|\boldsymbol{a} \times \boldsymbol{b}| = \sqrt{(a_2b_3 - a_3b_2)^2 + (a_3b_1 - a_1b_3)^2 + (a_1b_2 - a_2b_1)^2}$ であるが，命題 1.54 により，これは $\boldsymbol{a}, \boldsymbol{b}$ の張る平行四辺形の面積に等しい．

(3) は Web「外積と右手系」で証明する．□

定理 1.61 の性質 (2) から，空間ベクトルの平行条件が得られる．

命題 1.63 (ベクトルの平行条件 4)　空間ベクトル $\boldsymbol{a}, \boldsymbol{b}$ に対して，

$$\boldsymbol{a} \text{ と } \boldsymbol{b} \text{ が平行} \iff \boldsymbol{a} \times \boldsymbol{b} = \boldsymbol{0}.$$

命題 1.63 から $\boldsymbol{a} \times \boldsymbol{a} = \boldsymbol{0}$ が導かれる．また，図 19 で $\boldsymbol{c}_1 = \boldsymbol{a} \times \boldsymbol{b}$, $\boldsymbol{c}_2 = \boldsymbol{b} \times \boldsymbol{a}$ であることから，$\boldsymbol{b} \times \boldsymbol{a} = -(\boldsymbol{a} \times \boldsymbol{b})$ が成立することもわかる．その他，成分の計算からわかることも含め外積の代数的性質をまとめておこう．

命題 1.64 (外積の代数的性質)

(1)　$\boldsymbol{a} \times \boldsymbol{a} = \boldsymbol{0}$

(2)　$\boldsymbol{b} \times \boldsymbol{a} = -(\boldsymbol{a} \times \boldsymbol{b})$

(3)　$(k\boldsymbol{a}) \times \boldsymbol{b} = \boldsymbol{a} \times (k\boldsymbol{b}) = k(\boldsymbol{a} \times \boldsymbol{b})$　(k は実数)

(4)　(分配法則) $(\boldsymbol{a} + \boldsymbol{b}) \times \boldsymbol{c} = \boldsymbol{a} \times \boldsymbol{c} + \boldsymbol{b} \times \boldsymbol{c}$

$\boldsymbol{a} \times (\boldsymbol{b} + \boldsymbol{c}) = \boldsymbol{a} \times \boldsymbol{b} + \boldsymbol{a} \times \boldsymbol{c}$

(1) において，$\boldsymbol{0}$ は零ベクトルであって実数の 0 ではない．$\boldsymbol{a} \times \boldsymbol{a} = 0$ という式は，“ベクトル＝スカラー” ということになり誤りである．

(2) で $\boldsymbol{b} = \boldsymbol{a}$ とすると $\boldsymbol{a} \times \boldsymbol{a} = -(\boldsymbol{a} \times \boldsymbol{a})$. ここからも (1) の $\boldsymbol{a} \times \boldsymbol{a} = \boldsymbol{0}$ が導かれる．

問 1.65　命題 1.64 (2) を外積の定義式 (1.11) を用いて確かめよ．

注意 1.66　結合法則 $(\boldsymbol{a} \times \boldsymbol{b}) \times \boldsymbol{c} = \boldsymbol{a} \times (\boldsymbol{b} \times \boldsymbol{c})$ は一般には成り立たない．よって，$\boldsymbol{a} \times \boldsymbol{b} \times \boldsymbol{c}$ という表記は意味をもたない．

例題 1.67　$\boldsymbol{a} = \begin{pmatrix} 3 \\ 2 \\ -2 \end{pmatrix}$, $\boldsymbol{b} = \begin{pmatrix} 0 \\ 1 \\ 2 \end{pmatrix}$ のとき，次を求めよ．

(1)　$\boldsymbol{a} \times \boldsymbol{b}$　　(2)　$\boldsymbol{b} \times \boldsymbol{a}$　　(3)　$(2\boldsymbol{a} + 3\boldsymbol{b}) \times 4\boldsymbol{a}$

［解答］ (1) $\boldsymbol{a}\times\boldsymbol{b}=\begin{pmatrix}\begin{vmatrix}2 & 1\\ -2 & 2\end{vmatrix}\\ \begin{vmatrix}-2 & 2\\ 3 & 0\end{vmatrix}\\ \begin{vmatrix}3 & 0\\ 2 & 1\end{vmatrix}\end{pmatrix}=\begin{pmatrix}6\\-6\\3\end{pmatrix}$

(2) 命題 1.64 (2) を使えば計算する必要はない． $\boldsymbol{b}\times\boldsymbol{a}=-\boldsymbol{a}\times\boldsymbol{b}=\begin{pmatrix}-6\\6\\-3\end{pmatrix}$.

(3) $2\boldsymbol{a}+3\boldsymbol{b}$ を計算して $4\boldsymbol{a}$ との外積を求めるより，まず分配法則を使って展開したほうがよい．その際，定数を前にだしてよい．

$$(2\boldsymbol{a}+3\boldsymbol{b})\times 4\boldsymbol{a}=8\boldsymbol{a}\times\boldsymbol{a}+12\boldsymbol{b}\times\boldsymbol{a}=\boldsymbol{0}-12\boldsymbol{a}\times\boldsymbol{b}=\begin{pmatrix}-72\\72\\-36\end{pmatrix}\qquad\square$$

例題 1.68 例題 1.67 のベクトル $\boldsymbol{a},\boldsymbol{b}$ について次の問に答えよ．

(1) $\boldsymbol{a},\boldsymbol{b}$ の張る平行四辺形の面積 S を求めよ．

(2) $\boldsymbol{a},\boldsymbol{b}$ の両方に垂直な単位ベクトルを求めよ．

［解答］ (1) 平行四辺形の面積の公式は 1.4 節で求めたが，ここでは外積を使う．

$$S=|\boldsymbol{a}\times\boldsymbol{b}|=\sqrt{6^2+(-6)^2+3^2}=\sqrt{81}=9$$

(2) 求めるベクトル $\boldsymbol{v}$ は $\boldsymbol{v}\cdot\boldsymbol{a}=\boldsymbol{v}\cdot\boldsymbol{b}=0,\ |\boldsymbol{v}|=1$ を満たす．これを解いてもよいが，外積を使って求めるほうが容易だろう．

$\boldsymbol{a}\times\boldsymbol{b}$ は $\boldsymbol{a}$ と $\boldsymbol{b}$ に垂直なので，$\boldsymbol{a}\times\boldsymbol{b}$ に平行な単位ベクトルが求めるベクトル $\boldsymbol{v}$ である．よって，

$\boldsymbol{a}\times\boldsymbol{b}=3\begin{pmatrix}2\\-2\\1\end{pmatrix}$ なので，$\begin{pmatrix}2\\-2\\1\end{pmatrix}$ に平行な単位ベクトルを求めるほうが計算はやさしい．

$$\boldsymbol{v}=\pm\frac{1}{|\boldsymbol{a}\times\boldsymbol{b}|}\boldsymbol{a}\times\boldsymbol{b}=\pm\frac{1}{9}\begin{pmatrix}6\\-6\\3\end{pmatrix}=\pm\frac{1}{3}\begin{pmatrix}2\\-2\\1\end{pmatrix}.\qquad\square$$

問 1.69 $\boldsymbol{a}=\begin{pmatrix}2\\4\\-1\end{pmatrix},\ \boldsymbol{b}=\begin{pmatrix}1\\-2\\0\end{pmatrix},\ \boldsymbol{c}=\begin{pmatrix}3\\1\\2\end{pmatrix}$ のとき，次を求めよ．

(1) $\boldsymbol{a}\times\boldsymbol{b}$ (2) $\boldsymbol{b}\times\boldsymbol{c}$ (3) $\boldsymbol{c}\times\boldsymbol{a}$

(4) $\boldsymbol{a}\times(2\boldsymbol{b}+3\boldsymbol{c})$ (5) $(2\boldsymbol{a}+\boldsymbol{b})\times(3\boldsymbol{a}-\boldsymbol{c})$ (6) $\boldsymbol{a}\cdot(\boldsymbol{b}\times\boldsymbol{c})$

(7) $(\boldsymbol{a}\times\boldsymbol{b})\cdot\boldsymbol{c}$ (8) $\boldsymbol{a}\times(\boldsymbol{b}\times\boldsymbol{c})$ (9) $(\boldsymbol{a}\times\boldsymbol{b})\times\boldsymbol{c}$

問 1.70 ベクトル $\boldsymbol{a}=\begin{pmatrix}2\\1\\2\end{pmatrix}$ と $\boldsymbol{b}=\begin{pmatrix}-1\\3\\1\end{pmatrix}$ の両方に垂直な単位ベクトルを求めよ．

外積の応用として，平行六面体の体積を求めよう．**平行六面体**とは，向かい合う 3 組の面がそれぞれ平行になる六面体である．3 つの空間ベクトル $\boldsymbol{a}$, $\boldsymbol{b}$, $\boldsymbol{c}$ に対し 4 点 O, A, B, C を，$\overrightarrow{\mathrm{OA}} = \boldsymbol{a}$, $\overrightarrow{\mathrm{OB}} = \boldsymbol{b}$, $\overrightarrow{\mathrm{OC}} = \boldsymbol{c}$ となるようにとる．このとき，OA, OB, OC を 3 辺とする平行六面体を，ベクトル $\boldsymbol{a}$, $\boldsymbol{b}$, $\boldsymbol{c}$ の**張る平行六面体**という (図 20 参照)．OA, OB, OC が 1 つの平面に含まれるときは，$\boldsymbol{a}$, $\boldsymbol{b}$, $\boldsymbol{c}$ は体積 0 のつぶれた平行六面体を張る，と考える．

3 つの空間ベクトル $\boldsymbol{a} = \begin{pmatrix} a_1 \\ a_2 \\ a_3 \end{pmatrix}$, $\boldsymbol{b} = \begin{pmatrix} b_1 \\ b_2 \\ b_3 \end{pmatrix}$, $\boldsymbol{c} = \begin{pmatrix} c_1 \\ c_2 \\ c_3 \end{pmatrix}$ の張る平行六面体の体積を V とする．

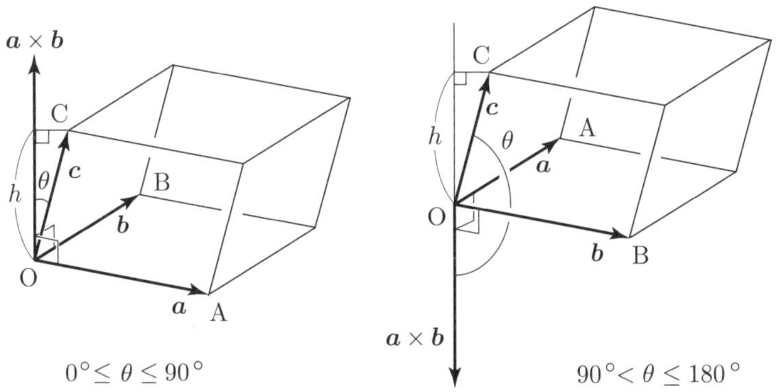

図 20 ベクトル $\boldsymbol{a}, \boldsymbol{b}, \boldsymbol{c}$ の張る平行六面体

図 20 のように $\boldsymbol{a} \times \boldsymbol{b}$ と $\boldsymbol{c}$ のなす角を θ $(0^\circ \leq \theta \leq 180^\circ)$ とし，$\boldsymbol{a}$, $\boldsymbol{b}$ の張る平行四辺形の面積を S とおく．$\boldsymbol{a}, \boldsymbol{b}$ の張る平行四辺形を底面としたとき，平行六面体の高さは $h = |\boldsymbol{c}||\cos\theta|$ である．よって，

$$V = Sh = |\boldsymbol{a} \times \boldsymbol{b}||\boldsymbol{c}||\cos\theta| = \big| |\boldsymbol{a} \times \boldsymbol{b}||\boldsymbol{c}|\cos\theta \big| = |(\boldsymbol{a} \times \boldsymbol{b}) \cdot \boldsymbol{c}| \qquad (1.12)$$

ここで，$\big| |\boldsymbol{a} \times \boldsymbol{b}||\boldsymbol{c}|\cos\theta \big|$ は，$|\boldsymbol{a} \times \boldsymbol{b}|$ と $|\boldsymbol{c}|$ と $\cos\theta$ の積の絶対値である．

を得る．さらに成分を用いて $(\boldsymbol{a} \times \boldsymbol{b}) \cdot \boldsymbol{c}$ を計算すると

$$\begin{aligned}(\boldsymbol{a} \times \boldsymbol{b}) \cdot \boldsymbol{c} &= \begin{vmatrix} a_2 & b_2 \\ a_3 & b_3 \end{vmatrix} c_1 + \begin{vmatrix} a_3 & b_3 \\ a_1 & b_1 \end{vmatrix} c_2 + \begin{vmatrix} a_1 & b_1 \\ a_2 & b_2 \end{vmatrix} c_3 && (1.13) \\ &= (a_2b_3 - a_3b_2)c_1 + (a_3b_1 - a_1b_3)c_2 + (a_1b_2 - a_2b_1)c_3 \\ &= a_1b_2c_3 + a_2b_3c_1 + a_3b_1c_2 - a_1b_3c_2 - a_2b_1c_3 - a_3b_2c_1. && (1.14)\end{aligned}$$

同様の計算で，

$$(\boldsymbol{a} \times \boldsymbol{b}) \cdot \boldsymbol{c} = (\boldsymbol{b} \times \boldsymbol{c}) \cdot \boldsymbol{a} = (\boldsymbol{c} \times \boldsymbol{a}) \cdot \boldsymbol{b} \qquad (1.15)$$

となることもわかる．

定義 1.71 $(\boldsymbol{a} \times \boldsymbol{b}) \cdot \boldsymbol{c}$ を $\boldsymbol{a}$, $\boldsymbol{b}$, $\boldsymbol{c}$ の**スカラー 3 重積**という．

(1.12) と (1.15) をまとめると次の結果になる．

命題 1.72 (平行六面体の体積) 3 つの空間ベクトル $\boldsymbol{a}, \boldsymbol{b}, \boldsymbol{c}$ の張る平行六面体の体積 V は

$$V = |(\boldsymbol{a} \times \boldsymbol{b}) \cdot \boldsymbol{c}| = |(\boldsymbol{b} \times \boldsymbol{c}) \cdot \boldsymbol{a}| = |(\boldsymbol{c} \times \boldsymbol{a}) \cdot \boldsymbol{b}|$$

となり，$\boldsymbol{a}, \boldsymbol{b}, \boldsymbol{c}$ のスカラー 3 重積の絶対値に等しい．

例題 1.73 ベクトル $\boldsymbol{a} = \begin{pmatrix} 1 \\ 2 \\ 3 \end{pmatrix}, \boldsymbol{b} = \begin{pmatrix} 7 \\ 5 \\ 2 \end{pmatrix}, \boldsymbol{c} = \begin{pmatrix} 4 \\ 1 \\ 2 \end{pmatrix}$ の張る平行六面体の体積 V を求めよ．

［解答］ $(\boldsymbol{a} \times \boldsymbol{b}) \cdot \boldsymbol{c}$ を求める．$\boldsymbol{a} \times \boldsymbol{b} = \begin{pmatrix} \begin{vmatrix} 2 & 5 \\ 3 & 2 \end{vmatrix} \\ \begin{vmatrix} 3 & 2 \\ 1 & 7 \end{vmatrix} \\ \begin{vmatrix} 1 & 7 \\ 2 & 5 \end{vmatrix} \end{pmatrix} = \begin{pmatrix} -11 \\ 19 \\ -9 \end{pmatrix}$ より

$(\boldsymbol{a} \times \boldsymbol{b}) \cdot \boldsymbol{c} = -44 + 19 - 18 = -43$. よって，$V = |(\boldsymbol{a} \times \boldsymbol{b}) \cdot \boldsymbol{c}| = 43$. □

問 1.74 ベクトル $\boldsymbol{a} = \begin{pmatrix} 1 \\ 0 \\ 1 \end{pmatrix}, \boldsymbol{b} = \begin{pmatrix} 2 \\ 3 \\ 1 \end{pmatrix}, \boldsymbol{c} = \begin{pmatrix} 2 \\ 1 \\ 2 \end{pmatrix}$ の張る平行六面体の体積を求めよ．

問 1.75 ベクトル $\boldsymbol{a} = \begin{pmatrix} 1 \\ 2 \\ 2 \end{pmatrix}, \boldsymbol{b} = \begin{pmatrix} 2 \\ 1 \\ 3 \end{pmatrix}, \boldsymbol{c} = \begin{pmatrix} 1 \\ -1 \\ 3 \end{pmatrix}$ に対して，次の問に答えよ．

(1) スカラー 3 重積 $(\boldsymbol{a} \times \boldsymbol{b}) \cdot \boldsymbol{c}$ の値を求めよ．

(2) スカラー 3 重積 $(\boldsymbol{a} \times \boldsymbol{c}) \cdot \boldsymbol{b}$ の値は (1) で求めた値の (-1) 倍になっていることを確かめよ．

(3) (1.15) が成り立つことを確かめよ．

定義 1.76 (3 次の行列式) ベクトル $\boldsymbol{a} = \begin{pmatrix} a_1 \\ a_2 \\ a_3 \end{pmatrix}$, $\boldsymbol{b} = \begin{pmatrix} b_1 \\ b_2 \\ b_3 \end{pmatrix}$, $\boldsymbol{c} = \begin{pmatrix} c_1 \\ c_2 \\ c_3 \end{pmatrix}$ のスカラー 3 重積 $(\boldsymbol{a} \times \boldsymbol{b}) \cdot \boldsymbol{c}$ を **3 次の行列式**ともいう．3 次の行列式は 2 次の行列式の場合と同様,

$$\begin{vmatrix} a_1 & b_1 & c_1 \\ a_2 & b_2 & c_2 \\ a_3 & b_3 & c_3 \end{vmatrix}, \quad \det(\boldsymbol{a} \;\; \boldsymbol{b} \;\; \boldsymbol{c})$$

などの記号でも表す．

2次の行列式と同様, 3次の行列式も「3次行列」に対して定義されるものである.

(1.14) より

$$\begin{vmatrix} a_1 & b_1 & c_1 \\ a_2 & b_2 & c_2 \\ a_3 & b_3 & c_3 \end{vmatrix} = \det(\boldsymbol{a}\ \boldsymbol{b}\ \boldsymbol{c}) = (\boldsymbol{a} \times \boldsymbol{b}) \cdot \boldsymbol{c}$$
$$= a_1 b_2 c_3 + b_1 c_2 a_3 + a_2 b_3 c_1 - c_1 b_2 a_3 - c_2 b_3 a_1 - b_1 a_2 c_3 \quad (1.16)$$

が成立する.

(1.16) では文字の並びがアルファベット順ではない. これは, 図21のサラスの公式で行列式を求めたときの並び順である. もちろんアルファベット順にしてよい.

3次の行列式を用いると, 命題1.72は次のように表される.

命題 1.77 (3次の行列式＝±体積) 3つの空間ベクトル $\boldsymbol{a}, \boldsymbol{b}, \boldsymbol{c}$ の張る平行六面体の体積 V は

$$V = |(\boldsymbol{a} \times \boldsymbol{b}) \cdot \boldsymbol{c}| = |\det(\boldsymbol{a}\ \boldsymbol{b}\ \boldsymbol{c})|.$$

命題1.49は, "2次の行列式＝±平行四辺形の面積" だった.

空間ベクトル $\boldsymbol{a}, \boldsymbol{b}, \boldsymbol{c}$ に対し, $\boldsymbol{a} = \overrightarrow{OA}, \boldsymbol{b} = \overrightarrow{OB}, \boldsymbol{c} = \overrightarrow{OC}$ を満たす4点 O, A, B, C が同一平面上にあるとき, $\boldsymbol{a}, \boldsymbol{b}, \boldsymbol{c}$ は**同一平面上にある**, という. 同一平面上にあるベクトル $\boldsymbol{a}, \boldsymbol{b}, \boldsymbol{c}$ の張る平行六面体の体積は0なので, 命題1.77より次の命題が成立する.

命題 1.78 空間ベクトル $\boldsymbol{a}, \boldsymbol{b}, \boldsymbol{c}$ に対し

$$\boldsymbol{a}, \boldsymbol{b}, \boldsymbol{c} \text{ が同一平面上にある} \iff \det(\boldsymbol{a}\ \boldsymbol{b}\ \boldsymbol{c}) = 0$$

が成立する.

問 1.79 ベクトル $\boldsymbol{a} = \begin{pmatrix} 1 \\ 3 \\ 4 \end{pmatrix}, \boldsymbol{b} = \begin{pmatrix} 2 \\ 0 \\ 3 \end{pmatrix}, \boldsymbol{c} = \begin{pmatrix} 4 \\ k \\ 3 \end{pmatrix}$ が同一平面上にあるような k の値を求めよ.

3次の行列式 (1.16) は図21のように覚えてもよい.

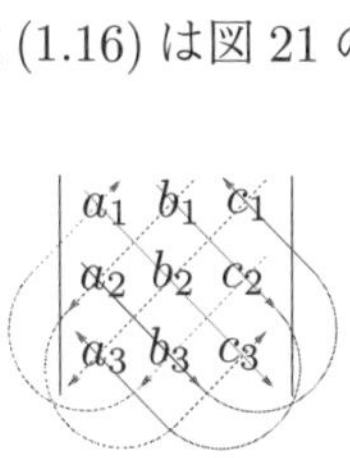

$$\begin{vmatrix} a_1 & b_1 & c_1 \\ a_2 & b_2 & c_2 \\ a_3 & b_3 & c_3 \end{vmatrix} = \begin{aligned} & a_1 b_2 c_3 + b_1 c_2 a_3 + a_2 b_3 c_1 \\ & - c_1 b_2 a_3 - c_2 b_3 a_1 - b_1 a_2 c_3 \end{aligned}$$

図21 サラスの公式：左上から右下の矢印に沿って掛けたものの符号をプラス, 右上から左下の矢印に沿って掛けたものの符号をマイナスにして, 足し合わせる.

問 1.80 次の 3 次の行列式の値を求めよ．

(1) $\begin{vmatrix} -4 & 3 & 2 \\ 1 & 5 & 0 \\ 7 & 3 & -1 \end{vmatrix}$ (2) $\begin{vmatrix} 3 & 2 & -5 \\ 1 & 0 & -2 \\ -4 & 8 & 7 \end{vmatrix}$ (3) $\begin{vmatrix} 1 & 2 & 3 \\ 1 & 4 & 9 \\ 1 & 8 & 27 \end{vmatrix}$

1.6 空間図形の方程式

本節では，座標空間における直線と平面の方程式を考える．

1.6.1 直線の方程式

まず，座標平面における直線の方程式について復習しよう．点 (x_0, y_0) を通り，傾き m の直線の方程式は

$$y = m(x - x_0) + y_0$$

であった．つまり，通る点と傾きがわかれば直線は 1 つに決まる．P, Q を直線上の異なる 2 点とするとき，直線の傾きはベクトル $\overrightarrow{\mathrm{PQ}}$ の x 成分と y 成分の比にほかならない．つまり，傾きを指定するとは，直線に平行なベクトルを指定することである．空間の直線においても，直線が通る点と，直線に平行なベクトルで $\mathbf{0}$ でないもの，を指定すると直線は 1 つに決まる．しかし，空間においては，傾きのような 1 つの数で直線に平行なベクトルを指定することはできない．そこで

傾き m の直線は，ベクトル $\begin{pmatrix} 1 \\ m \end{pmatrix}$ (の実数倍) に平行になる．

$$\text{点 } \mathrm{P}_0(x_0, y_0, z_0) \text{ を通り，ベクトル } \boldsymbol{v} = \begin{pmatrix} a \\ b \\ c \end{pmatrix} \neq \mathbf{0} \text{ に平行な直線 } l \qquad (1.17)$$

を考える．$\boldsymbol{v}$ のように直線に平行で $\mathbf{0}$ でないベクトルを，直線の**方向ベクトル**という．方向ベクトルは 1 つには決まらないが，互いに平行である．

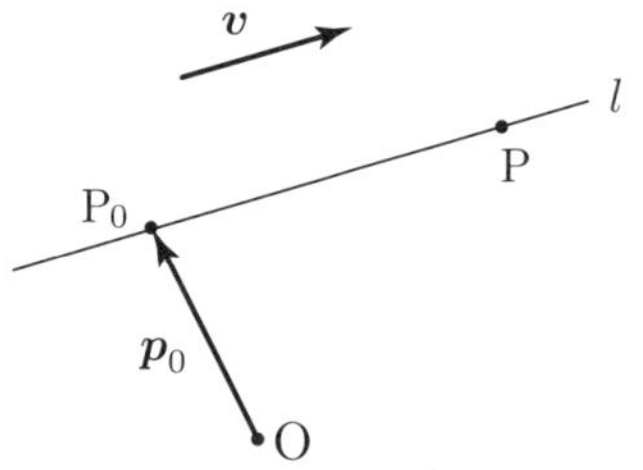

図 22 点 P_0 を通り，ベクトル $\boldsymbol{v}$ に平行な直線 l

P を直線 l 上の任意の点とすると，$\overrightarrow{\mathrm{P_0P}}$ は $\boldsymbol{v}$ に平行なので $\overrightarrow{\mathrm{P_0P}} = t\boldsymbol{v}$ と表せる (t は実数)．したがって，$\overrightarrow{\mathrm{OP}} = \overrightarrow{\mathrm{OP_0}} + \overrightarrow{\mathrm{P_0P}} = \overrightarrow{\mathrm{OP_0}} + t\boldsymbol{v}$ となる．よって，点 P_0, P の位置ベクトルを $\boldsymbol{p}_0$, $\boldsymbol{p}$ とすると，$\boldsymbol{p}$ は

$$\boldsymbol{p} = \boldsymbol{p}_0 + t\boldsymbol{v} \quad (t\text{ は実数}) \tag{1.18}$$

と表せる．逆に，実数 t をどう決めても (1.18) で決まる $\boldsymbol{p}$ を位置ベクトルとする点 P は直線 l 上の点になり，t を $-\infty$ から ∞ まで変えると点 P は直線 l 全体を動く．そこで，(1.18) を**直線 l のベクトル方程式**といい，t を**パラメーター**という．ベクトル方程式 (1.18) を成分で表すと次の定理が得られる．

パラメーターは，**媒介変数**あるいは**助変数**ともよばれる．

定理 1.81 (直線のパラメーター表示)　点 $\mathrm{P}_0(x_0, y_0, z_0)$ を通り，ベクトル $\boldsymbol{v} = \begin{pmatrix} a \\ b \\ c \end{pmatrix} \neq \boldsymbol{0}$ に平行な直線を l とする．このとき，点 (x, y, z) が直線 l 上の点であるための必要十分条件は，次の等式 (1.19) を満たす t が存在することである．

$$\begin{pmatrix} x \\ y \\ z \end{pmatrix} = \begin{pmatrix} x_0 \\ y_0 \\ z_0 \end{pmatrix} + t\begin{pmatrix} a \\ b \\ c \end{pmatrix} \quad (t\text{ は実数}) \tag{1.19}$$

(1.19) は次のように書いてもよい．

$$\begin{cases} x = x_0 + at \\ y = y_0 + bt \\ z = z_0 + ct \end{cases} \quad (t\text{ は実数}) \tag{1.20}$$

(1.19) および (1.20) は，直線上の点の座標をパラメーター t を使って表す式である．したがって，(1.19) および (1.20) を**直線 l のパラメーター表示**という．

定理 1.81 により，パラメーター表示 (1.19) または (1.20) をもつ図形は，ベクトル $\begin{pmatrix} a \\ b \\ c \end{pmatrix}$ に平行で点 (x_0, y_0, z_0) を通る直線とわかる．

注意 1.82　直線の通る点 P_0 や方向ベクトル $\boldsymbol{v}$ は 1 つに決まらないので，直線のパラメーター表示は 1 つに決まらない．

例題 1.83　点 (1, 2, 3) を通り，ベクトル $\begin{pmatrix} 2 \\ -4 \\ 1 \end{pmatrix}$ に平行な直線を l とする．

(1)　l のパラメーター表示を求めよ．

(2)　直線 l は点 P(2, 0, 1) を通るか．

［解答］ (1)　$l : \begin{pmatrix} x \\ y \\ z \end{pmatrix} = \begin{pmatrix} 1 \\ 2 \\ 3 \end{pmatrix} + t\begin{pmatrix} 2 \\ -4 \\ 1 \end{pmatrix} \quad (t\text{ は実数})$

(2)　l が点 P を通るならば，$\begin{pmatrix} 2 \\ 0 \\ 1 \end{pmatrix} = \begin{pmatrix} 1 \\ 2 \\ 3 \end{pmatrix} + t\begin{pmatrix} 2 \\ -4 \\ 1 \end{pmatrix}$ を満たす t が存在する．つまり，連立方程式 $\begin{cases} 2 = 1 + 2t & \cdots ① \\ 0 = 2 - 4t & \cdots ② \\ 1 = 3 + t & \cdots ③ \end{cases}$ が解をもつ．

①より $t = \dfrac{1}{2}$，②より $t = \dfrac{1}{2}$，③より $t = -2$．よって，①, ②, ③を同時に満

l の後ろに書いてある ":" は，「コロン」といい，等号 (=) ではない．"$l =$" と<u>書いてはいけない</u>．

(1) の解答を，

$$l = \begin{pmatrix} 1 \\ 2 \\ 3 \end{pmatrix} + t\begin{pmatrix} 2 \\ -4 \\ 1 \end{pmatrix}$$

としては誤り．

たす t は存在せず，l は点 P を通らない． □

引き続き (1.17) で記述された直線 l を考える．l のパラメーター表示 (1.20) からパラメーターを消去しよう．$a \neq 0, b \neq 0, c \neq 0$ の場合を考える．(1.20) の各式を t について解くと

$$t = \frac{x - x_0}{a}, \quad t = \frac{y - y_0}{b}, \quad t = \frac{z - z_0}{c}.$$

よって

$$\frac{x - x_0}{a} = \frac{y - y_0}{b} = \frac{z - z_0}{c}$$

を得る．逆に，この等式を満たす点 (x, y, z) は l 上の点である．

定理 1.84 (直線の方程式) 点 $\mathrm{P}_0(x_0, y_0, z_0)$ を通り，ベクトル $\boldsymbol{v} = \begin{pmatrix} a \\ b \\ c \end{pmatrix}$ $(a \neq 0, b \neq 0, c \neq 0)$ に平行な直線を l とする．このとき，点 (x, y, z) が直線 l 上の点であるための必要十分条件は，x, y, z が次の方程式 (1.21) を満たすことである．

$$\frac{x - x_0}{a} = \frac{y - y_0}{b} = \frac{z - z_0}{c} \tag{1.21}$$

(1.21) を**直線 l の方程式**という．

定理 1.84 より，方程式 (1.21) で表される図形は，ベクトル $\begin{pmatrix} a \\ b \\ c \end{pmatrix}$ に平行で，点 (x_0, y_0, z_0) を通る直線である．

注意 1.85 直線の通る点 P_0 や方向ベクトル $\boldsymbol{v}$ は 1 つに決まらないので，直線の方程式 (1.21) は 1 つに決まらない．

注意 1.86 (a, b, c のいずれかが 0 の場合) たとえば $a = 0$ のとき，パラメーター表示 (1.20) より，$x = x_0$ (一定) となり，方程式は

$$x = x_0, \ \frac{y - y_0}{b} = \frac{z - z_0}{c}.$$

一般に，方程式 (1.21) において，分母が 0 のときは，分子も 0 とみなせばよい．a, b, c のうち 2 つが 0 の場合，直線の方程式は次の例 1.87 のようになる．

例 1.87 点 (1, 2, 3) を通り，ベクトル $\begin{pmatrix} 0 \\ 0 \\ 1 \end{pmatrix}$ に平行な直線を l とする．

l のパラメーター表示は，$\begin{pmatrix} x \\ y \\ z \end{pmatrix} = \begin{pmatrix} 1 \\ 2 \\ 3 \end{pmatrix} + t \begin{pmatrix} 0 \\ 0 \\ 1 \end{pmatrix}$ (t は実数) であり，l の方程式は，$x = 1$，$y = 2$ (z は任意の実数)．

例題 1.88 2 点 A$(1, -2, 4)$, B$(3, 2, -1)$ を通る直線を l とする．

(1) l のパラメーター表示を求めよ．

(2) l に平行で点 (1, 0, 3) を通る直線 m の方程式を求めよ．

［解答］ (1)　l は点 A$(1,-2,4)$ を通り，$\overrightarrow{\mathrm{AB}}=\begin{pmatrix}2\\4\\-5\end{pmatrix}$ に平行な直線なので，パラメーター表示は

$$l:\begin{pmatrix}x\\y\\z\end{pmatrix}=\begin{pmatrix}1\\-2\\4\end{pmatrix}+t\begin{pmatrix}2\\4\\-5\end{pmatrix}\quad (t\text{ は実数}).$$

(2)　直線 m は l に平行なので，$\overrightarrow{\mathrm{AB}}$ にも平行．よって方程式は

$$m:\frac{x-1}{2}=\frac{y}{4}=\frac{z-3}{-5}.$$

□

例 1.89　方程式

$$\frac{x+2}{3}=\frac{2y-5}{4}=6-z \tag{1.22}$$

は直線の方程式 (1.21) とは形が異なるが，やはり直線を表す方程式である．(1.22) から直線のパラメーター表示を導こう．

(1.22) を (1.21) の形に変形することで，(1.22) は直線を表すと判定してもよい．たとえば，$\dfrac{x+2}{3}=\dfrac{y-\frac{5}{2}}{2}=\dfrac{z-6}{-1}$ と変形できる．

$\dfrac{x+2}{3}=\dfrac{2y-5}{4}=6-z=t$ とおくと，$\dfrac{x+2}{3}=t,\ \dfrac{2y-5}{4}=t,\ 6-z=t.$

よって，$x=3t-2,\ y=2t+\dfrac{5}{2},\ z=-t+6.$ したがって，

$$\begin{pmatrix}x\\y\\z\end{pmatrix}=\begin{pmatrix}-2\\\frac{5}{2}\\6\end{pmatrix}+t\begin{pmatrix}3\\2\\-1\end{pmatrix}\quad (t\text{ は実数})$$

というパラメーター表示を得る．この形から，方程式 (1.22) は点 $\left(-2,\dfrac{5}{2},6\right)$ を通り，ベクトル $\begin{pmatrix}3\\2\\-1\end{pmatrix}$ に平行な直線を表すとわかる．

問 1.90　次の直線について，その方程式とパラメーター表示を両方求めよ．

(1)　点 A$(3,-4,1)$ を通り，ベクトル $\boldsymbol{v}=\begin{pmatrix}5\\4\\-2\end{pmatrix}$ に平行な直線

(2)　2 点 A$(0,1,-2)$, B$(6,-3,-2)$ を通る直線

(3)　(2) の直線に平行で，点 $(3,5,-1)$ を通る直線

1.6.2　平面の方程式

座標空間の直線に対し，直線に平行なベクトルは無数にあるが，スカラー倍の違いを除けば 1 つに決まる．では，座標空間の平面についてはどうだろうか．平面上には互いに平行でないベクトルが存在する．しかし，空間内の平面

に対し，平面に垂直な直線は無数にあるが互いに平行になる．つまり，平面に垂直なベクトルはスカラー倍の違いを除き 1 つに決まると考えられる．ここで，平面と直線が垂直，平面とベクトルが垂直とはどういうことかを定義しておこう．

平面を π (パイ) で表しているが，この π は円周率ではない．平面 (plane) は P で表したいが，P は点 (point) を表すのに使う．そこで，ギリシャ文字で P に当たる π で平面を表す．

定義 1.91 (平面と直線の垂直，平面とベクトルの垂直)

(1) 平面 π と直線 l の交点を P とする．点 P を通る平面 π 上のすべての直線と直線 l が直交するとき，平面 π と直線 l は**垂直**という (図 23).

(2) 平面 π とベクトル $\boldsymbol{n}$ に対し，平面 π 上のすべてのベクトルと $\boldsymbol{n}$ が垂直 (内積が 0) になるとき，平面 π とベクトル $\boldsymbol{n}$ は**垂直**という．

(3) ベクトル $\boldsymbol{n} \neq \boldsymbol{0}$ が平面 π に垂直なとき，$\boldsymbol{n}$ を平面 π の**法ベクトル**あるいは**法線ベクトル**という．平面の法ベクトルは，直線の方向ベクトル同様 1 つには決まらないが，互いにスカラー倍の違いしかない．

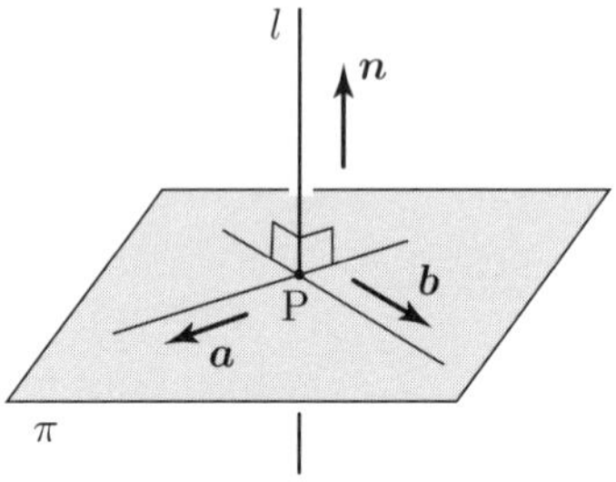

図 23 垂直：平面 π と直線 l，π と $\boldsymbol{n}$

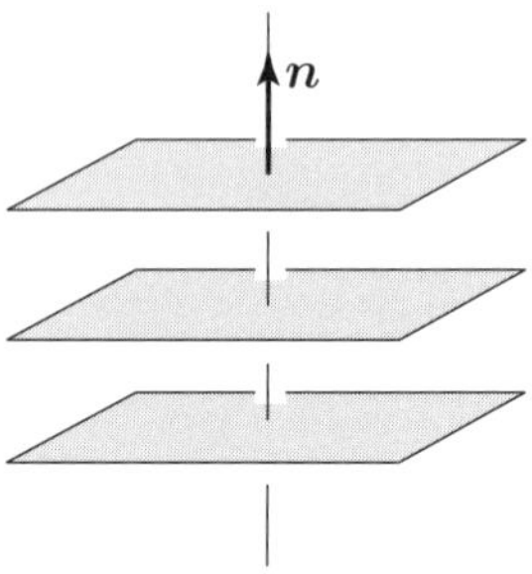

図 24 $\boldsymbol{n}$ に垂直な平面たち

さて，垂直なベクトルを指定しても，図 24 のように平面は 1 つに決まらないが，さらに平面が通る点を指定すると平面は 1 つに決まる．そこで

$$\text{点 } \mathrm{P}_0(x_0, y_0, z_0) \text{ を通り，ベクトル } \boldsymbol{n} = \begin{pmatrix} a \\ b \\ c \end{pmatrix} \text{ に垂直な平面 } \pi \tag{1.23}$$

を考える．

平面 π 上の任意の点を P とすると，$\overrightarrow{\mathrm{P_0P}}$ は平面上のベクトルであり，$\boldsymbol{n}$ と垂直である．よって，$\boldsymbol{n} \cdot \overrightarrow{\mathrm{P_0P}} = 0$ が成立する．実はこの逆も成立する．したがって

$$\text{点 P が平面 } \pi \text{ 上の点} \iff \boldsymbol{n} \cdot \overrightarrow{\mathrm{P_0P}} = 0.$$

よって，点 P_0, P の位置ベクトルをそれぞれ $\boldsymbol{p}_0$, $\boldsymbol{p}$ とすると，$\boldsymbol{p}$ が平面 π 上の点の位置ベクトルであるための必要十分条件は

$$\boldsymbol{n} \cdot (\boldsymbol{p} - \boldsymbol{p}_0) = 0 \tag{1.24}$$

を満たすことである．そこで，(1.24) を**平面 π のベクトル方程式**という．$\mathrm{P}(x, y, z)$ とすると

$$\boldsymbol{n}\cdot(\boldsymbol{p}-\boldsymbol{p}_0)=\begin{pmatrix}a\\b\\c\end{pmatrix}\cdot\begin{pmatrix}x-x_0\\y-y_0\\z-z_0\end{pmatrix}$$
$$=a(x-x_0)+b(y-y_0)+c(z-z_0).$$

よって，方程式 (1.24) から次の定理が得られる．

定理 1.92 (平面の方程式 1)　点 $\mathrm{P}_0(x_0,y_0,z_0)$ を通り，ベクトル $\boldsymbol{n}=\begin{pmatrix}a\\b\\c\end{pmatrix}\neq\boldsymbol{0}$ に垂直な平面を π とする．点 (x,y,z) が平面 π 上の点であるための必要十分条件は，x,y,z が次の方程式 (1.25) を満たすことである．

$$a(x-x_0)+b(y-y_0)+c(z-z_0)=0 \tag{1.25}$$

方程式 (1.25) を**平面 π の方程式**という (図 25).

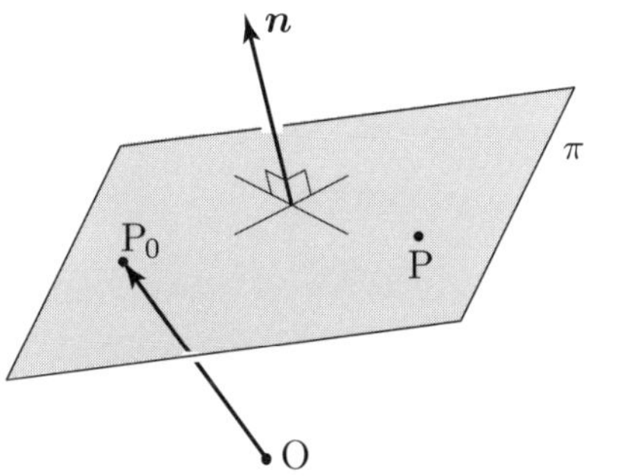

図 25　点 P_0 を通り，ベクトル $\boldsymbol{n}$ に垂直な平面 π

(1.25) は x,y,z の 1 次方程式であるが，逆に，任意の 1 次方程式は平面を表す．

定理 1.93 (平面の方程式 2)　x, y, z の 1 次方程式 $ax+by+cz+d=0$ はベクトル $\begin{pmatrix}a\\b\\c\end{pmatrix}$ に垂直な平面の方程式である．

例題 1.94　点 $(1,2,-3)$ を通り，ベクトル $\begin{pmatrix}4\\1\\5\end{pmatrix}$ に垂直な平面の方程式を求めよ．

［解答］　定理 1.92 より，平面の方程式は $4(x-1)+1(y-2)+5(z-(-3))=0$ である．整理すると $4x+y+5z+9=0$．　□

"$=0$" を省略して $4x+y+5z+9$ だけでは誤り．

例 1.95 定理 1.93 より，$3x-4y+5z-2=0$ はベクトル $\begin{pmatrix}3\\-4\\5\end{pmatrix}$ に垂直な平面の方程式である．この平面上の点を 1 つ求めてみよう．x, y を任意の数，たとえば $x=y=0$ とすると $5z-2=0$ を得る．よって，$z=\dfrac{2}{5}$ となり，点 $\left(0,0,\dfrac{2}{5}\right)$ はこの平面上の点である．

例題 1.96 点 A$(1,1,-2)$ を通り，直線 $l: \dfrac{x-3}{3}=\dfrac{y}{-2}=\dfrac{z+1}{4}$ に垂直な平面 π の方程式を求めよ．

［解答］ 直線 l と平面 π が垂直 $\Longleftrightarrow$ l に平行なベクトルは π に垂直，である．定理 1.84 により，直線 l はベクトル $\boldsymbol{v}=\begin{pmatrix}3\\-2\\4\end{pmatrix}$ に平行．よって，$\boldsymbol{v}$ に垂直で，点 $(1,1,-2)$ を通る平面を求めればよい．定理 1.92 より

$$3(x-1)-2(y-1)+4(z+2)=0.$$

これを整理して $\pi: 3x-2y+4z+7=0$ が得られる． □

例題 1.97 3 点 A$(1,1,2)$, B$(2,3,5)$, C$(5,4,4)$ を通る平面の方程式を求めよ．

［解答］ 平面に垂直なベクトル (法ベクトル) を求める．
$\overrightarrow{\mathrm{AB}}$, $\overrightarrow{\mathrm{AC}}$ は平面上のベクトルなので，法ベクトルは $\overrightarrow{\mathrm{AB}}$ と $\overrightarrow{\mathrm{AC}}$ に垂直．よって，$\overrightarrow{\mathrm{AB}}\times\overrightarrow{\mathrm{AC}}$ が法ベクトルになる．

$$\overrightarrow{\mathrm{AB}}\times\overrightarrow{\mathrm{AC}}=\begin{pmatrix}1\\2\\3\end{pmatrix}\times\begin{pmatrix}4\\3\\2\end{pmatrix}=\begin{pmatrix}-5\\10\\-5\end{pmatrix}=-5\begin{pmatrix}1\\-2\\1\end{pmatrix}$$

ここでベクトル $\begin{pmatrix}1\\-2\\1\end{pmatrix}$ も法ベクトルである．平面は点 A を通るので，定理 1.92 より $(x-1)-2(y-1)+(z-2)=0$. 整理すると，$x-2y+z-1=0$. □

問 1.98 次の平面の方程式を求めよ．

(1) 点 $\mathrm{P}_0(1,2,-1)$ を通り，$\boldsymbol{n}=\begin{pmatrix}4\\-1\\0\end{pmatrix}$ に垂直な平面

(2) 点 $(1,1,0)$ を通り，直線 $\dfrac{x-4}{3}=-\dfrac{y}{5}=1-z$ に垂直な平面

(3) 3 点 A$(1,2,4)$, B$(0,3,1)$, C$(-3,1,-3)$ を通る平面

問 1.99 平面 $3x-2z+4=0$ と垂直で，点 $(1,5,-1)$ を通る直線のパラメーター表示と方程式を求めよ．

ここまでは，平面に垂直なベクトルを使って平面の方程式を導いた．今度は平面に平行なベクトルを使って平面を表すことを考える．

空間ベクトル $\boldsymbol{v}$ が平面 π 上の有向線分で表されるとき，$\boldsymbol{v}$ は**平面** π **に平行**という．

座標空間に，平行でない 2 つのベクトル $\boldsymbol{u}, \boldsymbol{v}$ と，点 P_0 をとる．このとき

$$\text{点 } P_0 \text{ を通り，ベクトル } \boldsymbol{u}, \boldsymbol{v} \text{ の両方に平行な平面 } \pi \tag{1.26}$$

は，$\overrightarrow{P_0A}=\boldsymbol{u}, \overrightarrow{P_0B}=\boldsymbol{v}$ を満たす 3 点 P_0, A, B を含む平面である．このような平面は 1 つに決まる (図 26)．平面 π のパラメーター表示を求めよう．

$\boldsymbol{u}, \boldsymbol{v}$ が平行でないので 3 点 P_0, A, B は同一直線上にない．よって，この 3 点を含む平面は 1 つに決まる．

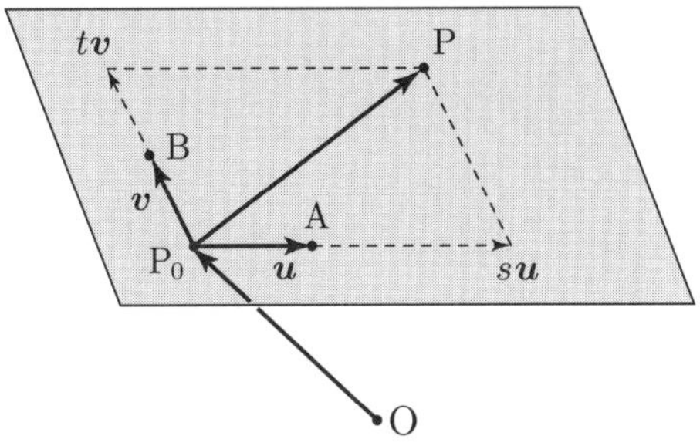

図 26 点 P_0 を通り，ベクトル $\boldsymbol{u}, \boldsymbol{v}$ に平行な平面 π

平面上の任意の点を P とすると，命題 1.14 により $\overrightarrow{P_0P}=s\boldsymbol{u}+t\boldsymbol{v}$ を満たす実数 s, t の組がただ 1 つ存在する．したがって，点 P_0, P の位置ベクトルをそれぞれ $\boldsymbol{p}_0, \boldsymbol{p}$ とおくと，$\boldsymbol{p}$ は

$$\boldsymbol{p}=\boldsymbol{p}_0+s\boldsymbol{u}+t\boldsymbol{v} \quad (s,\ t \text{ は実数}) \tag{1.27}$$

と表される．s, t がそれぞれ実数全体を動くと，$\boldsymbol{p}$ を位置ベクトルとする点 P は平面 π 全体を動く．そこで (1.27) を，s, t をパラメーターとする**平面** π **のベクトル方程式**という．(1.27) を成分で表すと次の定理が得られる．

定理 1.100 (平面のパラメーター表示) ベクトル $\boldsymbol{u}=\begin{pmatrix}u_1\\u_2\\u_3\end{pmatrix}$ と $\boldsymbol{v}=\begin{pmatrix}v_1\\v_2\\v_3\end{pmatrix}$ は平行でないとする．点 $P_0(x_0,y_0,z_0)$ を通り，$\boldsymbol{u}, \boldsymbol{v}$ に平行な平面を π とする．このとき，点 (x,y,z) が平面 π 上の点であるための必要十分条件は，次の等式を満たす s, t が存在することである．

$$\begin{pmatrix}x\\y\\z\end{pmatrix}=\begin{pmatrix}x_0\\y_0\\z_0\end{pmatrix}+s\begin{pmatrix}u_1\\u_2\\u_3\end{pmatrix}+t\begin{pmatrix}v_1\\v_2\\v_3\end{pmatrix} \quad (s,\ t \text{ は実数}) \tag{1.28}$$

(1.28) は次のように書いてもよい．

$$\begin{cases} x = x_0 + su_1 + tv_1 \\ y = y_0 + su_2 + tv_2 \\ z = z_0 + su_3 + tv_3 \end{cases} \qquad (s,\, t\ \text{は実数}) \qquad (1.29)$$

(1.28) および (1.29) を**平面のパラメーター表示**という．

例題 1.101　3 点 A$(1, 1, 2)$, B$(2, 3, 5)$, C$(5, 4, 4)$ を通る平面 π (例題 1.97 で扱った平面) について次の問に答えよ．

(1)　平面 π のパラメーター表示を求めよ．

(2)　(1) のパラメーターを消去することにより，平面 π の方程式を求めよ．

[解答]　(1)　平面 π は点 A$(1, 1, 2)$ を通り，$\overrightarrow{\mathrm{AB}} = \begin{pmatrix} 1 \\ 2 \\ 3 \end{pmatrix}$，$\overrightarrow{\mathrm{AC}} = \begin{pmatrix} 4 \\ 3 \\ 2 \end{pmatrix}$ に平行な平面であるから，(1.29) によりパラメーター表示は

$$\begin{cases} x = 1 + s + 4t \\ y = 1 + 2s + 3t \\ z = 2 + 3s + 2t \end{cases} \qquad (s,\, t\ \text{は実数}). \qquad (1.30)$$

(2)　(1.30) において，まず s を消去して $\begin{cases} 2x - y = 1 + 5t \\ 3y - 2z = -1 + 5t \end{cases}$ を得る．さらに t を消去すると $(2x - y) - (3y - 2z) = 2$ となる．これを整理して得られる $x - 2y + z - 1 = 0$ が平面 π の方程式である．　□

問 1.102　次の平面のパラメーター表示と方程式を求めよ．

(1)　点 $(2, 1, -1)$ を通り，ベクトル $\boldsymbol{a} = \begin{pmatrix} 1 \\ 3 \\ 2 \end{pmatrix}$，$\boldsymbol{b} = \begin{pmatrix} 3 \\ -6 \\ 1 \end{pmatrix}$ に平行な平面

(2)　直線 $\dfrac{x-1}{2} = \dfrac{y-1}{-3} = \dfrac{z-1}{-2}$ と点 A$(9, 3, 0)$ を含む平面

例題 1.103　直線 $l : \dfrac{x-1}{2} = \dfrac{y+1}{3} = z - 2$ と平面 $\pi : x + 2y + 3z + 6 = 0$ の交点の座標を求めよ．

[解答]　直線 l のパラメーター表示は，$\begin{cases} x = 1 + 2t \\ y = -1 + 3t \\ z = 2 + t \end{cases}$ となる．これらを平面の方程式に代入すると $(1 + 2t) + 2(-1 + 3t) + 3(2 + t) + 6 = 0$. これを解いて $t = -1$ を得る．

交点の座標は，パラメーター表示の式に $t = -1$ を代入して得られる．したがって，交点は $(-1, -4, 1)$.　□

問 1.104 2 点 A$(1,4,9)$, B$(3,0,5)$ を通る直線 l と，平面 $\pi : 2x+3y-z+1=0$ の交点の座標を求めよ．

演習問題 1－A

[1] $\boldsymbol{a}=\begin{pmatrix}5\\-2\end{pmatrix}$，$\boldsymbol{b}=\begin{pmatrix}3\\-1\end{pmatrix}$ のとき，次を求めよ．

(1) $\boldsymbol{a}\cdot\boldsymbol{b}$

(2) $\boldsymbol{a}$ と $\boldsymbol{b}$ のなす角を θ とするとき，$\cos\theta$ の値

(3) $|2\boldsymbol{a}-3\boldsymbol{b}|$

(4) $\boldsymbol{a}, \boldsymbol{b}$ の張る平行四辺形の面積

[2] (1) ベクトル $\boldsymbol{a}=\begin{pmatrix}1\\7\end{pmatrix}$ と同じ向きの単位ベクトルを求めよ．

(2) ベクトル $\boldsymbol{a}=\begin{pmatrix}1\\1\\1\end{pmatrix}$，$\boldsymbol{b}=\begin{pmatrix}2\\3\\2\end{pmatrix}$ の両方に垂直な単位ベクトルを求めよ．

[3] 空間に 4 点 A$(0,1,2)$, B$(1,2,2)$, C$(2,1,3)$, D$(3,0,-1)$ がある．このとき次の問に答えよ．

(1) 内積 $\overrightarrow{\mathrm{AB}}\cdot\overrightarrow{\mathrm{AC}}$，外積 $\overrightarrow{\mathrm{AB}}\times\overrightarrow{\mathrm{AC}}$ をそれぞれ求めよ．

(2) $\triangle$ABC の面積を求めよ．

(3) ベクトル $\overrightarrow{\mathrm{AB}}, \overrightarrow{\mathrm{AC}}, \overrightarrow{\mathrm{AD}}$ の張る平行六面体の体積を求めよ．

(4) 四面体 ABCD の体積を求めよ．

[4] 次の行列式の値を求めよ．

(1) $\begin{vmatrix}5 & 3\\4 & -1\end{vmatrix}$ (2) $\begin{vmatrix}5 & 2 & 1\\4 & 3 & -2\\-3 & -1 & 0\end{vmatrix}$ (3) $\begin{vmatrix}2 & 4 & 2\\1 & 2 & 3\\-2 & 1 & 1\end{vmatrix}$

[5] 次の空間図形の方程式を求めよ．

(1) 点 $(4,-1,2)$ を通り，ベクトル $\begin{pmatrix}-2\\1\\4\end{pmatrix}$ に平行な直線

(2) 点 $(7,1,-2)$ を通り，ベクトル $\begin{pmatrix}2\\5\\0\end{pmatrix}$ に平行な直線

(3) 2 点 $(3,4,6)$, $(5,-1,3)$ を通る直線

(4) 点 $(7,3,1)$ を通り，ベクトル $\begin{pmatrix}2\\1\\1\end{pmatrix}$ に垂直な平面

(5) 平面 $\pi : x+2y+3z+4=0$ と平行で，点 $(2,0,-1)$ を通る平面

(6) 直線 $\dfrac{x-1}{3}=y=\dfrac{z+1}{-2}$ に垂直で，点 $(-3,2,1)$ を通る平面

(7) A$(-4,2,1)$, B$(6,-4,5)$ とするとき，線分 AB の中点を通り，AB に垂直な平面

(8) 原点と A$(4,1,2)$, B$(2,1,-2)$ を通る平面

(9) 3 点 A$(1,1,-3)$, B$(-1,0,-4)$, C$(3,1,2)$ を通る平面

(10) 直線 $\dfrac{x-2}{2}=\dfrac{y+3}{-1}=\dfrac{z}{3}$ と点 $(5,1,2)$ を含む平面

[6] 直線 $l : \dfrac{x-1}{2}=\dfrac{y+2}{-1}=\dfrac{z-3}{3}$ と次の平面の交点の座標を求めよ．

(1) $\pi_1 : yz$ 平面 $(x=0)$

(2) $\pi_2 : x+2y+3z+3=0$

演習問題 1-B

[**1**] 同一直線上にない3点A, B, Cの位置ベクトルを，それぞれ $\boldsymbol{a}, \boldsymbol{b}, \boldsymbol{c}$ とする．次のベクトルを位置ベクトルとする点全体が描く図形を答えよ．

(1) $s\boldsymbol{a}+t\boldsymbol{b}$ (s, t は実数で $s+t=1$)

(2) $s\boldsymbol{a}+t\boldsymbol{b}$ (s, t は実数で $s+t=1$, $s, t \geq 0$)

(3) $s\boldsymbol{a}+t\boldsymbol{b}$ (s, t は実数で $0 \leq s \leq 1$, $0 \leq t \leq 1$．さらに，3点O, A, Bが同一直線上にないとする．)

(4) $s\boldsymbol{a}+t\boldsymbol{b}+r\boldsymbol{c}$ (s, t, r は実数で $s+t+r=1$)

(5) $s\boldsymbol{a}+t\boldsymbol{b}+r\boldsymbol{c}$ (s, t, r は実数で $s+t+r=1$, $s, t, r \geq 0$)

[**2**] △ABCにおいて，$\overrightarrow{\mathrm{OA}}+\overrightarrow{\mathrm{OB}}+\overrightarrow{\mathrm{OC}}=\boldsymbol{0}$ となるように点Oを定める．$\angle\mathrm{BOC}=\alpha$, $\angle\mathrm{COA}=\beta$, $\angle\mathrm{AOB}=\gamma$ とおくとき，

$$\frac{|\overrightarrow{\mathrm{OA}}|}{\sin\alpha}=\frac{|\overrightarrow{\mathrm{OB}}|}{\sin\beta}=\frac{|\overrightarrow{\mathrm{OC}}|}{\sin\gamma}$$

が成り立つことを示せ．

[**3**] 四面体ABCDにおいて，次のようにベクトル $\boldsymbol{S}_{\mathrm{A}}$ を定める．$\boldsymbol{S}_{\mathrm{A}}$ は，頂点Aに対する底面の△BCDに垂直で，△BCDの面積に等しい長さをもち，始点を△BCD上にとったとき四面体の外側を向くベクトルである．以下同様にして $\boldsymbol{S}_{\mathrm{B}}, \boldsymbol{S}_{\mathrm{C}}, \boldsymbol{S}_{\mathrm{D}}$ を定めるとき，次の問に答えよ．

(1) $\boldsymbol{a}=\overrightarrow{\mathrm{DA}}$, $\boldsymbol{b}=\overrightarrow{\mathrm{DB}}$, $\boldsymbol{c}=\overrightarrow{\mathrm{DC}}$ として，$\boldsymbol{S}_{\mathrm{A}}$ を $\boldsymbol{a}, \boldsymbol{b}, \boldsymbol{c}$ と外積を用いて表せ．

(2) 同様のことを $\boldsymbol{S}_{\mathrm{B}}, \boldsymbol{S}_{\mathrm{C}}, \boldsymbol{S}_{\mathrm{D}}$ についても行い，

$$\boldsymbol{S}_{\mathrm{A}}+\boldsymbol{S}_{\mathrm{B}}+\boldsymbol{S}_{\mathrm{C}}+\boldsymbol{S}_{\mathrm{D}}=\boldsymbol{0}$$

が成り立つことを示せ．

2

行列と 1 次変換

2.1　2 次行列とその積

2.1.1　2 次 行 列

4 つの数や文字を正方形に並べ，左右をかっこでくくったものを **2 次正方行列** (略して **2 次行列**) とよぶ．2.1 節と 2.2 節では，単に行列とよぶこともある．行列を 1 つの記号で表す場合には，A, B, C 等のアルファベットの大文字を用いる．

例 2.1　$A = \begin{pmatrix} a & b \\ c & d \end{pmatrix}$，$B = \begin{pmatrix} 1 & 2 \\ 3 & 4 \end{pmatrix}$ はともに 2 次行列である．

行列に関する用語を説明しよう．

- 行列を数が四角に並んだ表と見たときの横の配列を**行**とよび，上から順に第 1 行，第 2 行と数える．また，縦の配列を**列**とよび，左から順に第 1 列，第 2 列と数える．
- 行列を構成する数や文字を行列の**成分**とよび，第 i 行と第 j 列の交点に位置する成分を (i, j) **成分**とよぶ．

この用語に従うと，例 2.1 の行列 A の $(1, 1)$ 成分は a，$(1, 2)$ 成分は b，$(2, 1)$ 成分は c，$(2, 2)$ 成分は d である．

問 2.2　(1)　例 2.1 の行列 B の $(1, 1)$ 成分，$(1, 2)$ 成分，$(2, 1)$ 成分，$(2, 2)$ 成分を答えよ．

(2)　2 次行列 C は，$(1, 1)$ 成分が $\sqrt{2}$，$(2, 1)$ 成分が x，$(1, 2)$ 成分が 0，$(2, 2)$ 成分が $\frac{1}{2}$ である．この行列 C を書け．

定義 2.3　2 次行列 $A = \begin{pmatrix} a & b \\ c & d \end{pmatrix}$ と $B = \begin{pmatrix} p & q \\ r & s \end{pmatrix}$ が**等しい**とは，対応する (i, j) 成分がすべて一致すること，すなわち，

$$\begin{aligned} a &= p, \quad b = q, \\ c &= r, \quad d = s \end{aligned}$$

が成り立つことをいう．このとき，$A = B$ と書く．A と B が等しくない場合には，$A \neq B$ と書く．

2.1.2 2 次行列とベクトルの積

定義 2.4 行列 $A = \begin{pmatrix} a & b \\ c & d \end{pmatrix}$ とベクトル $\boldsymbol{x} = \begin{pmatrix} x \\ y \end{pmatrix}$ に対して，A を $\boldsymbol{x}$ に掛ける演算を

$$A\boldsymbol{x} = \begin{pmatrix} a & b \\ c & d \end{pmatrix}\begin{pmatrix} x \\ y \end{pmatrix} = \begin{pmatrix} ax + by \\ cx + dy \end{pmatrix}$$

と定義する．これを A と $\boldsymbol{x}$ の**積**という．

- 積の規則を図式化すると，

$$\begin{pmatrix} \underrightarrow{a \quad b} \\ \underrightarrow{c \quad d} \end{pmatrix}\begin{pmatrix} x \big\downarrow \\ y \big\downarrow \end{pmatrix} = \begin{pmatrix} ax + by \\ cx + dy \end{pmatrix}.$$

- 行列と縦ベクトルの積を考えるときは，必ず行列が左でベクトルが右である．この順番を逆にすると積が定義されないので注意しよう．

例 2.5 $\begin{pmatrix} 1 & -2 \\ 3 & 4 \end{pmatrix}\begin{pmatrix} -1 \\ 3 \end{pmatrix} = \begin{pmatrix} 1 \cdot (-1) + (-2) \cdot 3 \\ 3 \cdot (-1) + 4 \cdot 3 \end{pmatrix} = \begin{pmatrix} -7 \\ 9 \end{pmatrix}$

問 2.6 次の行列とベクトルの積を計算せよ．

(1) $\begin{pmatrix} -2 & 0 \\ 1 & 1 \end{pmatrix}\begin{pmatrix} 2 \\ -1 \end{pmatrix}$ (2) $\begin{pmatrix} 3 & \sqrt{2} \\ 0 & -\sqrt{3} \end{pmatrix}\begin{pmatrix} 2 \\ \sqrt{2} \end{pmatrix}$ (3) $\begin{pmatrix} 2 & -3 \\ -4 & 6 \end{pmatrix}\begin{pmatrix} 9 \\ 6 \end{pmatrix}$

命題 2.7 行列 A とベクトルの積について，次の性質が成り立つ．

(1) 任意のベクトル $\boldsymbol{x}, \boldsymbol{y}$ に対して，$A(\boldsymbol{x} + \boldsymbol{y}) = A\boldsymbol{x} + A\boldsymbol{y}$.

(2) 任意のベクトル $\boldsymbol{x}$ とスカラー k に対して，$A(k\boldsymbol{x}) = k(A\boldsymbol{x})$.

[証明] $A = \begin{pmatrix} a & b \\ c & d \end{pmatrix}$, $\boldsymbol{x} = \begin{pmatrix} x_1 \\ x_2 \end{pmatrix}$, $\boldsymbol{y} = \begin{pmatrix} y_1 \\ y_2 \end{pmatrix}$ とするとき，$\boldsymbol{x} + \boldsymbol{y} = \begin{pmatrix} x_1 + y_1 \\ x_2 + y_2 \end{pmatrix}$ より，

$$\begin{aligned} A(\boldsymbol{x} + \boldsymbol{y}) &= \begin{pmatrix} a(x_1 + y_1) + b(x_2 + y_2) \\ c(x_1 + y_1) + d(x_2 + y_2) \end{pmatrix} \\ &= \begin{pmatrix} ax_1 + bx_2 \\ cx_1 + dx_2 \end{pmatrix} + \begin{pmatrix} ay_1 + by_2 \\ cy_1 + dy_2 \end{pmatrix} = A\boldsymbol{x} + A\boldsymbol{y}. \end{aligned}$$

よって (1) が成り立つ．

(2) の証明は読者にまかせる. □

2.1.3　2 次行列の積

定義 2.8　2 次行列 $A=\begin{pmatrix} a & b \\ c & d \end{pmatrix}$ と $B=\begin{pmatrix} p & q \\ r & s \end{pmatrix}$ に対して,

$$AB=\begin{pmatrix} a & b \\ c & d \end{pmatrix}\begin{pmatrix} p & q \\ r & s \end{pmatrix}=\begin{pmatrix} ap+br & aq+bs \\ cp+dr & cq+ds \end{pmatrix} \tag{2.1}$$

と定義する. これを A と B の**積**という.

行列の積をこのように定義する理由は, 2.2.3 項で説明する. 命題 2.38 (p.48) を参照.

- 積の規則を図式化すると,

$$\begin{pmatrix} \underrightarrow{a\quad b} \\ \underrightarrow{c\quad d} \end{pmatrix}\begin{pmatrix} p\downarrow & q\downarrow \\ r\downarrow & s\downarrow \end{pmatrix}=\begin{pmatrix} ap+br & aq+bs \\ cp+dr & cq+ds \end{pmatrix}.$$

これより, 次のことがわかる. 行列の積 AB の定義式 (2.1) において, 行列 B の第 1 列と第 2 列をそれぞれベクトルとみなし,

$$B=(\boldsymbol{b}_1\ \ \boldsymbol{b}_2), \qquad \boldsymbol{b}_1=\begin{pmatrix} p \\ r \end{pmatrix}, \qquad \boldsymbol{b}_2=\begin{pmatrix} q \\ s \end{pmatrix} \tag{2.2}$$

とおくと, AB の第 1 列は $A\boldsymbol{b}_1$, 第 2 列は $A\boldsymbol{b}_2$ である. つまり, 行列どうしの積は, 行列とベクトルの積を用いて

$$AB=A(\boldsymbol{b}_1\ \ \boldsymbol{b}_2)=(A\boldsymbol{b}_1\ \ A\boldsymbol{b}_2) \tag{2.3}$$

と表すことができる.

(2.2) における等式 $B=(\boldsymbol{b}_1\ \ \boldsymbol{b}_2)$ は, ベクトル $\boldsymbol{b}_1$ と $\boldsymbol{b}_2$ のかっこを外して成分だけを並べた配列が行列 B の成分の配列に等しい, という意味である. (2.3) についても同様である.

(2.3) は後で何回も用いられるので, 仕組みをよく理解しておこう.

- 行列の積は数の掛け算と同じ**結合法則**を満たす. つまり, 2 次行列 A, B, C に対して,

$$(AB)C=A(BC)$$

が成り立つ. したがって, これを ABC とかっこを外して書くことができる. 特に, A の n 個の積 $\underbrace{A\cdots A}_{n}$ を A^n と表す.

結合法則は行列の積の重要な性質である. この証明は次節で行うこととし, いったんこれを認めて先へ進もう. 今度は数の掛け算と行列の積の大きな違いを述べる. 次の例でみるように, 行列の積においては, 多くの場合に $AB\neq BA$ であり, 数の掛け算のような積の交換法則は成り立たない. したがって, 行列 A を行列 B に掛けるという場合には, AB (A を B に左から掛ける) なのか, BA (A を B に右から掛ける) なのかを区別しなければならない.

例 2.9　$A=\begin{pmatrix} 1 & 4 \\ 3 & 2 \end{pmatrix}$, $B=\begin{pmatrix} 2 & 0 \\ -1 & 3 \end{pmatrix}$ とするとき,

$$AB = \begin{pmatrix} 1 & 4 \\ 3 & 2 \end{pmatrix}\begin{pmatrix} 2 & 0 \\ -1 & 3 \end{pmatrix} = \begin{pmatrix} 2-4 & 0+12 \\ 6-2 & 0+6 \end{pmatrix} = \begin{pmatrix} -2 & 12 \\ 4 & 6 \end{pmatrix}$$

である．一方，積の順序を交換して BA を計算すると，

$$BA = \begin{pmatrix} 2 & 0 \\ -1 & 3 \end{pmatrix}\begin{pmatrix} 1 & 4 \\ 3 & 2 \end{pmatrix} = \begin{pmatrix} 2+0 & 8+0 \\ -1+9 & -4+6 \end{pmatrix} = \begin{pmatrix} 2 & 8 \\ 8 & 2 \end{pmatrix}$$

である．したがって，この場合 $AB \neq BA$ である．

問 2.10 次の行列の積を計算せよ．

(1) $\begin{pmatrix} 1 & 2 \\ 3 & 4 \end{pmatrix}\begin{pmatrix} 5 & 1 \\ 6 & 0 \end{pmatrix}$ (2) $\begin{pmatrix} 2 & -1 \\ 3 & 1 \end{pmatrix}\begin{pmatrix} 1 & 3 \\ -1 & 1 \end{pmatrix}$

(3) $\begin{pmatrix} 1 & 2 \\ 0 & -a \end{pmatrix}\begin{pmatrix} -1 & b \\ 3 & 1 \end{pmatrix}$ (4) $\begin{pmatrix} 0 & 0 \\ 1 & 0 \end{pmatrix}\begin{pmatrix} 0 & 0 \\ -2 & 0 \end{pmatrix}$

(5) $\begin{pmatrix} 1 & -1 \\ 2 & -3 \end{pmatrix}\begin{pmatrix} 2 & 4 \\ -2 & 3 \end{pmatrix}$ (6) $\begin{pmatrix} 1 & 2 \\ 3 & 4 \end{pmatrix}\begin{pmatrix} 0 & 3 \\ 4 & 1 \end{pmatrix}$

(7) $\begin{pmatrix} -2 & 0 \\ 0 & -3 \end{pmatrix}^3$ (8) $\begin{pmatrix} a & 1 \\ 0 & a \end{pmatrix}^4$

(9) $\begin{pmatrix} 1 & 1 \\ -1 & 1 \end{pmatrix}\begin{pmatrix} a & b \\ b & a \end{pmatrix}\begin{pmatrix} 1 & -1 \\ 1 & 1 \end{pmatrix}$

問 2.11 $A = \begin{pmatrix} a & 1 \\ 1 & 1 \end{pmatrix}$, $B = \begin{pmatrix} 1 & 1 \\ 1 & b \end{pmatrix}$ について，以下の問に答えよ．

(1) AB と BA を求めよ．

(2) $AB = BA$ となるための必要十分条件を求めよ．

2.1.4 積の結合法則の証明

前項で述べた2次行列の積の結合法則を証明する．

命題 2.12 (1) 任意の2次行列 A, B とベクトル $\boldsymbol{x}$ に対して，

$$A(B\boldsymbol{x}) = (AB)\boldsymbol{x}$$

が成り立つ．

(2) 2次行列 A, B, C に対して，

$$(AB)C = A(BC)$$

が成り立つ．

［証明］ (1) $A = \begin{pmatrix} a & b \\ c & d \end{pmatrix}$, $B = \begin{pmatrix} p & q \\ r & s \end{pmatrix}$, $\boldsymbol{x} = \begin{pmatrix} x \\ y \end{pmatrix}$ とおく．まず $B\boldsymbol{x}$ を計算すると，

$$B\boldsymbol{x} = \begin{pmatrix} p & q \\ r & s \end{pmatrix}\begin{pmatrix} x \\ y \end{pmatrix} = \begin{pmatrix} px+qy \\ rx+sy \end{pmatrix}.$$

このベクトルにさらに行列 A を掛けると，

$$A(B\boldsymbol{x}) = \begin{pmatrix} a & b \\ c & d \end{pmatrix}\begin{pmatrix} px+qy \\ rx+sy \end{pmatrix} = \begin{pmatrix} a(px+qy)+b(rx+sy) \\ c(px+qy)+d(rx+sy) \end{pmatrix}$$
$$= \begin{pmatrix} (ap+br)x+(aq+bs)y \\ (cp+dr)x+(cq+ds)y \end{pmatrix} = \begin{pmatrix} ap+br & aq+bs \\ cp+dr & cq+ds \end{pmatrix}\begin{pmatrix} x \\ y \end{pmatrix}$$

となる．一方，行列の積の定義から，

$$AB = \begin{pmatrix} ap+br & aq+bs \\ cp+dr & cq+ds \end{pmatrix}$$

である．よって，$A(B\boldsymbol{x}) = (AB)\boldsymbol{x}$ が成り立つ．

(2)　行列 C の第 1 列と第 2 列をそれぞれベクトルとみなし，$C = (\boldsymbol{c}_1 \ \ \boldsymbol{c}_2)$ とする．(2.3) を用いて $(AB)C$ と $A(BC)$ をそれぞれ計算すると，

$$(AB)C = (AB)(\boldsymbol{c}_1 \ \ \boldsymbol{c}_2) = \big((AB)\boldsymbol{c}_1 \ \ (AB)\boldsymbol{c}_2\big),$$
$$A(BC) = A(B\boldsymbol{c}_1 \ \ B\boldsymbol{c}_2) = \big(A(B\boldsymbol{c}_1) \ \ A(B\boldsymbol{c}_2)\big)$$

である．ここで (1) の結果を用いると，$A(B\boldsymbol{c}_i) = (AB)\boldsymbol{c}_i$ $(i = 1, 2)$ であるから，$(AB)C = A(BC)$ が成り立つ．□

2.1.5　2 次行列の逆行列

行列 $I = \begin{pmatrix} 1 & 0 \\ 0 & 1 \end{pmatrix}$ を **2 次単位行列**という．任意の 2 次行列 A に対して，

$$AI = IA = A$$

が成り立つ．

問 2.13　これを確かめよ．

この性質から，単位行列 I は行列の積において，数字の 1 と同じ役割をすることがわかる．

次に，行列の積において，数の逆数にあたるものを導入しよう．

定義 2.14　2 次行列 A に対して，$AX = XA = I$ を満たす 2 次行列 X が存在するとき，X を A の**逆行列**といい，A^{-1} と表す．

行列 A の逆行列が存在するとき，「A は逆行列をもつ」といい表すこともある．

注意 2.15　逆行列は常に存在するとは限らないが，存在すればただ 1 つである．これは次のようにして示せる．X と Y がともに A の逆行列の条件式

$$AX = XA = I, \qquad AY = YA = I$$

を満たすとする．$AX = I$ の両辺に左から Y を掛けると，

$$Y(AX) = YI = Y.$$

また，$YA = I$ の両辺に右から X を掛けると，

$$(YA)X = IX = X.$$

行列の積の結合法則から $Y(AX) = (YA)X$ なので，$Y = X$ である．

逆行列をもたない行列の例をあげよう．

例 2.16 すべての成分が 0 である行列 $\begin{pmatrix} 0 & 0 \\ 0 & 0 \end{pmatrix}$ を **2 次零行列**といい，O と表す．零行列 O は逆行列をもたない．なぜならば，任意の 2 次行列 X に対して $OX = XO = O$ となるから，$OX = XO = I$ を満たす X は存在しない．

例 2.17 $A = \begin{pmatrix} 1 & 0 \\ 1 & 0 \end{pmatrix}$ は逆行列をもたない．実際に，A と $X = \begin{pmatrix} x & y \\ z & w \end{pmatrix}$ の積 AX は

$$AX = \begin{pmatrix} 1 & 0 \\ 1 & 0 \end{pmatrix} \begin{pmatrix} x & y \\ z & w \end{pmatrix} = \begin{pmatrix} x & y \\ x & y \end{pmatrix}$$

となるが，x, y をどのように選んでも，右辺は I にはなりえない．よって A は逆行列をもたない．

$XA = I$ を満たすような X が存在しないことを示すのでもよい．

問 2.18 $A = \begin{pmatrix} 1 & 1 \\ 1 & 1 \end{pmatrix}$ は逆行列をもたないことを示せ．

第 1 章で導入された行列式 (定義 1.46 (p.17)) を用いると，与えられた行列が逆行列をもつかどうかを簡潔に判定できる．これを説明するために，行列に対して定まる数として，2 次の行列式の定義を改めて述べておく．

定義 2.19 行列 $A = \begin{pmatrix} a & b \\ c & d \end{pmatrix}$ に対して定まる数 $ad - bc$ を A の**行列式**とよび，

$$|A| = ad - bc$$

と表す．

注意 2.20 (1) 行列式 $|A|$ は，成分を用いて $\begin{vmatrix} a & b \\ c & d \end{vmatrix}$ と表すこともある．

(2) 行列式を表す記号として，これらの他に $\det A$ も用いられる．

また，逆行列を求める際に行列をスカラー倍することが必要となるので，その定義も述べておく．k をスカラーとするとき，行列 $A = \begin{pmatrix} a & b \\ c & d \end{pmatrix}$ の k 倍 kA を

$$kA = \begin{pmatrix} ka & kb \\ kc & kd \end{pmatrix}$$

と定義する．スカラー倍は次の性質を満たす．

$$(kA)B = k(AB) = A(kB)$$

定理 2.21　2 次行列 $A = \begin{pmatrix} a & b \\ c & d \end{pmatrix}$ が逆行列 A^{-1} をもつためには，

$$|A| \neq 0$$

であることが必要十分である．この条件が満たされるとき，A^{-1} は

$$A^{-1} = \frac{1}{|A|}\begin{pmatrix} d & -b \\ -c & a \end{pmatrix} = \frac{1}{ad-bc}\begin{pmatrix} d & -b \\ -c & a \end{pmatrix}$$

で与えられる．

例 2.16 の行列 O，および例 2.17 と問 2.18 の行列 A は，すべて行列式が 0 であることを確認しよう．

［証明］　$B = \begin{pmatrix} d & -b \\ -c & a \end{pmatrix}$ とおくと，

$$AB = \begin{pmatrix} a & b \\ c & d \end{pmatrix}\begin{pmatrix} d & -b \\ -c & a \end{pmatrix} = \begin{pmatrix} ad-bc & 0 \\ 0 & ad-bc \end{pmatrix},$$

$$BA = \begin{pmatrix} d & -b \\ -c & a \end{pmatrix}\begin{pmatrix} a & b \\ c & d \end{pmatrix} = \begin{pmatrix} ad-bc & 0 \\ 0 & ad-bc \end{pmatrix}$$

であることを用いて証明する．

最初に，$ad-bc \neq 0$ は A が逆行列をもつための十分条件であることを示す．上の計算から，$ad-bc \neq 0$ のとき，$X = \dfrac{1}{ad-bc}B$ とすれば，

$$AX = XA = I,$$

したがって，$X = A^{-1}$ である．

次に，条件 $ad-bc \neq 0$ は A が逆行列をもつための必要条件であることを示す．そのためには，A が逆行列をもつならば，$ad-bc \neq 0$ であることを示せばよい．A^{-1} が存在するとき，$ad-bc = 0$ であると仮定すると，上の計算から $AB = O$ である．この式の両辺に左から A^{-1} を掛けると $B = A^{-1}O = O$ となる．これより $a = b = c = d = 0$ となり，$A = O$ となるが，これは A が逆行列をもつことに矛盾する．(例 2.16 を参照．）よって，A が逆行列をもつならば $ad-bc \neq 0$ である．　□

定理 2.21 を使って逆行列の存在を調べよう．

例 2.22　(1)　$A = \begin{pmatrix} 4 & 3 \\ 2 & 2 \end{pmatrix}$ とすると，$|A| = 4\cdot 2 - 3\cdot 2 = 2 \neq 0$ なので，A は逆行列をもち，

$$A^{-1} = \frac{1}{2}\begin{pmatrix} 2 & -3 \\ -2 & 4 \end{pmatrix} = \begin{pmatrix} 1 & -\frac{3}{2} \\ -1 & 2 \end{pmatrix}.$$

(2)　$A = \begin{pmatrix} 3 & 9 \\ 2 & 6 \end{pmatrix}$ とすると，$|A| = 3\cdot 6 - 9\cdot 2 = 0$ なので，A は逆行列をもたない．

問 2.23 行列 A が次のそれぞれの場合に逆行列をもつかどうかを調べ，もつ場合には A^{-1} を求めよ．

(1) $\begin{pmatrix} 6 & 8 \\ 2 & 3 \end{pmatrix}$ (2) $\begin{pmatrix} -3 & -2 \\ 4 & 5 \end{pmatrix}$ (3) $\begin{pmatrix} 4 & -8 \\ 3 & -6 \end{pmatrix}$ (4) $\begin{pmatrix} a & 6 \\ 2 & 3 \end{pmatrix}$

例題 2.24 $X = \begin{pmatrix} 1 & 4 \\ 1 & 3 \end{pmatrix}, Y = \begin{pmatrix} 1 & 0 \\ 2 & 1 \end{pmatrix}$ とするとき，

$$AX = Y$$

を満たす行列 A を求めよ．

［解答］ まず，X の行列式を計算すると，$|X| = -1 \neq 0$．よって X は逆行列 X^{-1} をもつ．そこで関係式

$$AX = Y$$

の両辺に右から X^{-1} を掛けると，

$$AXX^{-1} = YX^{-1}$$

となる．ここで，左辺は $AXX^{-1} = AI = A$ となるから，求める行列 A は

$$A = YX^{-1}$$

である．この式の右辺に Y，および

$$X^{-1} = \begin{pmatrix} -3 & 4 \\ 1 & -1 \end{pmatrix}$$

を代入して計算すると，

$$A = YX^{-1} = \begin{pmatrix} 1 & 0 \\ 2 & 1 \end{pmatrix} \begin{pmatrix} -3 & 4 \\ 1 & -1 \end{pmatrix} = \begin{pmatrix} -3 & 4 \\ -5 & 7 \end{pmatrix}.$$ □

問 2.25 X, Y を上の例題と同じ行列とするとき，

$$XB = Y$$

を満たす行列 B を求めよ．

2.2 平面上の1次変換

本節では，2次行列と深く関連する座標平面上の1次変換を紹介する．以下では，座標平面のことを単に平面とよぶこともある．

2.2.1 1次変換の定義と例

平面上の変換は，写像の言葉では「平面から平面への写像」のことである．詳しくは付録を参照されたい．

平面上の点をある一定の規則で移動させることを平面上の**変換**という．変換を記号で表す場合には，f, g 等のアルファベットの小文字を用いることが多い．

例 2.26　xy 平面上の x 軸に関する対称移動 (折り返し) を考えよう．この変換によって点 (x, y) が点 (x', y') に移るとすると，(x, y) と (x', y') の間には次の関係式が成り立つ．

$$\begin{cases} x' = \quad x = \ x + 0y \\ y' = -y = 0x - \ y \end{cases}$$

この関係式は，行列とベクトルの積を用いて，

$$\begin{pmatrix} x' \\ y' \end{pmatrix} = \begin{pmatrix} 1 & 0 \\ 0 & -1 \end{pmatrix} \begin{pmatrix} x \\ y \end{pmatrix}$$

と表せる．

上の例のように，行列とベクトルの積を用いて表される平面上の変換を平面上の 1 次変換という．これを定義として述べておこう．

定義 2.27　平面上の変換 f によって点 (x, y) が移る点を (x', y') とする．定数 a, b, c, d により，関係式

$$\begin{pmatrix} x' \\ y' \end{pmatrix} = \begin{pmatrix} a & b \\ c & d \end{pmatrix} \begin{pmatrix} x \\ y \end{pmatrix}$$

がすべての点 (x, y) に対して成り立つとき，f を行列 $\begin{pmatrix} a & b \\ c & d \end{pmatrix}$ が表す **1 次変換** (または**線形変換**) という．

例 2.28　xy 平面上の x 軸に関する対称移動は，行列 $\begin{pmatrix} 1 & 0 \\ 0 & -1 \end{pmatrix}$ が表す 1 次変換である．(例 2.26 を参照．)

問 2.29　xy 平面上の y 軸に関する対称移動は，行列 $\begin{pmatrix} -1 & 0 \\ 0 & 1 \end{pmatrix}$ が表す 1 次変換であることを示せ．

例題 2.30　行列 $A = \begin{pmatrix} 1 & 2 \\ 1 & 3 \end{pmatrix}$ が表す 1 次変換によって，点 $(1, 2)$ が移る点を求めよ．

[解答]
$$\begin{pmatrix} 1 & 2 \\ 1 & 3 \end{pmatrix} \begin{pmatrix} 1 \\ 2 \end{pmatrix} = \begin{pmatrix} 5 \\ 7 \end{pmatrix}$$

よって，点 $(1, 2)$ は点 $(5, 7)$ に移る．　□

問 2.31　上の例題と同じ 1 次変換によって，次の点が移る点を求めよ．

(1)　点 (1, 0)　　(2)　点 (0, 1)　　(3)　点 (3, 4)

(4)　点 (1, 2) と点 (3, 4) の中点

行列の積を利用して次の問題を解いてみよう．

例題 2.32 行列 A が表す1次変換で，点 $(2,1)$ は点 $(-1,2)$ に，点 $(2,3)$ は点 $(1,2)$ に移るとき，行列 A を求めよ．

［解答］ 条件を式で表すと，

$$A\begin{pmatrix}2\\1\end{pmatrix}=\begin{pmatrix}-1\\2\end{pmatrix},\quad A\begin{pmatrix}2\\3\end{pmatrix}=\begin{pmatrix}1\\2\end{pmatrix}$$

である．この2式は次のようにまとめて表すことができる．

p.39 の (2.3) を用いてまとめたともいえる．なお，条件式を $A\begin{pmatrix}2&2\\3&1\end{pmatrix}=\begin{pmatrix}1&-1\\2&2\end{pmatrix}$ とまとめてもよい．このようにしても解答と同じ A が求まることは，各自で確認してほしい．

$$A\begin{pmatrix}2&2\\1&3\end{pmatrix}=\begin{pmatrix}-1&1\\2&2\end{pmatrix}$$

ここで，$\begin{vmatrix}2&2\\1&3\end{vmatrix}=4\ (\neq 0)$ より，$\begin{pmatrix}2&2\\1&3\end{pmatrix}$ は逆行列をもつ．よって，求める行列 A は，

$$\begin{aligned}A&=\begin{pmatrix}-1&1\\2&2\end{pmatrix}\begin{pmatrix}2&2\\1&3\end{pmatrix}^{-1}=\begin{pmatrix}-1&1\\2&2\end{pmatrix}\frac{1}{4}\begin{pmatrix}3&-2\\-1&2\end{pmatrix}\\&=\frac{1}{4}\begin{pmatrix}-1&1\\2&2\end{pmatrix}\begin{pmatrix}3&-2\\-1&2\end{pmatrix}=\frac{1}{4}\begin{pmatrix}-4&4\\4&0\end{pmatrix}=\begin{pmatrix}-1&1\\1&0\end{pmatrix}.\end{aligned}$$

□

問 2.33 行列 A が表す1次変換で，点 $(-1,1)$ は点 $(-5,2)$ に，点 $(1,2)$ は点 $(2,13)$ に移るとき，行列 A を求めよ．

2.2.2 回　転

1次変換の例として，xy 平面の原点を中心とする回転を取り上げる．以下では，回転の角度は反時計回りを正として測るものとする．

命題 2.34 xy 平面の原点を中心とする角度 θ の回転は，行列

$$\begin{pmatrix}\cos\theta&-\sin\theta\\\sin\theta&\cos\theta\end{pmatrix}$$

で表される1次変換である．

［証明］ 原点を中心とする角度 θ の回転で，点 $\mathrm{P}(x,y)$ が点 $\mathrm{P}'(x',y')$ に移るとする．図1において，線分 OP と線分 OP′ の長さを r，x 軸と線分 OP のなす角を α とすると，

$$\begin{cases}x=r\cos\alpha\\y=r\sin\alpha\end{cases},\quad\begin{cases}x'=r\cos(\alpha+\theta)\\y'=r\sin(\alpha+\theta)\end{cases}$$

である．ここで，x'，y' の式を三角関数の加法定理を用いて展開すると，

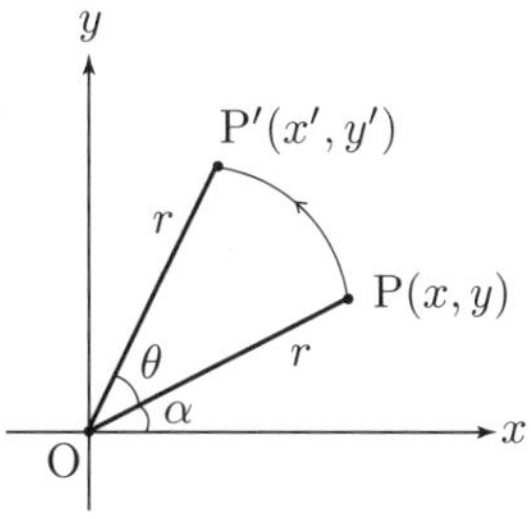

図 1 原点 O を中心とする角度 θ の回転

$$\begin{cases} x' = r\cos\alpha\cos\theta - r\sin\alpha\sin\theta = x\cos\theta - y\sin\theta \\ y' = r\sin\alpha\cos\theta + r\cos\alpha\sin\theta = x\sin\theta + y\cos\theta \end{cases}$$

である．すなわち，

$$\begin{pmatrix} x' \\ y' \end{pmatrix} = \begin{pmatrix} \cos\theta & -\sin\theta \\ \sin\theta & \cos\theta \end{pmatrix} \begin{pmatrix} x \\ y \end{pmatrix}$$

である． □

例題 2.35 原点を中心とする 120° の回転で，点 $(-2, 4)$ が移る点を求めよ．

[解答] 原点を中心とする 120° の回転を表す行列は

$$\begin{pmatrix} \cos 120^\circ & -\sin 120^\circ \\ \sin 120^\circ & \cos 120^\circ \end{pmatrix} = \begin{pmatrix} -\frac{1}{2} & -\frac{\sqrt{3}}{2} \\ \frac{\sqrt{3}}{2} & -\frac{1}{2} \end{pmatrix}$$

である．

$$\begin{pmatrix} -\frac{1}{2} & -\frac{\sqrt{3}}{2} \\ \frac{\sqrt{3}}{2} & -\frac{1}{2} \end{pmatrix} \begin{pmatrix} -2 \\ 4 \end{pmatrix} = \begin{pmatrix} 1 - 2\sqrt{3} \\ -2 - \sqrt{3} \end{pmatrix}$$

より，120° の回転によって点 $(-2, 4)$ は点 $(1 - 2\sqrt{3}, -2 - \sqrt{3})$ に移る． □

問 2.36 θ が次の値のとき，原点を中心とする角度 θ の回転で点 $(2, 3)$ が移る点を求めよ．

(1) $\theta = 30^\circ$ (2) $\theta = 135^\circ$ (3) $\theta = 270^\circ$ (4) $\theta = -60^\circ$

問 2.37 O(0, 0), P(4, −1) とする．△OPQ が正三角形になるような点 Q をすべて求めよ．

2.2.3 合成変換と逆変換

行列 A が表す平面の 1 次変換 f によって点 P が移る点を P′ とする．点 P, P′ の位置ベクトルをそれぞれ $\boldsymbol{x}$, $\boldsymbol{x}'$ とすると，

$$\boldsymbol{x}' = A\boldsymbol{x}$$

である．したがって，1次変換 f は，ベクトル $\boldsymbol{x}$ にベクトル $\boldsymbol{x}' = A\boldsymbol{x}$ を対応させる規則であるともいえる．すなわち，A が表す1次変換 f は，

$$f(\boldsymbol{x}) = A\boldsymbol{x}$$

のようにベクトル $\boldsymbol{x}$ にベクトル $A\boldsymbol{x}$ を対応させる“関数”の形で表すことができる．この形で表された1次変換を，行列 A が表す**ベクトルの1次変換**という．1次変換は，単に平面上の点の移動と考えるより，ベクトルの変換と考えるほうが本質をとらえやすく，応用も広い．そこで以下ではこの見方をとることにしよう．

つまり，1次変換は，点を点に移すとも，ベクトルをベクトルに移すとも，両方の解釈ができるわけである．

2次行列 A, B が与えられたとき，行列 B による1次変換 g を行った後，続けて行列 A による1次変換 f を行うと，どのような変換が得られるだろうか．結果は，ベクトル $\boldsymbol{x}$ に対して，ベクトル $f(g(\boldsymbol{x})) = A(B\boldsymbol{x})$ を対応させる変換となる．これを，g と f の**合成変換**とよび，$f \circ g$ と表す．すなわち，

$$(f \circ g)(\boldsymbol{x}) = f(g(\boldsymbol{x}))$$

である．これに関して次が成り立つ．

合成変換は，写像の言葉では「合成写像」とよばれるものになっている．詳しくは付録を参照されたい．

命題 2.38 1次変換 $f(\boldsymbol{x}) = A\boldsymbol{x}$ と $g(\boldsymbol{x}) = B\boldsymbol{x}$ に対して，合成変換 $(f \circ g)(\boldsymbol{x})$ は，積 AB によって表される1次変換である．つまり，$(f \circ g)(\boldsymbol{x}) = (AB)\boldsymbol{x}$ である．

この命題から，2次行列の積をなぜ定義2.8のように定めるのか，その理由がわかる．行列の積は，1次変換の合成と対応するように定義されているのである．

[証明] 合成変換の定義から

$$(f \circ g)(\boldsymbol{x}) = f\big(g(\boldsymbol{x})\big) = A(B\boldsymbol{x})$$

である．一方，行列の積の定義から，

$$A(B\boldsymbol{x}) = (AB)\boldsymbol{x}$$

となる (命題2.12の(1) (p.40))．よって，$(f \circ g)(\boldsymbol{x}) = (AB)\boldsymbol{x}$ が成り立つ．

□

合成変換を表す行列の積においては，先に行う変換を表す行列が右側にくることに注意しよう．

この例題から，2つの1次変換 f, g に対して，一般には

$$f \circ g \neq g \circ f$$

であることがわかる．これは，2つの行列 A, B に対して，一般には $AB \neq BA$ であるという事実に対応している．

例題 2.39 原点を中心とする 90° の回転を f とし，x 軸に関する対称移動を g とする．合成変換 $f \circ g$ と $g \circ f$ を表す行列をそれぞれ求めよ．

[解答] f を表す行列を A，g を表す行列を B とすると，

$$A = \begin{pmatrix} 0 & -1 \\ 1 & 0 \end{pmatrix}, \qquad B = \begin{pmatrix} 1 & 0 \\ 0 & -1 \end{pmatrix}$$

である．$f \circ g$ を表す行列は

$$AB = \begin{pmatrix} 0 & -1 \\ 1 & 0 \end{pmatrix} \begin{pmatrix} 1 & 0 \\ 0 & -1 \end{pmatrix} = \begin{pmatrix} 0 & 1 \\ 1 & 0 \end{pmatrix}$$

である．$g \circ f$ を表す行列は

$$BA = \begin{pmatrix} 1 & 0 \\ 0 & -1 \end{pmatrix} \begin{pmatrix} 0 & -1 \\ 1 & 0 \end{pmatrix} = \begin{pmatrix} 0 & -1 \\ -1 & 0 \end{pmatrix}$$

である． □

問 2.40 行列 $A = \begin{pmatrix} 2 & -1 \\ 1 & 1 \end{pmatrix}$ が表す 1 次変換を f とし，$B = \begin{pmatrix} 0 & 1 \\ 2 & 3 \end{pmatrix}$ が表す 1 次変換を g とするとき，次の合成変換を表す行列を求めよ．

(1) $f \circ g$ (2) $g \circ f$ (3) $f \circ f$

問 2.41 原点を中心に 45° 回転してから x 軸に関して対称移動する 1 次変換を表す行列を求めよ．

2 次行列 A が逆行列 A^{-1} をもつと仮定する．A が表す 1 次変換を f とし，A^{-1} が表す 1 次変換を g とするとき，

$$(f \circ g)(\boldsymbol{x}) = \boldsymbol{x}, \qquad (g \circ f)(\boldsymbol{x}) = \boldsymbol{x} \tag{2.4}$$

が成り立つ．この g を f の**逆変換**とよび，f^{-1} と表す．平面上の変換の見方では，f によって点 P が点 P′ に移るとき，f^{-1} は点 P′ を点 P に移す変換である．

逆変換は，写像の言葉では「逆写像」とよばれるものになっている．詳しくは付録を参照されたい．

問 2.42 (2.4) が成り立つことを確認せよ．

問 2.43 (1) 原点を中心とする角度 θ の回転を f とするとき，f^{-1} を表す行列を求めよ．また，この f^{-1} は幾何的にはどのような変換か？

(2) 原点を中心とする角度 60° の回転によって点 $(-2, 4)$ に移される点の座標を求めよ．

2.2.4 1 次変換の線形性

本項でも，2.2.3 項と同様に，2 次行列 A が表すベクトルの 1 次変換を $f(\boldsymbol{x}) = A\boldsymbol{x}$ と表す．ベクトル $\boldsymbol{x}$ に対して $f(\boldsymbol{x}) = \boldsymbol{x}'$ となるとき，ベクトル $\boldsymbol{x}'$ を 1 次変換 f による $\boldsymbol{x}$ の**像**という．

次の命題の性質 (1) と (2) をあわせて，1 次変換の**線形性**という．

命題 2.44 1 次変換 $f(\boldsymbol{x}) = A\boldsymbol{x}$ は次の性質をもつ.

(1) 任意のベクトル $\boldsymbol{x}, \boldsymbol{y}$ に対して, $f(\boldsymbol{x}+\boldsymbol{y}) = f(\boldsymbol{x}) + f(\boldsymbol{y})$.

(2) 任意のベクトル $\boldsymbol{x}$ とスカラー k に対して, $f(k\boldsymbol{x}) = kf(\boldsymbol{x})$.

[証明] 命題 2.7 (p.38) から従う. □

1 次変換の線形性は, 次の形で用いられることも多い.

系 2.45 $f(\boldsymbol{x}) = A\boldsymbol{x}$ を 1 次変換とするとき, 任意のベクトル $\boldsymbol{x}_1, \boldsymbol{x}_2$ と任意のスカラー k_1, k_2 に対して,

$$f(k_1\boldsymbol{x}_1 + k_2\boldsymbol{x}_2) = k_1 f(\boldsymbol{x}_1) + k_2 f(\boldsymbol{x}_2).$$

[証明] 命題 2.44 の (1) と (2) を順に用いると,

$$f(k_1\boldsymbol{x}_1 + k_2\boldsymbol{x}_2) = f(k_1\boldsymbol{x}_1) + f(k_2\boldsymbol{x}_2) = k_1 f(\boldsymbol{x}_1) + k_2 f(\boldsymbol{x}_2).$$ □

線形性を利用して, 1 次変換 $f(\boldsymbol{x}) = A\boldsymbol{x}$ によるベクトルの像がどのように決まるかを調べよう.

命題 2.46 2 次行列 A を

$$A = \begin{pmatrix} a & b \\ c & d \end{pmatrix} = (\boldsymbol{a} \ \ \boldsymbol{b}), \qquad \boldsymbol{a} = \begin{pmatrix} a \\ c \end{pmatrix}, \quad \boldsymbol{b} = \begin{pmatrix} b \\ d \end{pmatrix}$$

とおき, A が表す 1 次変換を $f(\boldsymbol{x}) = A\boldsymbol{x}$ とする. このとき, 次が成り立つ.

(1) 平面の基本ベクトル $\boldsymbol{e}_1 = \begin{pmatrix} 1 \\ 0 \end{pmatrix}, \boldsymbol{e}_2 = \begin{pmatrix} 0 \\ 1 \end{pmatrix}$ の f による像は,

$$f(\boldsymbol{e}_1) = \boldsymbol{a}, \quad f(\boldsymbol{e}_2) = \boldsymbol{b}$$

である.

(2) 任意の平面ベクトル $\boldsymbol{x} = \begin{pmatrix} x \\ y \end{pmatrix}$ の f による像は,

$$f(\boldsymbol{x}) = x\boldsymbol{a} + y\boldsymbol{b}$$

という形のベクトルである.

[証明] (1) の証明は行列とベクトルの積 $A\boldsymbol{e}_1, A\boldsymbol{e}_2$ を計算すればよい. (計算は読者にまかせる.)

次に (2) を示そう. 任意の平面ベクトル $\boldsymbol{x} = x\boldsymbol{e}_1 + y\boldsymbol{e}_2$ に対して, 系 2.45 から,

$$f(\boldsymbol{x}) = f(x\boldsymbol{e}_1 + y\boldsymbol{e}_2) = xf(\boldsymbol{e}_1) + yf(\boldsymbol{e}_2)$$

である. ここで, (1) の結果を用いると,

$$f(\boldsymbol{x}) = x\boldsymbol{a} + y\boldsymbol{b}$$

である. □

命題 2.46 の意味するところは，1 次変換 f に対しては，基本ベクトル $\boldsymbol{e}_1$, $\boldsymbol{e}_2$ の像さえわかってしまえば，線形性によってすべてのベクトルの像が決まってしまうということである．

例題 2.47 $A = \begin{pmatrix} 3 & 1 \\ 2 & 2 \end{pmatrix}$ が表す 1 次変換を f とする．

(1) f によって，4 点 $(0,0)$, $(1,0)$, $(1,1)$, $(0,1)$ を頂点とする正方形 (の周および内部) が移る図形を求めよ．

(2) f によって，4 点 $(0,0)$, $(1,-1)$, $(2,0)$, $(1,1)$ を頂点とする正方形 (の周および内部) が移る図形を求めよ．

［解答］ (1) 問題の正方形の周または内部の点 P の位置ベクトルは，基本ベクトル $\boldsymbol{e}_1$ と $\boldsymbol{e}_2$ を用いて，

平行四辺形のベクトル表示については，命題 1.16 (p.6) を参照．

$$\boldsymbol{p} = s\boldsymbol{e}_1 + t\boldsymbol{e}_2 \qquad (0 \leq s \leq 1,\ 0 \leq t \leq 1)$$

と表される．このとき，

$$f(\boldsymbol{p}) = s\,f(\boldsymbol{e}_1) + t\,f(\boldsymbol{e}_2) = s\begin{pmatrix} 3 \\ 2 \end{pmatrix} + t\begin{pmatrix} 1 \\ 2 \end{pmatrix}$$

である．よって，求める図形は $\begin{pmatrix} 3 \\ 2 \end{pmatrix}$ と $\begin{pmatrix} 1 \\ 2 \end{pmatrix}$ が張る平行四辺形，すなわち，4 点 $(0,0)$, $(3,2)$, $(4,4)$, $(1,2)$ を頂点とする平行四辺形である (図 2 を参照)．

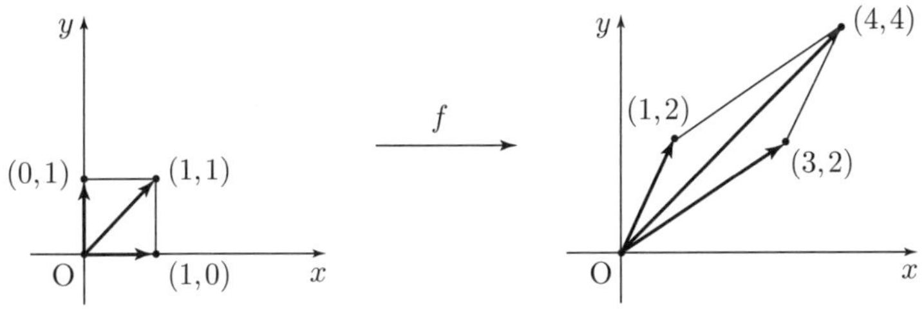

図 2 例題 2.47 (1) における 1 次変換 f による正方形の像．4 点 $(0,0)$, $(1,0)$, $(1,1)$, $(0,1)$ を頂点とする正方形 (左図) が，4 点 $(0,0)$, $(3,2)$, $(4,4)$, $(1,2)$ を頂点とする平行四辺形 (右図) に移される．

(2) $\boldsymbol{x} = \begin{pmatrix} 1 \\ 1 \end{pmatrix}$, $\boldsymbol{y} = \begin{pmatrix} 1 \\ -1 \end{pmatrix}$ とおくと，問題の正方形の周または内部の点 P の位置ベクトルは，

$$\boldsymbol{p} = s\boldsymbol{x} + t\boldsymbol{y} \qquad (0 \leq s \leq 1,\ 0 \leq t \leq 1)$$

と表される．このとき，

$$f(\boldsymbol{p}) = s\,f(\boldsymbol{x}) + t\,f(\boldsymbol{y}) = s\begin{pmatrix} 4 \\ 4 \end{pmatrix} + t\begin{pmatrix} 2 \\ 0 \end{pmatrix}$$

である．よって，求める図形は $\begin{pmatrix} 4 \\ 4 \end{pmatrix}$ と $\begin{pmatrix} 2 \\ 0 \end{pmatrix}$ が張る平行四辺形，すなわち，4 点 $(0,0)$, $(4,4)$, $(6,4)$, $(2,0)$ を頂点とする平行四辺形である． □

問 2.48 $A = \begin{pmatrix} 2 & 2 \\ 3 & 4 \end{pmatrix}$ が表す 1 次変換を f とする．

(1) f によって，4 点 $(0,0)$, $(1,0)$, $(1,1)$, $(0,1)$ を頂点とする正方形 (の周および内部) が移る図形を求めよ．

(2) f によって，4 点 $(0,0)$, $(1,0)$, $(2,1)$, $(1,1)$ を頂点とする平行四辺形 (の周および内部) が移る図形を求めよ．

問 2.49 が問 2.48 と大きく異なるのは，$|A| = 0$ という点である．問 2.49 を解いた後で，Web「1 次変換と行列式」を参照するとよい．

問 2.49 $A = \begin{pmatrix} 2 & 6 \\ 3 & 9 \end{pmatrix}$ が表す 1 次変換を f とするとき，問 2.48 と同じ問に答えよ．

2.3 一般の行列

2.3.1 一般の行列

一般に，数や文字を長方形に並べ，左右をかっこでくくったものを**行列**という．行列の横の配列を**行**，縦の配列を**列**とよぶ．行の数が m で列の数が n の行列を $\boldsymbol{m}$ **行** $\boldsymbol{n}$ **列の行列**，または**サイズ**が $m \times n$ の行列といい，$\boldsymbol{m \times n}$ **行列**とよぶ．$n \times n$ 行列を $\boldsymbol{n}$ **次正方行列** (略して $\boldsymbol{n}$ **次行列**) という．サイズを特定せずに，単に**正方行列**ともいう場合もある．

例 2.50 次の A は 3 次行列，B は 3×2 行列，C は 2×3 行列，D は 4×1 行列である．

$$A = \begin{pmatrix} 1 & 2 & 3 \\ 8 & 9 & 4 \\ 7 & 6 & 5 \end{pmatrix}, \qquad B = \begin{pmatrix} 1 & 2 \\ 3 & 4 \\ 5 & 6 \end{pmatrix}, \qquad C = \begin{pmatrix} 1 & 3 & 5 \\ 2 & 4 & 6 \end{pmatrix}, \qquad D = \begin{pmatrix} x \\ y \\ z \\ w \end{pmatrix}.$$

また，平面ベクトル，空間ベクトルの成分表示は，それぞれサイズが 2×1, 3×1 の行列であるといえる．

行列を構成する数や文字を行列の**成分**という．行列の上から i 番目の横の配列を**第** $\boldsymbol{i}$ **行**，左から j 番目の縦の配列を**第** $\boldsymbol{j}$ **列**といい，第 i 行と第 j 列の交点に位置する成分を $(\boldsymbol{i}, \boldsymbol{j})$ **成分**という．$m \times n$ 行列 A を一般的に表す場合には，A の (i,j) 成分を a_{ij} とおいて，

$$A = \begin{pmatrix} a_{11} & a_{12} & \cdots & a_{1j} & \cdots & a_{1n} \\ a_{21} & a_{22} & \cdots & a_{2j} & \cdots & a_{2n} \\ \vdots & \vdots & & \vdots & & \vdots \\ a_{i1} & a_{i2} & \cdots & a_{ij} & \cdots & a_{in} \\ \vdots & \vdots & & \vdots & & \vdots \\ a_{m1} & a_{m2} & \cdots & a_{mj} & \cdots & a_{mn} \end{pmatrix}$$

と表す．これを $A = (a_{ij})$ と略記することも多い．

$1 \times n$ 行列を**行ベクトル** (または**横ベクトル**)，$n \times 1$ 行列を**列ベクトル** (または**縦ベクトル**) という．また，$m \times n$ 行列 $A = (a_{ij})$ において，A の第 i 行を行ベクトル

$$(a_{i1} \quad a_{i2} \quad \cdots \quad a_{ij} \quad \cdots \quad a_{in}) \quad (i = 1, 2, \ldots, m)$$

とみたものを A の第 i 行の行ベクトル，第 j 列を列ベクトル

$$\begin{pmatrix} a_{1j} \\ a_{2j} \\ \vdots \\ a_{ij} \\ \vdots \\ a_{mj} \end{pmatrix} \quad (j = 1, 2, \ldots, n)$$

とみたものを A の第 j 列の列ベクトルという．

定義 2.51 2 つの行列 $A = (a_{ij})$ と $B = (b_{ij})$ が**等しい**とは，A と B のサイズが等しく，かつ $a_{ij} = b_{ij}$ がすべての (i, j) について成り立つときと約束する．このとき $A = B$ と書く．A と B が等しくない場合には $A \neq B$ と書く．

すべての成分が 0 である行列を**零行列**とよび，記号 O で表す．零行列はすべて O と表されるが，サイズが異なる零行列はすべて異なる行列なので，混同しないように注意しよう．零行列のサイズが $m \times n$ であることを明示する必要がある場合には，O の代わりに $O_{m,n}$ などと表す．サイズが $n \times n$ の場合には単に O_n と表すこともある．また，零行列が行ベクトル $O_{1,n}$ または列ベクトル $O_{n,1}$ である場合には，これらを $\mathbf{0}$ と表すこともある．

2.3.2 行列の和と差，およびスカラー倍

2 つの行列 A と B の**和**と**差**は，A と B のサイズが同じ場合に限って，各 (i, j) 成分の和または差をとって得られる行列として定義される．つまり，$A = (a_{ij})$, $B = (b_{ij})$ とするとき，

$$A \pm B = (a_{ij} \pm b_{ij}) \quad (\text{複号同順})$$

である．また，行列の**スカラー倍**は次のように定義される．k をスカラーとす

るとき，A のすべての成分を k 倍して得られる行列を A の k 倍とよび，kA と表す．つまり，

$$kA = (ka_{ij})$$

である．

問 2.52 行列 $A = \begin{pmatrix} 5 & 0 & 4 \\ -3 & 1 & 2 \end{pmatrix}$, $B = \begin{pmatrix} 0 & 5 & -10 \\ 1 & -2 & 3 \end{pmatrix}$ に対し，次を計算せよ．

(1) $A+B$ (2) $A-B$ (3) $4A$ (4) $2A-3B$

命題 2.53 A, B, C を同じサイズの任意の行列，k, l を任意のスカラーとするとき，行列の和とスカラー倍に関して以下の演算法則が成り立つ．

(1) 和の結合法則：$(A+B)+C = A+(B+C)$

(2) 和の交換法則：$A+B = B+A$

(3) 行列の和に関する分配法則：$k(A+B) = kA+kB$

(4) スカラーの和に関する分配法則：$(k+l)A = kA+lA$

(5) スカラー倍の結合法則：$(kl)A = k(lA)$

問 2.54 命題 2.53 を証明せよ．

2.3.3 行列の積

定義 2.55 2つの行列 A と B の積 AB は，

$$A \text{ の列の数} = B \text{ の行の数}$$

である場合に限って，次のように定義される．$A = (a_{ij})$ を $m \times l$ 行列，$B = (b_{ij})$ を $l \times n$ 行列とするとき，積 AB は (i, j) 成分が

$$\sum_{k=1}^{l} a_{ik}b_{kj} = a_{i1}b_{1j} + a_{i2}b_{2j} + \cdots + a_{il}b_{lj}$$

である $m \times n$ 行列である．これを図示すると次のようになる．

$$AB = i) \begin{pmatrix} a_{11} & \cdots & a_{1j} & \cdots & a_{1l} \\ \vdots & & \vdots & & \vdots \\ a_{i1} & \cdots & a_{ij} & \cdots & a_{il} \\ \vdots & & \vdots & & \vdots \\ a_{m1} & \cdots & a_{mj} & \cdots & a_{ml} \end{pmatrix} \overset{j}{\begin{pmatrix} b_{11} & \cdots & b_{1j} & \cdots & b_{1n} \\ \vdots & & \vdots & & \vdots \\ b_{i1} & \cdots & b_{ij} & \cdots & b_{in} \\ \vdots & & \vdots & & \vdots \\ b_{l1} & \cdots & b_{lj} & \cdots & b_{ln} \end{pmatrix}}$$

$$= \begin{pmatrix} c_{11} & \cdots & c_{1j} & \cdots & c_{1n} \\ \vdots & & \vdots & & \vdots \\ c_{i1} & \cdots & c_{ij} & \cdots & c_{in} \\ \vdots & & \vdots & & \vdots \\ c_{m1} & \cdots & c_{mj} & \cdots & c_{mn} \end{pmatrix}, \qquad \boxed{c_{ij} = \sum_{k=1}^{l} a_{ik}b_{kj}}$$

例 2.56
$$\begin{pmatrix} 1 & 0 & 2 \\ 2 & 1 & 0 \\ 0 & 3 & 2 \end{pmatrix}\begin{pmatrix} x \\ y \\ z \end{pmatrix} = \begin{pmatrix} x+0+2z \\ 2x+y+0 \\ 0+3y+2z \end{pmatrix} = \begin{pmatrix} x+2z \\ 2x+y \\ 3y+2z \end{pmatrix}$$

である．一方，
$$\begin{pmatrix} x \\ y \\ z \end{pmatrix}\begin{pmatrix} 1 & 0 & 2 \\ 2 & 1 & 0 \\ 0 & 3 & 2 \end{pmatrix}$$
は定義されない．

例 2.57
$$\begin{pmatrix} 1 & 3 & 2 \\ 2 & 1 & 0 \end{pmatrix}\begin{pmatrix} -2 & 0 \\ 0 & 1 \\ 1 & -2 \end{pmatrix} = \begin{pmatrix} -2+0+2 & 0+3-4 \\ -4+0+0 & 0+1+0 \end{pmatrix} = \begin{pmatrix} 0 & -1 \\ -4 & 1 \end{pmatrix},$$
$$\begin{pmatrix} -2 & 0 \\ 0 & 1 \\ 1 & -2 \end{pmatrix}\begin{pmatrix} 1 & 3 & 2 \\ 2 & 1 & 0 \end{pmatrix} = \begin{pmatrix} -2+0 & -6+0 & -4+0 \\ 0+2 & 0+1 & 0+0 \\ 1-4 & 3-2 & 2+0 \end{pmatrix} = \begin{pmatrix} -2 & -6 & -4 \\ 2 & 1 & 0 \\ -3 & 1 & 2 \end{pmatrix}.$$

上の例からわかるように，行列 A, B に対して，

- AB が定義されたとしても BA が定義されるとは限らない．
- AB と BA がともに定義されたとしても，$AB = BA$ が成り立つとは限らない．

行列の積の定義から，$1 \times n$ 行列 $A = \begin{pmatrix} a_1 & \cdots & a_n \end{pmatrix}$ と $n \times 1$ 行列 $B = \begin{pmatrix} b_1 \\ \vdots \\ b_n \end{pmatrix}$ の積 AB は 1×1 行列である．この場合には，AB をかっこは付けずに
$$AB = a_1b_1 + \cdots + a_nb_n$$
と表し，スカラーとして扱うことが多い．

問 2.58 次の行列 A, B に対して，積 AB および BA を求めよ．積が定義されない場合には定義されないと答えよ．

(1) $A = \begin{pmatrix} 1 \\ 2 \end{pmatrix}$, $B = \begin{pmatrix} 3 & 4 \end{pmatrix}$ (2) $A = \begin{pmatrix} x & y & z \end{pmatrix}$, $B = \begin{pmatrix} 1 & 0 & 2 \\ 2 & 1 & 0 \\ 0 & 3 & 2 \end{pmatrix}$

(3) $A = \begin{pmatrix} 3 & 0 & 2 \\ -2 & 4 & 1 \\ -3 & 1 & 2 \\ 5 & 1 & 6 \end{pmatrix}$, $B = \begin{pmatrix} 2 & -1 & 3 & -1 \\ 3 & 1 & -2 & -2 \end{pmatrix}$

問 2.59 行列 $A = \begin{pmatrix} 1 & 0 & -1 \\ 0 & 1 & -1 \end{pmatrix}$ に対して，$AB = \mathbf{0}$ となる行列 $B = \begin{pmatrix} x \\ y \\ z \end{pmatrix}$ をすべて求めよ．

命題 2.60 A, B, C を行列とするとき，行列の積に関して以下の演算法則が成り立つ．ただし，以下の等式に現れる行列どうしの和や積はすべて定義されるものと仮定する．

(1) 積の結合法則：$(AB)C = A(BC)$

(2) 積の分配法則：$A(B+C) = AB + AC$

(3) 積の分配法則：$(A+B)C = AC + BC$

(4) k をスカラーとするとき，$(kA)B = k(AB) = A(kB)$

［証明］ (1) の積の結合法則のみ証明する．(残りの性質の証明は読者の練習問題とする．) $A = (a_{ij})$ を $m \times n$ 行列，$B = (b_{jk})$ を $n \times p$ 行列，$C = (c_{kl})$ を $p \times q$ 行列とする．最初に $(AB)C$ と $A(BC)$ のサイズが等しいこと確認しよう．AB は $m \times p$ 行列，C は $p \times q$ 行列だから，$(AB)C$ は $m \times q$ 行列である．また，A は $m \times n$ 行列，BC は $n \times q$ 行列だから，$A(BC)$ も $m \times q$ 行列である．よって，$(AB)C$ と $A(BC)$ のサイズは等しい．

次に，$(AB)C$ と $A(BC)$ の (i,l) 成分どうしが等しいことを示す．積の定義から，

$$(AB)C \text{ の } (i,l) \text{ 成分} = \sum_{k=1}^{p} \left(\sum_{j=1}^{n} a_{ij} b_{jk} \right) c_{kl} = \sum_{k=1}^{p} \left(\sum_{j=1}^{n} a_{ij} b_{jk} c_{kl} \right), \quad (2.5)$$

$$A(BC) \text{ の } (i,l) \text{ 成分} = \sum_{j=1}^{n} a_{ij} \left(\sum_{k=1}^{p} b_{jk} c_{kl} \right) = \sum_{j=1}^{n} \left(\sum_{k=1}^{p} a_{ij} b_{jk} c_{kl} \right) \quad (2.6)$$

である．ここで，(2.5) と (2.6) はともに $a_{ij} b_{jk} c_{kl}$ をすべての j $(1 \leq j \leq n)$ とすべての k $(1 \leq k \leq p)$ について和をとったものになるから，両者は等しい．よって $(AB)C$ と $A(BC)$ の (i,l) 成分どうしは等しい．以上より，$(AB)C = A(BC)$ である． □

問 2.61 命題 2.60 の性質 (2), (3), (4) を証明せよ．

積の結合法則は，行列の積 AB と BC がともに定義されるとき，$(AB)C = A(BC)$ が成り立つということである．よってこれを ABC とかっこを外して書くことができる．4 つ以上の行列の積についても同様である．特に，正方行列 A の n 個の積を A^n と表す．このとき，積の結合法則より，自然数 n, m に対して，数の場合の指数法則と同じ形の式

$$A^n A^m = A^{n+m}, \qquad (A^n)^m = A^{nm}$$

が成り立つ．

2.3.4 正方行列の逆行列

n 次行列 $A=(a_{ij})$ の (i,i) 成分 a_{ii} $(1 \leq i \leq n)$ を A の**対角成分**という．対角成分がすべて 1 で，他の成分がすべて 0 である n 次行列を，**n 次単位行列**とよび I_n と表す．たとえば，

$$I_2=\begin{pmatrix}1&0\\0&1\end{pmatrix},\qquad I_3=\begin{pmatrix}1&0&0\\0&1&0\\0&0&1\end{pmatrix},\qquad I_4=\begin{pmatrix}1&0&0&0\\0&1&0&0\\0&0&1&0\\0&0&0&1\end{pmatrix}$$

はそれぞれ 2 次，3 次，4 次の単位行列である．任意の $m \times n$ 行列 A に対して，

$$AI_n=I_mA=A$$

が成り立つ．サイズが文脈から明らかな場合には，I_n を I と略記することもある．

問 2.62 (1) 3 次行列 A に対して，$AI_3=I_3A=A$ を確認せよ．
(2) 2×4 行列 A に対して，$AI_4=I_2A=A$ を確認せよ．

定義 2.63 (1) n 次行列 A に対して，

$$AX=XA=I_n$$

を満たす n 次行列 X が存在するとき，X を A の**逆行列**とよぶ．次の命題 2.64 より，A の逆行列は存在すればただ 1 つであり，これを A^{-1} と表す．
(2) 正方行列 A の逆行列が存在するとき，A は**正則行列**である，または A は**正則**であるという．

命題 2.64 n 次行列 A に対して，$AX=XA=I_n$ を満たす n 次行列 X は，存在すればただ 1 つである．

問 2.65 命題 2.64 を証明せよ．(注意 2.15 (p.41) を参考にせよ．)

命題 2.66 A, B を n 次行列とする．
(1) A が正則行列ならば，A^{-1} も正則行列であり，$(A^{-1})^{-1}=A$ である．
(2) A と B が正則行列ならば，AB も正則行列であり，$(AB)^{-1}=B^{-1}A^{-1}$ である．

[証明] (1) A^{-1} に対して，$X=A$ とすると，

$$A^{-1}X=XA^{-1}=I_n$$

が成り立つ．つまり，$X=A$ は A^{-1} の逆行列である．よって $(A^{-1})^{-1}=A$ である．

(2) AB に対して，$X = B^{-1}A^{-1}$ とすると，

$$(AB)X = ABB^{-1}A^{-1} = AI_nA^{-1} = AA^{-1} = I_n,$$
$$X(AB) = B^{-1}A^{-1}AB = B^{-1}I_nB = B^{-1}B = I_n$$

が成り立つ．つまり，$X = B^{-1}A^{-1}$ は AB の逆行列である．よって $(AB)^{-1} = B^{-1}A^{-1}$ である． □

定義 2.63 を振り返ると，n 次行列 A の逆行列とは，$AX = I_n$ かつ $XA = I_n$ を満たす n 次行列 X のことであるが，実はこの逆行列の定義式において，X がどちらか一方の式を満たせば，残りの式も満たすことが示せる．

この命題の証明については，第 3 章を学んだ後に Web「命題 2.67 の証明」を参照されたい．

命題 2.67 A を n 次行列とするとき，次が成り立つ．

(1) $AX = I_n$ を満たす n 次行列 X が存在すれば，A は正則行列であり，$X = A^{-1}$ である．つまり，$XA = I_n$ が成り立つ．

(2) $XA = I_n$ を満たす n 次行列 X が存在すれば，A は正則行列であり，$X = A^{-1}$ である．つまり，$AX = I_n$ が成り立つ．

ここまで，正則行列の一般的な性質をみてきたが，与えられた正方行列が正則か否かを判定したり，実際に逆行列を求める方法については，2 次行列の場合を除いて説明していない．それらを一般の正方行列について説明するためには，幾分長めの議論が必要となるので，第 3 章および第 4 章で改めて述べることとする．

2.3.5 行列の分割

次の例のように，与えられた行列をいくつかのより小さいサイズの行列に分割して表すことを，**行列の分割表示**という．

例 2.68
$$X = \begin{pmatrix} 1 & 0 & 2 \\ 0 & 1 & 3 \end{pmatrix} = \left(\begin{array}{cc|c} 1 & 0 & 2 \\ 0 & 1 & 3 \end{array}\right)$$

において，

$$X_1 = \begin{pmatrix} 1 & 0 \\ 0 & 1 \end{pmatrix}, \quad X_2 = \begin{pmatrix} 2 \\ 3 \end{pmatrix}$$

とおくと，X は

$$X = (X_1 \quad X_2)$$

と分割表示される．

例 2.69
$$Y = \begin{pmatrix} 2 & 3 \\ 4 & 5 \\ 6 & 7 \end{pmatrix} = \left(\begin{array}{cc} 2 & 3 \\ 4 & 5 \\ \hline 6 & 7 \end{array}\right)$$

において，

$$Y_1 = \begin{pmatrix} 2 & 3 \\ 4 & 5 \end{pmatrix}, \qquad Y_2 = (6 \quad 7)$$

とおくと，Y は

$$Y = \begin{pmatrix} Y_1 \\ Y_2 \end{pmatrix}$$

と分割表示される．

行列の分割表示は，行列の積の計算において有用な場合がある．また，行列の一般的な性質を調べるうえでも役に立つ．次の計算法は，後の章でしばしば用いられる．

命題 2.70 A を $m \times l$ 行列，B を $l \times n$ 行列とする．

(1) B を

$$B = (\boldsymbol{b}_1 \quad \boldsymbol{b}_2 \quad \cdots \quad \boldsymbol{b}_n)$$

と列ベクトルを用いて分割表示する．このとき，

$$AB = (A\boldsymbol{b}_1 \quad A\boldsymbol{b}_2 \quad \cdots \quad A\boldsymbol{b}_n)$$

が成り立つ．

(2) A を

$$A = \begin{pmatrix} \boldsymbol{a}_1 \\ \boldsymbol{a}_2 \\ \vdots \\ \boldsymbol{a}_m \end{pmatrix}$$

と行ベクトルを用いて分割表示する．このとき，

$$AB = \begin{pmatrix} \boldsymbol{a}_1 B \\ \boldsymbol{a}_2 B \\ \vdots \\ \boldsymbol{a}_m B \end{pmatrix}$$

が成り立つ．

2 次行列の積に関する p.39 の (2.3) は，命題 2.70 の (1) の特別な場合である．

[証明] (1), (2) ともに行列の積の定義から従う． □

問 2.71 A を $m \times l$ 行列，B を $l \times n$ 行列とする．

(1) B を $B = \begin{pmatrix} B_1 & B_2 \end{pmatrix}$ と分割表示するとき，$AB = \begin{pmatrix} AB_1 & AB_2 \end{pmatrix}$ であることを示せ．

(2) A を $A = \begin{pmatrix} A_1 \\ A_2 \end{pmatrix}$ と分割表示するとき，$AB = \begin{pmatrix} A_1 B \\ A_2 B \end{pmatrix}$ であることを示せ．

最後に，第 3 章で用いられる補題を 1 つ示して，本節を終えよう．

補題 2.72 ある 1 つの行の成分がすべて 0 であるような正方行列は正則行列ではない．

［証明］ A を n 次行列とし，ある k $(1 \leq k \leq n)$ に対して A の第 k 行の成分はすべて 0 とする．$A = \begin{pmatrix} \boldsymbol{a}_1 \\ \vdots \\ \boldsymbol{a}_n \end{pmatrix}$ (ただし $\boldsymbol{a}_j$ は A の第 j 行の行ベクトル) と分割表示すると，仮定より $\boldsymbol{a}_k = \boldsymbol{0}$ である．命題 2.70 の (2) より，任意の n 次行列 X に対して $AX = \begin{pmatrix} \boldsymbol{a}_1 X \\ \vdots \\ \boldsymbol{a}_n X \end{pmatrix}$ となるが，$\boldsymbol{a}_k = \boldsymbol{0}$ であるから，$\boldsymbol{a}_k X = \boldsymbol{0}$ となる．よって，いかなる行列 X に対しても AX の第 k 行の成分はすべて 0 であり，$AX \neq I_n$ となる．したがって A は逆行列をもたない．すなわち，A は正則行列ではない． □

演習問題 2 - A

[1] 次を計算せよ．

(1) $\begin{pmatrix} x & x-1 \\ x+1 & x \end{pmatrix}\begin{pmatrix} -x & x-1 \\ x+1 & -x \end{pmatrix}$

(2) $2\begin{pmatrix} 1 & 3 \\ 1 & 4 \end{pmatrix}\begin{pmatrix} 1 & 2 \\ 3 & -1 \end{pmatrix} - 3\begin{pmatrix} 4 & 5 \\ 6 & 7 \end{pmatrix}\begin{pmatrix} 2 & -1 \\ 1 & 3 \end{pmatrix}$

[2] $A = \begin{pmatrix} 2 & 4 \\ 1 & 2 \end{pmatrix}$, $B = \begin{pmatrix} 2a & -4b \\ -a & 2b \end{pmatrix}$ とするとき，$AB = BA$ となるための必要十分条件を求めよ．

[3] 1 次変換 f による $\begin{pmatrix} 2 \\ -1 \end{pmatrix}$ の像が $\begin{pmatrix} 9 \\ 6 \end{pmatrix}$ で，$\begin{pmatrix} 1 \\ -1 \end{pmatrix}$ の像が $\begin{pmatrix} 3 \\ 2 \end{pmatrix}$ であるとき，f を表す行列を求めよ．

[4] 3 点 $(0,0)$, $(1,0)$, $(1,1)$ を頂点とする三角形を，原点を中心に 120° 回転して得られる三角形の頂点を求めよ．

[5] 次の 3 つの 1 次変換は，すべて同じ変換であることを行列を使って証明せよ．

(i) x 軸に関して対称移動してから y 軸に関して対称移動する 1 次変換
(ii) y 軸に関して対称移動してから x 軸に関して対称移動する 1 次変換
(iii) 原点を中心とする 180° の回転

[6] $A = \begin{pmatrix} 2 & 2 \\ -1 & 3 \end{pmatrix}$ が表す 1 次変換によって，3 点 $(0,0)$, $(2,1)$, $(1,2)$ を頂点とする三角形 (の周および内部) が移る図形を求めよ．

[7] 次を計算せよ．

(1) $\begin{pmatrix} 1 & 2 & 3 \\ 0 & 4 & 1 \end{pmatrix}\begin{pmatrix} 0 & 3 \\ 1 & 2 \\ 2 & 1 \end{pmatrix}$ (2) $\begin{pmatrix} 0 & 3 \\ 4 & 2 \\ 1 & 1 \end{pmatrix}\begin{pmatrix} 1 & 2 & 3 \\ 3 & 2 & 1 \end{pmatrix}$

(3) $A=\begin{pmatrix} 0 & x & 0 & 0 \\ 0 & 0 & x & 0 \\ 0 & 0 & 0 & x \\ 0 & 0 & 0 & 0 \end{pmatrix}$ に対して，A^n $(n=2,3,4,\ldots)$.

[**8**] $A=\begin{pmatrix} 1 & 1 \\ 2 & 4 \end{pmatrix}$，$B=\begin{pmatrix} 0 & 1 \\ 1 & 0 \\ 1 & 2 \end{pmatrix}$，$C=\begin{pmatrix} 2 & 1 & 0 \\ 5 & 3 & 1 \end{pmatrix}$，$D=\begin{pmatrix} 0 & 1 & 2 \\ 1 & 2 & 3 \\ 3 & 4 & 5 \end{pmatrix}$ とする．これらのうちで，2 つの行列の積 (自分自身との積も含む) が定義されるすべての組合せについて，それらの積を計算せよ．

[**9**] n 次行列 A が $A^2+A-I_n=O$ を満たすとき，A は正則行列で，

$$A^{-1}=I_n+A$$

であることを示せ．

[**10**] A, B, C を n 次正則行列とするとき，ABC も正則行列であり，

$$(ABC)^{-1}=C^{-1}B^{-1}A^{-1}$$

であることを示せ．(命題 2.66 (p.57) の証明を参考にせよ．)

演習問題 2-B

[**1**] (1) 任意の 2 次行列 $A=\begin{pmatrix} a & b \\ c & d \end{pmatrix}$ に対して，

$$A^2-(a+d)A+(ad-bc)I=O$$

が成り立つことを示せ．(これを**ハミルトン・ケーリーの等式**という．)

(2) $A=\begin{pmatrix} 2 & 1 \\ 3 & -2 \end{pmatrix}$ のとき，(1) の等式を応用して A^{2n} $(n=1,2,\ldots)$ を求めよ．さらに，A^{2n+1} $(n=1,2,\ldots)$ を求めよ．

[**2**] 原点を中心とする角度 α の回転を f，角度 β の回転を g とする．次の合成変換を表す行列を求めよ．

(1) $g\circ f$　(2) $g^{-1}\circ f$　(3) $f\circ f\circ f$　(4) $\underbrace{f\circ f\circ\cdots\circ f}_{n\text{ 個の合成}}$

[**3**] 行列 A が表す 1 次変換によって，4 点 $(0,0)$, $(1,0)$, $(1,1)$, $(0,1)$ を頂点とする正方形が，4 点 $(0,0)$, $(1,0)$, $(2,1)$, $(1,1)$ を頂点とする平行四辺形に移るとする．このような行列 A のうち，$\det A>0$ であるものを求めよ．

[**4**] 平面上で，原点 O を通り，ベクトル $\boldsymbol{a}=\begin{pmatrix} a \\ b \end{pmatrix}\neq\boldsymbol{0}$ に平行な直線を l とする．任意の平面ベクトル $\boldsymbol{x}$ を原点を始点として $\boldsymbol{x}=\overrightarrow{\mathrm{OP}}$ と表したとき，P から l へ下ろした垂線の足 Q によって，l 上のベクトル $\boldsymbol{x}'=\overrightarrow{\mathrm{OQ}}$ が定まる．この $\boldsymbol{x}'$ を，$\boldsymbol{x}$ の l への**正射影**という．

(1) $\boldsymbol{x}'=\dfrac{\boldsymbol{a}\cdot\boldsymbol{x}}{|\boldsymbol{a}|^2}\,\boldsymbol{a}$ であることを示せ．

(2) $\boldsymbol{x}'=A\boldsymbol{x}$ を満たす行列 A を求めよ．

(3) (2) の行列 A に対して，$A^2=A$ であることを示せ．また，A は正則行列かどうか調べよ．

[**5**] 平面上で，原点 O を通り，ベクトル $\boldsymbol{a}=\begin{pmatrix} a \\ b \end{pmatrix}\neq\boldsymbol{0}$ に平行な直線を l とする．任意の平面ベクトル $\boldsymbol{x}$ を原点を始点として $\boldsymbol{x}=\overrightarrow{\mathrm{OP}}$ と表したとき，P を l に関して対称移動した点 R によって，ベクトル $\boldsymbol{y}=\overrightarrow{\mathrm{OR}}$ が定まる．この $\boldsymbol{y}$ を，$\boldsymbol{x}$ の l に関する**鏡映** (また

は折り返し) という.

(1) $\boldsymbol{y}=-\boldsymbol{x}+2\dfrac{\boldsymbol{a}\cdot\boldsymbol{x}}{|\boldsymbol{a}|^2}\,\boldsymbol{a}$ であることを示せ. (前問 [4] の $\boldsymbol{x}'$ を利用するとよい.)

(2) $\boldsymbol{y}=A\boldsymbol{x}$ を満たす行列 A を求めよ.

(3) (2) の行列 A に対して, $A^2=I$ であることを示せ. また, A は正則行列かどうか調べよ.

[6] n 次行列 A, B に対して, 次が成り立つのはそれぞれどういう場合か？

(1) $(A+B)^2=A^2+2AB+B^2$

(2) $(A+B)(A-B)=A^2-B^2$

[7] n 次行列 A が $A^2=A$ かつ $A\neq I_n$ を満たすとき, A は正則行列ではないことを示せ.

[8] A と B は同じサイズの正方行列で, $AB=BA$ を満たすものとする. このとき, 任意の自然数 n に対して, 次が成り立つことを示せ.

(1) $AB^n=B^nA$

(2) $(AB)^n=A^nB^n$

[9] A を n 次行列, P を n 次正則行列とするとき,

$$(P^{-1}AP)^k=P^{-1}A^kP \qquad (k=1,2,\ldots)$$

が成り立つことを示せ.

[10] ある 1 つの列の成分がすべて 0 であるような正方行列は正則行列ではないことを示せ. (補題 2.72 (p.60) の証明を参考にせよ.)

3

連立 1 次方程式と行列

3.1　1 次方程式

中学の数学で習ったように，定数 $a \neq 0$ と b に対し，方程式

$$ax = b \tag{3.1}$$

は (x を未知数とする) 1 次方程式とよばれる．方程式 (3.1) の解とは，(3.1) を満たす数 x のことである．実際，(3.1) はただ 1 つの解 $x = \dfrac{b}{a}$ をもつのであった．似た状況で，定数 a_1, a_2, b (a_1, a_2 がともに 0 という場合は除く) に対し

$$a_1x + a_2y = b \tag{3.2}$$

も (x, y を未知数とする) **1 次方程式**とよばれる．方程式 (3.2) の解とは，(3.2) を満たす数 x, y の組 (x, y) のことである．xy 平面を考え，(3.2) の解 (x, y) を座標とする点のすべてをプロットすると，それらは直線を描くことを思い出そう．このことより，方程式 (3.2) の解は無限個あることが理解できる．

座標平面に点を打つことを「プロット (plot) する」という．

例として，具体的な 1 次方程式

$$2x + y = 3 \tag{3.3}$$

を考えてみよう．c を任意定数とし，$x = c$ が方程式 (3.3) を満たすと仮定すると，y のほうは

$$2c + y = 3,\ すなわち\ y = -2c + 3$$

でなければならないことがわかる．まとめて書くと，

$$\begin{cases} x = c \\ y = -2c + 3 \end{cases} \quad (c\ は任意定数) \tag{3.4}$$

である．逆に，任意定数 c を用いて x, y を (3.4) で定めるならば，それらはすべて (3.3) の解となる．これは明らかであろう．

一般に「方程式を解く」とは，「方程式の解をすべて求める」ということである．

以上の議論でわかったことは「方程式 (3.3) を解くと，その解のすべては (3.4) である」ということである．(3.4) は $(x, y) = (c, -2c + 3)$ (c は任意定数)

のように表してもよい．もしくは，ベクトルの形で

$$\begin{pmatrix} x \\ y \end{pmatrix} = \begin{pmatrix} c \\ -2c+3 \end{pmatrix} \quad (c \text{ は任意定数}) \tag{3.4$'$}$$

と表すこともできる．もう少し式を変形して，

$$\begin{pmatrix} x \\ y \end{pmatrix} = \begin{pmatrix} 0 \\ 3 \end{pmatrix} + c\begin{pmatrix} 1 \\ -2 \end{pmatrix} \quad (c \text{ は任意定数}) \tag{3.4$''$}$$

と表してもよい．

注意 3.1 (3.3) を座標平面上のある直線を表したものと解釈すれば，(3.4) はその直線のパラメーター表示 (パラメーターは c)，(3.4)$'$ はベクトル方程式とみなせる．つまり，一般に1次方程式 $a_1x + a_2y = b$ を解くことは，その方程式で表された直線に対し，パラメーター表示やベクトル方程式を得ることと同等なのである．さらにこのことより，読者は1次方程式 $a_1x + a_2y = b$ の解の表示の仕方が一意的ではないことに気づくことだろう．

方程式 (3.3) を例にとって補足説明しよう．これを解く際に，たとえば $y = c$ とおくことからはじめれば

$$\begin{cases} x = -\frac{1}{2}c + \frac{3}{2} \\ y = c \end{cases}$$

を得るが，これが解であると結論づけて何ら問題はない．

次に，もう少し一般化した状況として，定数 a_1, a_2, a_3, b (a_1, a_2, a_3 がともに0という場合は除く) に対し

$$a_1x + a_2y + a_3z = b \tag{3.5}$$

を考えよう．これも (x, y, z を未知数とする) **1次方程式**とよばれる．方程式 (3.5) の解とは，(3.5) を満たす数の組 (x, y, z) のことである．第1章で学んだように，(3.5) の解 (x, y, z) を座標にもつ点のすべてを xyz 空間にプロットすれば，それらは平面を描く．したがって，(3.5) の解も無限個ある．

たとえば，具体的な1次方程式

$$3x - y - 2z = 5 \tag{3.6}$$

の解は，c_1, c_2 を任意定数として $x = c_1$, $z = c_2$ とおけば，$y = 3c_1 - 2c_2 - 5$，すなわち

$$\begin{cases} x = c_1 \\ y = 3c_1 - 2c_2 - 5 \\ z = c_2 \end{cases} \tag{3.7}$$

と表される．ベクトルの形で

$$\begin{aligned}
\begin{pmatrix} x \\ y \\ z \end{pmatrix} &= \begin{pmatrix} c_1 \\ 3c_1 - 2c_2 - 5 \\ c_2 \end{pmatrix} \\
&= \begin{pmatrix} 0 \\ -5 \\ 0 \end{pmatrix} + \begin{pmatrix} c_1 \\ 3c_1 \\ 0 \end{pmatrix} + \begin{pmatrix} 0 \\ -2c_2 \\ c_2 \end{pmatrix} \\
&= \begin{pmatrix} 0 \\ -5 \\ 0 \end{pmatrix} + c_1\begin{pmatrix} 1 \\ 3 \\ 0 \end{pmatrix} + c_2\begin{pmatrix} 0 \\ -2 \\ 1 \end{pmatrix}
\end{aligned}$$

と表してもよい．(3.6) が平面を表す方程式であると解釈するならば，解 (3.7) はその平面のパラメーター表示といえる．

注意 3.2 ここまでの議論で，1 次方程式 $a_1x+a_2y=b$ も $a_1x+a_2y+a_3z=b$ もともに解を無限個もつことを確認した．しかし，前者は直線を形作る点と同じ分量，後者は平面を形作る点と同じ分量の無限といえよう．同じ「無限」といっても違いがある．

以上，未知数が 3 つまでの 1 次方程式を考えたが，もっと多くの未知数をもつ 1 次方程式ももちろん考えられる．ただし，文字 $x, y, z, \ldots$ では足りなくなってしまうので，添字による文字 $x_1, x_2, \ldots$ などを使うことが多い．

定義 3.3 定数 $a_1, a_2, \ldots, a_n, b$ に対し

$$a_1x_1 + a_2x_2 + \cdots + a_nx_n = b \tag{3.8}$$

を，$x_1, x_2, \ldots, x_n$ を未知数とする **1 次方程式**とよぶ．

(3.8) は $\sum$ を使って

$$\sum_{i=1}^{n} a_ix_i = b$$

と表してもよい．

3.2 連立 1 次方程式

1 次方程式の系，すなわち，いくつかの 1 次方程式の集まり

$$\begin{cases} a_{11}x_1 + a_{12}x_2 + \cdots + a_{1n}x_n = b_1 \\ a_{21}x_1 + a_{22}x_2 + \cdots + a_{2n}x_n = b_2 \\ \qquad\vdots \\ a_{m1}x_1 + a_{m2}x_2 + \cdots + a_{mn}x_n = b_m \end{cases} \tag{3.9}$$

を，**連立 1 次方程式**という．ここに，未知数は $x_1, x_2, \ldots, x_n$ の n 個であり，1 次方程式の数は m である．連立 1 次方程式 (3.9) の**解**とは，これら m 個の 1 次方程式を同時に満たす数の組 $(x_1, x_2, \ldots, x_n)$ のことをいう．

3.2.1 連立 1 次方程式の基本変形

本項では，いくつかの例題とその解法を提示することで，連立 1 次方程式の理論の導入を行う．まず，次の連立 1 次方程式を解いてみよう．

例題 3.4

$$\begin{cases} x + 3y = -1 & \cdots \text{①} \\ 2x + 5y = 1 & \cdots \text{②} \end{cases} \tag{3.10}$$

[解答 1] ② 式に ① 式の (-2) 倍を加えると，$-y = 3$ より $y = -3$ を得る．これを ① に代入すると，$x = 8$ を得る．よって解は次のように書き表される．

$$\begin{cases} x = 8 \\ y = -3 \end{cases}$$

□

連立 1 次方程式 (3.10) を解いた過程を詳しくみてみると，以下の同値な変形により解いていることがわかる．

[解答 2]

- 1 番目の変形では，上の方程式の (-2) 倍を下の方程式に加えている．
- 2 番目の変形では，下の方程式の両辺に (-1) を掛けている．
- 3 番目の変形では，下の方程式の (-3) 倍を上の方程式に加えている．

$$\begin{cases} x+3y=-1 \\ 2x+5y=1 \end{cases} \xrightarrow{\times(-2)} \iff \begin{cases} x+3y=-1 \\ -y=3 \quad |\times(-1) \end{cases} \iff \begin{cases} x+3y=-1 \\ y=-3 \end{cases} \xrightarrow{\times(-3)} \iff \begin{cases} x=8 \\ y=-3 \end{cases}$$

□

同値な変形とは，もとに戻すことができる変形のことである．たとえば，2 つめの連立 1 次方程式 $\begin{cases} x+3y=-1 \\ -y=3 \end{cases}$ において，上の方程式の 2 倍を下の方程式に加えることにより，1 つめの連立 1 次方程式 $\begin{cases} x+3y=-1 \\ 2x+5y=1 \end{cases}$ が得られる．

次の連立 1 次方程式を［解答 2］の方法，すなわち，同値な変形により連立 1 次方程式を簡単な形に変形していくという方法で解いてみよう．

例題 3.5

$$\begin{cases} x+3y-z=1 \\ 2x-z=7 \\ 3x+10y-4z=-2 \end{cases} \tag{3.11}$$

[解答]

2 番目の変形では，真ん中の方程式と下の方程式を入れ替えている．

$$\begin{cases} x+3y-z=1 \\ 2x-z=7 \\ 3x+10y-4z=-2 \end{cases} \xrightarrow{\times(-2),\ \times(-3)} \iff \begin{cases} x+3y-z=1 \\ -6y+z=5 \\ y-z=-5 \end{cases}$$

$$\iff \begin{cases} x+3y-z=1 \\ y-z=-5 \\ -6y+z=5 \end{cases} \xrightarrow{\times(-3),\ \times 6} \iff \begin{cases} x+2z=16 \\ y-z=-5 \\ -5z=-25 \quad |\times(-\frac{1}{5}) \end{cases}$$

$$\iff \begin{cases} x+2z=16 \\ y-z=-5 \\ z=5 \end{cases} \xrightarrow{\times(-2),\ \times 1} \iff \begin{cases} x=6 \\ y=0 \\ z=5 \end{cases}$$

□

例題 3.4 の［解答 2］や例題 3.5 の解答で実行していることは，

(1) 1 つの方程式に 0 でない定数を掛ける．

(2) 2 つの方程式を入れ替える．

(3) 1 つの方程式の定数倍を他の方程式に加える．

の 3 種類のいずれかである．実は，連立 1 次方程式は，以上の 3 つの方法を組み合わせて用いることにより，解くことができる．これら 3 つの方法を，**連立 1 次方程式の基本変形**という．連立 1 次方程式の基本変形は同値な変形，すなわち，解 (全体) の集合を変えずに方程式を書き換える変形である．

例題 3.6　次の連立 1 次方程式を解け．

$$\begin{cases} x+\ \ 3y-\ \ z=1 \\ 3x+10y-4z=-2 \end{cases}$$

[解答]

$$\begin{cases} x+\ \ 3y-\ \ z=1 \quad \rceil^{\times(-3)} \\ 3x+10y-4z=-2 \ \leftarrow \end{cases}$$

$$\Longleftrightarrow \begin{cases} x+3y-z=1 \ \leftarrow \\ \qquad y-z=-5 \quad \rfloor_{\times(-3)} \end{cases} \Longleftrightarrow \begin{cases} x\quad +2z=16 \\ \ \ y-\ \ z=-5 \end{cases}$$

ここでたとえば $z=c$ (任意定数) とおくと，$x+2c=16$, $y-c=-5$ より，$x=-2c+16$, $y=c-5$ となる．つまり，求める解は

$$\begin{cases} x=-2c+16 \\ y=c-5 \\ z=c \end{cases} \qquad (c\text{ は任意定数})$$

である．

例題 3.7　次の連立 1 次方程式を解け．

$$\begin{cases} x+\ \ y+\ \ z=1 \\ x+2y+2z=2 \\ x+3y+3z=6 \end{cases} \tag{3.12}$$

[解答]

$$\begin{cases} x+\ \ y+\ \ z=1 \quad \rceil^{\times(-1)} \ \rceil^{\times(-1)} \\ x+2y+2z=2 \ \leftarrow \\ x+3y+3z=6 \ \leftarrow \end{cases}$$

$$\Longleftrightarrow \begin{cases} x+\ \ y+\ \ z=1 \ \leftarrow \\ \qquad y+\ \ z=1 \quad \rfloor_{\times(-1)} \ \rceil^{\times(-2)} \\ \quad 2y+2z=5 \ \leftarrow \end{cases} \Longleftrightarrow \begin{cases} x=0 \\ y+z=1 \\ 0=3 \end{cases}$$

となるが，3 つめの連立 1 次方程式において，下の方程式 $0=3$ は起こりえない式である．これは，仮に連立 1 次方程式の解が存在したとすると，$0=3$ という式が成り立ってしまうことを意味する．つまり，「連立 1 次方程式の解が存在したとする」という仮定が誤っている．結局，結論は「(3.12) には解は存在しない」のである．　□

$0=3$ は $0x+0y+0z=3$ と同値なので，この方程式の解は存在しない，と考えてもよい．

ここまでの3つの例題により，連立1次方程式は解を

(i) ただ1つもつ，

(ii) 無限個もつ，

(iii) 1つももたない，

という場合があることをみた．実は，この3パターンしか起こりえない．すなわち，次の定理が成り立つ．

定理 3.8 連立1次方程式の解は，以下の3つの場合のみである．

(i) ただ1つの解が存在する．

(ii) 無限個の解が存在する．

(iii) 解が存在しない．

この定理は，後で述べる定理3.28 (p.78) より従う．ここでは，定理3.8を，いくつかの場合で幾何学的に解釈してみよう．

Case 1

$$\begin{cases} a_1x + a_2y = b \\ c_1x + c_2y = d \end{cases}$$

この連立1次方程式を解くことは，座標平面における2直線の共有点の座標をすべて求めることと同等である．2直線の位置関係は「1点で交わる」「平行」「一致」のいずれかである．それぞれに対応して，解の個数は1個，0個，無限個となる．

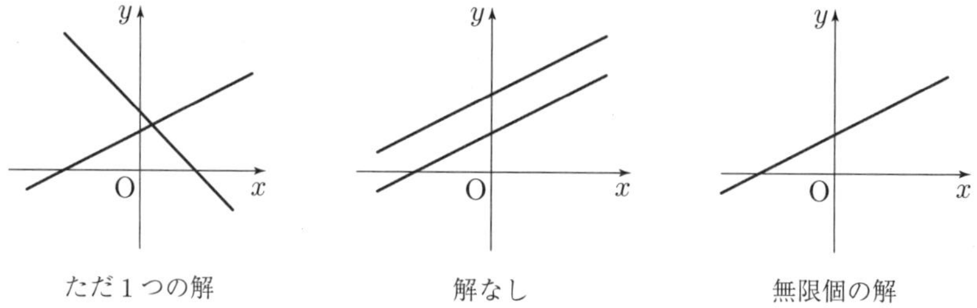

ただ1つの解　　解なし（2直線が平行）　　無限個の解（2直線が一致）

図1

Case 2

$$\begin{cases} a_1x + a_2y = b \\ c_1x + c_2y = d \\ e_1x + e_2y = f \end{cases}$$

この連立1次方程式を解くことは，座標平面における3直線の共有点の座標をすべて求めることと同等である．この場合も，起こりうる解の個数は0個，1個，無限個であるが，3直線の位置関係は，当然，2直線の位置関係より多様である．

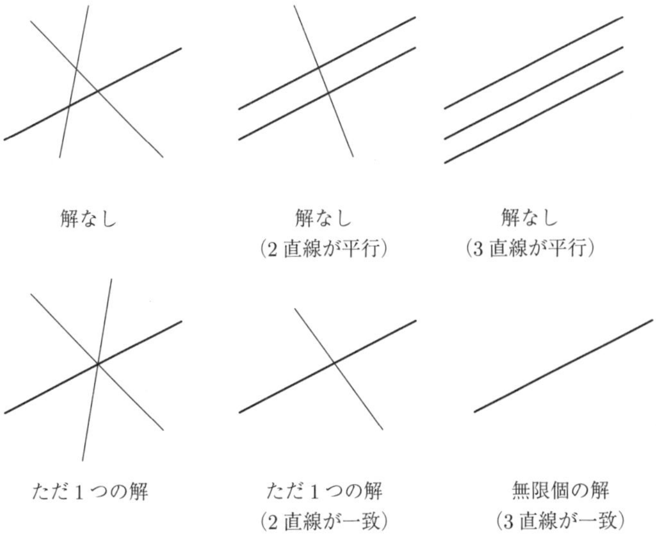

図 2

Case 3

$$\begin{cases} a_1x + a_2y + a_3z = b \\ c_1x + c_2y + c_3z = d \end{cases}$$

この連立 1 次方程式を解くことは，座標空間における 2 平面の共有点の座標をすべて求めることと同等である．この場合，起こりうるのは「解の個数は無限」か「解なし」である．前者は 2 平面が「一致」するか「交わりが直線」となるときで，後者は 2 平面が平行のときである．

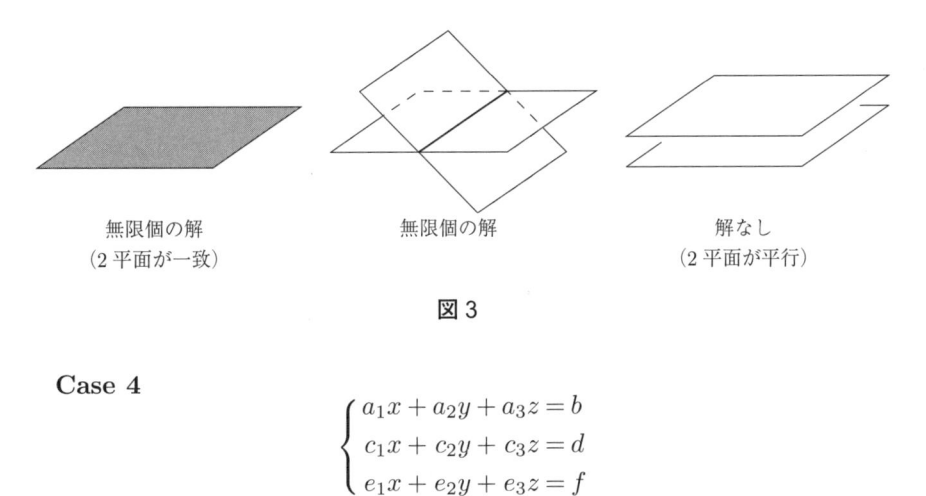

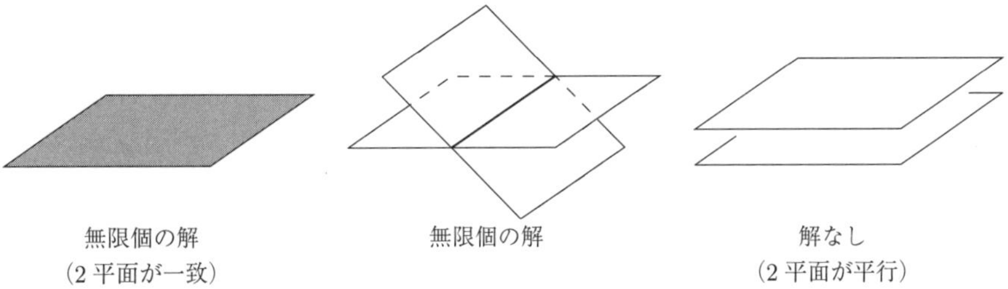

図 3

Case 4

$$\begin{cases} a_1x + a_2y + a_3z = b \\ c_1x + c_2y + c_3z = d \\ e_1x + e_2y + e_3z = f \end{cases}$$

この連立 1 次方程式を解くことは，座標空間における 3 平面の共有点の座標をすべて求めることと同等である．この場合，起こりうる解の個数は 0 個，1 個，無限個であるが，3 平面の位置関係は，当然，2 平面の位置関係より多様である．

3.2.2 連立 1 次方程式と行列

連立 1 次方程式の具体的な形はいろいろとあるが，一般的な形を記述するには，以下に説明するように行列を用いるのがよい．n 個の文字 $x_1, x_2, \ldots, x_n$ を未知数とし，m 個の 1 次方程式よりなる連立 1 次方程式

$$\begin{cases} a_{11}x_1 + a_{12}x_2 + \cdots + a_{1n}x_n = b_1 \\ a_{21}x_1 + a_{22}x_2 + \cdots + a_{2n}x_n = b_2 \\ \qquad \vdots \\ a_{m1}x_1 + a_{m2}x_2 + \cdots + a_{mn}x_n = b_m \end{cases} \tag{3.13}$$

を考えよう．この連立 1 次方程式は，行列を用いて

$$\begin{pmatrix} a_{11} & a_{12} & \cdots & a_{1n} \\ a_{21} & a_{22} & \cdots & a_{2n} \\ \vdots & \vdots & \ddots & \vdots \\ a_{m1} & a_{m2} & \cdots & a_{mn} \end{pmatrix} \begin{pmatrix} x_1 \\ x_2 \\ \vdots \\ x_n \end{pmatrix} = \begin{pmatrix} b_1 \\ b_2 \\ \vdots \\ b_m \end{pmatrix}$$

と表すこともできる．すなわち，

$$A = \begin{pmatrix} a_{11} & a_{12} & \cdots & a_{1n} \\ a_{21} & a_{22} & \cdots & a_{2n} \\ \vdots & \vdots & \ddots & \vdots \\ a_{m1} & a_{m2} & \cdots & a_{mn} \end{pmatrix}, \quad \boldsymbol{x} = \begin{pmatrix} x_1 \\ x_2 \\ \vdots \\ x_n \end{pmatrix}, \quad \boldsymbol{b} = \begin{pmatrix} b_1 \\ b_2 \\ \vdots \\ b_m \end{pmatrix}$$

とすれば，連立 1 次方程式 (3.13) は

$$A\boldsymbol{x} = \boldsymbol{b}$$

のように，とても簡単に記述できる．この $m \times n$ 行列 A を連立 1 次方程式 (3.13) の**係数行列**といい，A と $\boldsymbol{b}$ を並べてできる $m \times (n+1)$ 行列

$$(A \ \ \boldsymbol{b}) = \begin{pmatrix} a_{11} & a_{12} & \cdots & a_{1n} & b_1 \\ a_{21} & a_{22} & \cdots & a_{2n} & b_2 \\ \vdots & \vdots & \ddots & \vdots & \vdots \\ a_{m1} & a_{m2} & \cdots & a_{mn} & b_m \end{pmatrix}$$

を (3.13) の**拡大係数行列**という．

これより，「連立 1 次方程式 (3.13) を解く」ことは，「左から行列 A を掛けると $\boldsymbol{b}$ になるようなベクトル $\boldsymbol{x}$ をすべて求める」ことと理解できる．

例 3.9 例題 3.5 で扱った連立 1 次方程式 (3.11) は，行列を用いて

$$\begin{pmatrix} 1 & 3 & -1 \\ 2 & 0 & -1 \\ 3 & 10 & -4 \end{pmatrix} \begin{pmatrix} x \\ y \\ z \end{pmatrix} = \begin{pmatrix} 1 \\ 7 \\ -2 \end{pmatrix}$$

と表すこともできる．その拡大係数行列は

$$\begin{pmatrix} 1 & 3 & -1 & 1 \\ 2 & 0 & -1 & 7 \\ 3 & 10 & -4 & -2 \end{pmatrix}$$

である．

問 3.10 次の連立 1 次方程式を行列を用いて表せ．その拡大係数行列も記せ．

(1) $\begin{cases} 2x-3y=5 \\ 4x+7y=-1 \end{cases}$ (2) $\begin{cases} 3x-\ \ y+\ \ z=1 \\ x+6y-\ \ z=0 \\ -x+3y+8z=12 \end{cases}$ (3) $\begin{cases} x+y-\ \ z=1 \\ x+\ \ \ \ \ \ 4z=2 \\ 2x-y\ \ \ \ \ \ \ =3 \end{cases}$

3.2.3 行列の行基本変形

連立 1 次方程式と行列には関連があるのだから，連立 1 次方程式を解く過程も行列を用いて記述できるはずである．例題 3.4 の［解答 2］で用いた連立 1 次方程式の基本変形を，行列を用いて表してみよう．

$$\begin{cases} x+3y=-1 \\ 2x+5y=1 \end{cases} \ \ \text{(1行目}\times(-2)\text{を2行目へ)} \qquad \begin{pmatrix} 1 & 3 & -1 \\ 2 & 5 & 1 \end{pmatrix} \ \ \text{(1行目}\times(-2)\text{を2行目へ)}$$

$$\Longleftrightarrow \begin{cases} x+3y=-1 \\ -\ y=3 \end{cases} \ \ \Big|\times(-1) \qquad \longrightarrow \begin{pmatrix} 1 & 3 & -1 \\ 0 & -1 & 3 \end{pmatrix} \ \ \Big|\times(-1)$$

$$\Longleftrightarrow \begin{cases} x+3y=-1 \\ y=-3 \end{cases} \ \ \text{(2行目}\times(-3)\text{を1行目へ)} \qquad \longrightarrow \begin{pmatrix} 1 & 3 & -1 \\ 0 & 1 & -3 \end{pmatrix} \ \ \text{(2行目}\times(-3)\text{を1行目へ)}$$

$$\Longleftrightarrow \begin{cases} x\ \ \ \ \ \ =8 \\ y=-3 \end{cases} \qquad \longrightarrow \begin{pmatrix} 1 & 0 & 8 \\ 0 & 1 & -3 \end{pmatrix}$$

以上のように，連立 1 次方程式の基本変形は，拡大係数行列の変形と対応している．正確には，以下に述べる行列の行基本変形と対応する．

定義 3.11 **行列の行基本変形**とは，以下の 3 種類の変形のことである．

(1) 1 つの行に 0 でない定数を掛ける．

(2) 2 つの行を入れ替える．

(3) 1 つの行の定数倍を他の行に加える．

行基本変形は，可逆な変形である．すなわち，行列 A が行基本変形により B に変形されたとすると，B を行基本変形により A に変形することもできる．より詳しく述べると，定数 $c \neq 0$ に対して

(1)「第 i 行を c 倍する変形」

(1)$'$「第 i 行を $1/c$ 倍する変形」

は互いに逆の変形である．すなわち，行列 A を (1)→(1)$'$ の順に変形すると A に戻り，A を (1)$'$→(1) の順に変形しても A に戻る．同様に，定数 c に対して

(2)「第 i 行の c 倍を第 j 行に加える変形」

(2)$'$「第 i 行の $(-c)$ 倍を第 j 行に加える変形」

は互いに逆の変形である．さらに，

(3)「第 i 行と第 j 行を入れ替える変形」

は，(3) 自身と互いに逆の関係にある．

したがって，次の命題が成り立つことがわかる．

命題 3.12 連立1次方程式 $A\boldsymbol{x}=\boldsymbol{b}$ の拡大係数行列 $(A \;\; \boldsymbol{b})$ が行基本変形により $(A' \;\; \boldsymbol{b}')$ に変形されたとする．このとき，$A\boldsymbol{x}=\boldsymbol{b}$ と $A'\boldsymbol{x}=\boldsymbol{b}'$ は同値である．いい換えると，$A\boldsymbol{x}=\boldsymbol{b}$ と $A'\boldsymbol{x}=\boldsymbol{b}'$ は同じ解の集合をもつ．

例 3.13 例題 3.5 の［解答］で繰り返し行った連立1次方程式の基本変形を，拡大係数行列の行基本変形を用いて表すと以下のようになる．

行列の行基本変形は，等号 (=) でつないではいけない．矢印 (→) で表そう．

$$\begin{cases} x+\;\;3y-\;\;z=1 \\ 2x \qquad\quad -\;\;z=7 \\ 3x+10y-4z=-2 \end{cases} \begin{array}{l} \times(-2) \;\; \times(-3) \\ \leftarrow \\ \leftarrow \end{array} \qquad \begin{pmatrix} 1 & 3 & -1 & 1 \\ 2 & 0 & -1 & 7 \\ 3 & 10 & -4 & -2 \end{pmatrix} \begin{array}{l} \times(-2) \;\; \times(-3) \\ \leftarrow \\ \leftarrow \end{array}$$

$$\Leftrightarrow \begin{cases} x+3y-z=1 \\ \quad -6y+z=5 \\ \qquad y-z=-5 \end{cases} \begin{array}{l} \\ \leftarrow \\ \leftarrow \end{array} \qquad \longrightarrow \begin{pmatrix} 1 & 3 & -1 & 1 \\ 0 & -6 & 1 & 5 \\ 0 & 1 & -1 & -5 \end{pmatrix} \begin{array}{l} \\ \leftarrow \\ \leftarrow \end{array}$$

$$\Leftrightarrow \begin{cases} x+3y-z=1 \\ \qquad y-z=-5 \\ \quad -6y+z=5 \end{cases} \begin{array}{l} \leftarrow \\ \times(-3) \;\; \times 6 \\ \leftarrow \end{array} \qquad \longrightarrow \begin{pmatrix} 1 & 3 & -1 & 1 \\ 0 & 1 & -1 & -5 \\ 0 & -6 & 1 & 5 \end{pmatrix} \begin{array}{l} \leftarrow \\ \times(-3) \;\; \times 6 \\ \leftarrow \end{array}$$

$$\Leftrightarrow \begin{cases} x\quad +2z=16 \\ \quad y-\;\;z=-5 \\ \quad -5z=-25 \mid \times\left(-\frac{1}{5}\right) \end{cases} \qquad \longrightarrow \begin{pmatrix} 1 & 0 & 2 & 16 \\ 0 & 1 & -1 & -5 \\ 0 & 0 & -5 & -25 \end{pmatrix} \begin{array}{l} \\ \\ \mid \times\left(-\frac{1}{5}\right) \end{array}$$

$$\Leftrightarrow \begin{cases} x\quad +2z=16 \\ \quad y-\;\;z=-5 \\ \qquad\quad z=5 \end{cases} \begin{array}{l} \leftarrow \\ \qquad\quad \leftarrow \\ \times(-2) \;\; \times 1 \end{array} \qquad \longrightarrow \begin{pmatrix} 1 & 0 & 2 & 16 \\ 0 & 1 & -1 & -5 \\ 0 & 0 & 1 & 5 \end{pmatrix} \begin{array}{l} \leftarrow \\ \qquad\quad \leftarrow \\ \times(-2) \;\; \times 1 \end{array}$$

$$\Leftrightarrow \begin{cases} x \quad =6 \\ \quad y \;\; =0 \\ \qquad z=5 \end{cases} \qquad \longrightarrow \begin{pmatrix} 1 & 0 & 0 & 6 \\ 0 & 1 & 0 & 0 \\ 0 & 0 & 1 & 5 \end{pmatrix}$$

連立1次方程式を解くには，行基本変形を繰り返し行うことにより拡大係数行列を簡単な形に変形すればよい．正確には，拡大係数行列のうちの係数行列の部分を，次節で定義する階段行列に変形すればよい．

3.2.4 階段行列と行列の階数

定義 3.14 階段行列とは，以下のような行列 B のことである．

ある整数 $r \geq 1$ があって，B の第1行から第 r 行までの各行は**ピボット**とよばれる数1を含み，次の条件 (1)-(3) を満たす．

(1) B の第 $(r+1)$ 行から最後の行までの各行において，すべての成分が0.

(2) B の第1行から第 r 行までの各行では，ピボットより左の成分はすべて0.

(3) B の第 i 行のピボットが含まれる列の番号を p_i とすると，$p_1 < p_2 < \cdots < p_r$ であり，B の第 p_i 列ではピボット以外の成分はすべて 0．

$$B = \begin{array}{c} 1) \\ 2) \\ \vdots \\ r) \\ \\ \\ \\ \end{array} \begin{pmatrix} 0 \cdots 0 & \overset{p_1}{1} & *\cdots * & \overset{p_2}{0} & *\cdots\cdots * & \overset{p_r}{0} & *\cdots * \\ 0 \cdots 0 & 0 & 0 \cdots 0 & 1 & *\cdots\cdots * & 0 & *\cdots * \\ \vdots & & & & \ddots & & \vdots \\ 0 \cdots 0 & 0 & 0 \cdots 0 & 0 & 0 \cdots \cdots 0 & 1 & *\cdots * \\ 0 \cdots 0 & 0 & 0 \cdots 0 & 0 & 0 \cdots \cdots 0 & 0 & 0 \cdots 0 \\ \vdots & & & & & & \vdots \\ 0 \cdots 0 & 0 & 0 \cdots 0 & 0 & 0 \cdots \cdots 0 & 0 & 0 \cdots 0 \end{pmatrix} \quad (3.14)$$

ピボットが階段状に並んでいることが階段行列という名前の由来である．なお，階段行列がこのような形になるのは，(3) の $p_1 < p_2 < \cdots < p_r$ という条件のためである．階段行列 B の各行には，ピボットがちょうど 1 つだけ存在するか，あるいはまったく存在しないかのどちらかである．同様に，階段行列 B の各列についても，ピボットがちょうど 1 つだけ存在するか，あるいはまったく存在しないかのどちらかである．

なお，零行列 O も階段行列であると定める．

定義 3.15 階段行列 B に対し，ピボットの数 r を B の**階数** (ランク) とよび，

$$\mathrm{rank}\, B$$

と表す．$B = O$ に対しては $\mathrm{rank}\, B = 0$ であると定める．

> 階段行列 B を一般的に記述したものは (3.14) のような形となる．(3.14) において，①はピボットを表し，* はどんな数であるかを特に指定していないことを表す．

> 階段行列の一般形は (3.14) のようになるが，以下の例 3.16 にみるように，実際には第 p_1 列が第 1 列であることもよくある．第 p_i 列と第 p_{i+1} 列が隣り合うこともよくある．

例 3.16 (1) 以下の行列 $B_1, \ldots, B_7$ は階段行列である．

$$B_1 = \begin{pmatrix} 0 & 0 & 0 \\ 0 & 0 & 0 \end{pmatrix}, \quad B_2 = \begin{pmatrix} 1 & 0 & 0 \\ 0 & 1 & 0 \\ 0 & 0 & 0 \end{pmatrix}, \quad B_3 = \begin{pmatrix} 1 & 0 & 3 \\ 0 & 1 & -1 \\ 0 & 0 & 0 \end{pmatrix},$$

$$B_4 = \begin{pmatrix} 1 & 0 & -2 & 0 \\ 0 & 1 & 6 & 0 \\ 0 & 0 & 0 & 1 \\ 0 & 0 & 0 & 0 \end{pmatrix}, \quad B_5 = \begin{pmatrix} 0 & 1 & 3 & 0 & 0 & -7 \\ 0 & 0 & 0 & 1 & 0 & 1 \\ 0 & 0 & 0 & 0 & 1 & -1 \end{pmatrix},$$

$$B_6 = \begin{pmatrix} 0 & 1 \\ 0 & 0 \end{pmatrix}, \quad B_7 = I_n = \begin{pmatrix} 1 & 0 & \cdots & 0 \\ 0 & 1 & \cdots & 0 \\ \vdots & \vdots & \ddots & \vdots \\ 0 & 0 & \cdots & 1 \end{pmatrix}.$$

> B_5 の第 2 行において，$(2,4)$ 成分の 1 はピボットだが $(2,6)$ 成分の 1 はピボットではないことに注意せよ．

これらの階段行列の階数は $\mathrm{rank}\, B_1 = 0$, $\mathrm{rank}\, B_2 = 2$, $\mathrm{rank}\, B_3 = 2$, $\mathrm{rank}\, B_4 = 3$, $\mathrm{rank}\, B_5 = 3$, $\mathrm{rank}\, B_6 = 1$, $\mathrm{rank}\, B_7 = n$ である．

(2) 以下の行列 $C_1, \ldots, C_5$ は階段行列ではない．

$$C_1 = \begin{pmatrix} 0 & 0 & 0 \\ 0 & 1 & 0 \end{pmatrix}, \quad C_2 = \begin{pmatrix} 1 & 0 \\ 1 & 1 \end{pmatrix}, \quad C_3 = \begin{pmatrix} 1 & 0 \\ 0 & 2 \end{pmatrix},$$

$$C_4 = \begin{pmatrix} 1 & 0 & 0 & 0 \\ 0 & 0 & 0 & 0 \\ 0 & 0 & 1 & 0 \end{pmatrix}, \quad C_5 = \begin{pmatrix} 1 & 2 & 0 \\ 0 & 1 & 3 \\ 0 & 0 & 0 \end{pmatrix}.$$

問 3.17　次の行列を，階段行列とそうでないものに分類せよ．

$$A_1 = \begin{pmatrix} 1 & 0 & 0 \\ 0 & 1 & 1 \\ 0 & 0 & 0 \end{pmatrix}, \quad A_2 = \begin{pmatrix} 1 & 0 & 0 \\ 0 & 0 & 1 \\ 0 & 0 & 0 \end{pmatrix}, \quad A_3 = \begin{pmatrix} 0 & 0 & 1 \\ 1 & 0 & 0 \\ 0 & 0 & 0 \end{pmatrix},$$

$$A_4 = \begin{pmatrix} 1 & 1 & 0 \\ 0 & 1 & 0 \\ 0 & 0 & 0 \end{pmatrix}, \quad A_5 = \begin{pmatrix} 1 & 0 & 1 \\ 0 & 1 & 0 \\ 0 & 0 & 0 \end{pmatrix}, \quad A_6 = \begin{pmatrix} 1 & 0 & 1 \\ 0 & 0 & 1 \\ 0 & 0 & 0 \end{pmatrix}.$$

任意の行列 A は，行基本変形を何回か実行することにより階段行列に変形することができる．実際に，次の例で試してみよう．

例 3.18　行列 $A = \begin{pmatrix} 2 & 3 & 1 \\ 1 & 1 & 2 \\ 1 & 2 & -1 \end{pmatrix}$ を考える．

$$A = \begin{pmatrix} 2 & 3 & 1 \\ 1 & 1 & 2 \\ 1 & 2 & -1 \end{pmatrix} \overset{\text{1行}\leftrightarrow\text{2行}}{\longrightarrow} \begin{pmatrix} 1 & 1 & 2 \\ 2 & 3 & 1 \\ 1 & 2 & -1 \end{pmatrix} \begin{matrix} \times(-2) \ \times(-1) \end{matrix}$$

$$\longrightarrow \begin{pmatrix} 1 & 1 & 2 \\ 0 & 1 & -3 \\ 0 & 1 & -3 \end{pmatrix} \begin{matrix} \times(-1) \ \times(-1) \end{matrix} \longrightarrow \begin{pmatrix} 1 & 0 & 5 \\ 0 & 1 & -3 \\ 0 & 0 & 0 \end{pmatrix}$$

というように，A は階段行列に変形することができる．

さて，ここで，異なる手順でも A を階段行列に変形できるのではないかと思った読者もいるのではないだろうか．次のような手順も試してみよう．

$$A = \begin{pmatrix} 2 & 3 & 1 \\ 1 & 1 & 2 \\ 1 & 2 & -1 \end{pmatrix} \times(-1) \longrightarrow \begin{pmatrix} 1 & 2 & -1 \\ 1 & 1 & 2 \\ 1 & 2 & -1 \end{pmatrix} \begin{matrix} \times(-1) \ \times(-1) \end{matrix}$$

$$\longrightarrow \begin{pmatrix} 1 & 2 & -1 \\ 0 & -1 & 3 \\ 0 & 0 & 0 \end{pmatrix} \times 2 \mid \times(-1) \longrightarrow \begin{pmatrix} 1 & 0 & 5 \\ 0 & 1 & -3 \\ 0 & 0 & 0 \end{pmatrix}$$

となって，A はやはり階段行列に変形される．しかも，得られた階段行列は先の手順と同じものである．

いま，この例で考察したことは，実はどんな行列でも成り立つ．すなわち，次の定理が成り立つ．

定理 3.19　任意の行列 A は，有限回の行基本変形により階段行列に変形される．さらに，その階段行列は変形の手順によらずただ 1 つに定まる．

定理 3.19 の証明は，いくぶん込み入った議論を必要とするので，それは Web「正則行列と基本行列」で与えることにする．ここでは，定理 3.19 を認めて先に進もう．

定義 3.20　行列 A に何回かの行基本変形を施して得られる階段行列を，A の**階段行列**とよぶ．行列 A の階段行列の階数を，A の**階数 (ランク)** とよび，

$$\operatorname{rank} A$$

と表す．

$\operatorname{rank} A$ は $\operatorname{rank}(A)$ と書くこともある．

たとえば，例 3.18 で扱った行列 A の階段行列は $\begin{pmatrix} 1 & 0 & 5 \\ 0 & 1 & -3 \\ 0 & 0 & 0 \end{pmatrix}$ であり，$\operatorname{rank} A = 2$ である．

問 3.21　例 3.16 (2) の行列 $C_1, \ldots, C_5$ を，行基本変形により階段行列に変形せよ．また，それぞれの階数を答えよ．

例題 3.22　次の行列を行基本変形の繰り返しにより階段行列に変形し，階数を求めよ．

$$(1)\quad A_1 = \begin{pmatrix} 1 & 3 & -1 & 1 \\ 3 & 10 & -4 & -2 \end{pmatrix} \qquad (2)\quad A_2 = \begin{pmatrix} 1 & 3 & -1 & 1 \\ 2 & 0 & -1 & 7 \\ 3 & 10 & -4 & -2 \end{pmatrix}$$

［解答］ (1)

$$A_1 = \begin{pmatrix} 1 & 3 & -1 & 1 \\ 3 & 10 & -4 & -2 \end{pmatrix} \ \times(-3)$$

$$\longrightarrow \begin{pmatrix} 1 & 3 & -1 & 1 \\ 0 & 1 & -1 & -5 \end{pmatrix} \ \times(-3) \longrightarrow \begin{pmatrix} 1 & 0 & 2 & 16 \\ 0 & 1 & -1 & -5 \end{pmatrix}$$

より，$\operatorname{rank} A_1 = 2$.

まず第 1 列が $\begin{pmatrix} 1 \\ 0 \end{pmatrix}$ になるように変形し，次に第 2 列が $\begin{pmatrix} 0 \\ 1 \end{pmatrix}$ になるように変形している．

(2)

$$A_2 = \begin{pmatrix} 1 & 3 & -1 & 1 \\ 2 & 0 & -1 & 7 \\ 3 & 10 & -4 & -2 \end{pmatrix} \ \times(-2) \ \times(-3) \longrightarrow \begin{pmatrix} 1 & 3 & -1 & 1 \\ 0 & -6 & 1 & 5 \\ 0 & 1 & -1 & -5 \end{pmatrix}$$

$$\longrightarrow \begin{pmatrix} 1 & 3 & -1 & 1 \\ 0 & 1 & -1 & -5 \\ 0 & -6 & 1 & 5 \end{pmatrix} \ \times(-3) \ \times 6 \longrightarrow \begin{pmatrix} 1 & 0 & 2 & 16 \\ 0 & 1 & -1 & -5 \\ 0 & 0 & -5 & -25 \end{pmatrix} \ \times\left(-\tfrac{1}{5}\right)$$

$$\longrightarrow \begin{pmatrix} 1 & 0 & 2 & 16 \\ 0 & 1 & -1 & -5 \\ 0 & 0 & 1 & 5 \end{pmatrix} \ \times(-2) \ \times 1 \longrightarrow \begin{pmatrix} 1 & 0 & 0 & 6 \\ 0 & 1 & 0 & 0 \\ 0 & 0 & 1 & 5 \end{pmatrix}$$

まず第 1 列が $\begin{pmatrix} 1 \\ 0 \\ 0 \end{pmatrix}$ になるように変形し，次に第 2 列が $\begin{pmatrix} 0 \\ 1 \\ 0 \end{pmatrix}$ になるように変形し，最後に第 3 列が $\begin{pmatrix} 0 \\ 0 \\ 1 \end{pmatrix}$ になるように変形している．

より，$\mathrm{rank}\, A_2 = 3$. □

問 3.23 次の行列を行基本変形の繰り返しにより階段行列に変形し，階数を求めよ．

$$(1)\quad A_1 = \begin{pmatrix} 1 & 2 \\ 3 & 6 \\ -6 & -1 \end{pmatrix} \quad (2)\quad A_2 = \begin{pmatrix} -1 & 2 & 4 \\ 2 & 4 & 0 \\ 1 & 6 & 4 \end{pmatrix} \quad (3)\quad A_3 = \begin{pmatrix} 3 & 0 & 2 \\ 2 & 5 & 1 \\ 1 & 2 & 0 \end{pmatrix}$$

行列のサイズと階数について，次の命題が成り立つ．

命題 3.24 $m \times n$ 行列 A に対して，

$$\mathrm{rank}\, A \leq m \quad \text{および} \quad \mathrm{rank}\, A \leq n$$

が成り立つ．

［証明］ 階段行列の各行，各列にはピボットがそれぞれ高々１つしかないことから従う． □

命題 3.25 行列 A が何回かの行基本変形により行列 B に変形されたとすると，

$$\mathrm{rank}\, A = \mathrm{rank}\, B$$

が成り立つ．

［証明］ B の階段行列を C とすると，$\mathrm{rank}\, B = \mathrm{rank}\, C$ である．また，行基本変形の繰り返しにより A は B に変形され，B は C に変形されるので，A は C に変形される．よって A の階段行列も C であり，$\mathrm{rank}\, A = \mathrm{rank}\, C$ となる．ゆえに $\mathrm{rank}\, A = \mathrm{rank}\, B$ が成り立つ． □

注意 3.26 命題 3.25 の意味するところとして，行列 A に行基本変形を繰り返し行うことで階数 r の階段行列に変形できたならば，A の階数はもちろん r であるが，その変形の途中に現れる行列の階数もすべて r であるといえる．つまり，行列の階数は行基本変形で変わらないのである．

3.2.5 行列を用いた連立１次方程式の解法

A を $m \times n$ 行列，$\boldsymbol{x} = \begin{pmatrix} x_1 \\ x_2 \\ \vdots \\ x_n \end{pmatrix}$, $\boldsymbol{b} = \begin{pmatrix} b_1 \\ b_2 \\ \vdots \\ b_m \end{pmatrix}$ とし，連立１次方程式

$$A\boldsymbol{x} = \boldsymbol{b} \tag{3.15}$$

を考える．拡大係数行列 $(A\ \ \boldsymbol{b})$ を行基本変形の繰り返しにより $(A'\ \ \boldsymbol{b}')$ に変形したとすると，命題 3.12 に述べたように $A\boldsymbol{x}=\boldsymbol{b}$ と $A'\boldsymbol{x}=\boldsymbol{b}'$ は同じ解の集合をもつ．A' が階段行列になるように変形したものを利用して連立 1 次方程式 (3.15) を解くことができる．少し複雑になるが，詳細を以下に述べよう．

$\operatorname{rank} A = r$ とし，A の階段行列を

$$
B=(b_{ij})=\begin{array}{r}\\ 1)\\ 2)\\ \vdots\\ r)\\ \\ \\ \\ \end{array}
\begin{pmatrix}
 & \overset{p_1}{\smile} & & \overset{p_2}{\smile} & \cdots\cdots & \overset{p_r}{\smile} & \\
0\cdots0 & 1 & *\cdots* & 0 & *\cdots\cdots* & 0 & *\cdots* \\
0\cdots0 & 0 & 0\cdots0 & 1 & *\cdots\cdots* & 0 & *\cdots* \\
\vdots & & & & \ddots & & \vdots \\
0\cdots0 & 0 & 0\cdots0 & 0 & 0\cdots\cdots0 & 1 & *\cdots* \\
0\cdots0 & 0 & 0\cdots0 & 0 & 0\cdots\cdots0 & 0 & 0\cdots0 \\
\vdots & & & & & & \vdots \\
0\cdots0 & 0 & 0\cdots0 & 0 & 0\cdots\cdots0 & 0 & 0\cdots0
\end{pmatrix}
$$

とする．A を B に変形するのと同じ行基本変形の繰り返しにより，拡大係数行列 $(A\ \ \boldsymbol{b})$ は

$$
\left(\begin{array}{c|c} & d_1 \\ B & \vdots \\ & d_m \end{array}\right)
$$

の形に変形される．このとき，B のピボットを含む列の番号 $p_1,\ldots,p_r$ に対応する未知数 $x_{p_1},\ldots,x_{p_r}$ を**ピボット未知数**とよぶ．連立 1 次方程式 (3.15) は，

$$
B\boldsymbol{x}=\begin{pmatrix} d_1 \\ \vdots \\ d_m \end{pmatrix},\quad \text{あるいは}\quad
\left\{\begin{aligned}
x_{p_1}+{\textstyle\sum}' b_{1j}x_j &= d_1 \\
x_{p_2}+{\textstyle\sum}' b_{2j}x_j &= d_2 \\
&\ \vdots \\
x_{p_r}+{\textstyle\sum}' b_{rj}x_j &= d_r \\
0 &= d_{r+1} \\
&\ \vdots \\
0 &= d_m
\end{aligned}\right. \tag{3.16}
$$

と同値である．ここに $\sum'$ はピボットがない列番号についての和を表す．つまり，正確には

$$
{\sum}' b_{ij}x_j=\sum_{j\neq p_1,\ldots,p_r} b_{ij}x_j=\sum_{j=1}^{n} b_{ij}x_j-\sum_{k=1}^{r} b_{ip_k}x_{p_k}
$$

である．そして (3.16) は，

(i) $d_{r+1},\ldots,d_m$ の中に 1 つでも 0 でないものがあるときは，解は存在しない．

(ii) $d_{r+1}=\cdots=d_m=0$ のときは，$p_1,\ldots,p_r$ 以外の j $(1\le j\le n)$ に対して $x_j=c_j$ (任意定数) とおくと，

$d_{r+1}=\cdots=d_m=0$ と $\operatorname{rank}(A\ \ \boldsymbol{b})=\operatorname{rank} A$ は同値である．

$$\begin{cases} x_{p_1} = d_1 - \sum' b_{1j}c_j \\ x_{p_2} = d_2 - \sum' b_{2j}c_j \\ \quad\vdots \\ x_{p_r} = d_r - \sum' b_{rj}c_j \end{cases}$$

となる.

すなわち，連立 1 次方程式 (3.15) の解は

(i) のときは解なし.

(ii) のときは

$$\begin{cases} x_j = c_j \quad (j \neq p_1, \ldots, p_r) \\ x_{p_1} = d_1 - \sum' b_{1j}c_j \\ x_{p_2} = d_2 - \sum' b_{2j}c_j \\ \quad\vdots \\ x_{p_r} = d_r - \sum' b_{rj}c_j \end{cases} \tag{3.17}$$

(ただし $j \neq p_1, \ldots, p_r$ に対する c_j は任意定数) である.

このような連立 1 次方程式の解き方を，**掃き出し法**とよぶ.

注意 3.27 (1) 上にみたように，連立 1 次方程式は，ピボット未知数でない $(n - \mathrm{rank}\, A)$ 個の未知数を任意定数で置き換えると，きれいに解くことができる.

(2) 連立 1 次方程式 (3.15) は m 個の方程式からなるが，(ii) の場合，本質的な方程式は (3.16) に出てくる最初の r 個であると考えることができ，さらに $r = \mathrm{rank}\, A = \mathrm{rank}\,(A \;\; \boldsymbol{b})$ である．一方で (i) の場合，本質的な方程式は，(3.16) にでてくる最初の r 個に「$0 = 1$」という方程式を加えた $(r+1)$ 個であると考えることができ，さらに $r + 1 = (\mathrm{rank}\, A) + 1 = \mathrm{rank}\,(A \;\; \boldsymbol{b})$ である．つまり，連立 1 次方程式 (3.15) の本質的な方程式の個数は，拡大係数行列 $(A \;\; \boldsymbol{b})$ の階数に等しいといえる.

以上より，次の定理を得る.

定理 3.28 連立 1 次方程式 $A\boldsymbol{x} = \boldsymbol{b}$ が解をもつための必要十分条件は，$\mathrm{rank}\,(A \;\; \boldsymbol{b}) = \mathrm{rank}\, A$ である．そしてこのとき，

(1) $\mathrm{rank}\, A = n$ (= 未知数の個数) ならば，解はただ 1 つに定まる.

(2) $\mathrm{rank}\, A < n$ (= 未知数の個数) ならば，解は無限個あり，$(n - \mathrm{rank}\, A)$ 個の任意定数を用いて表される.

未知数の個数 n は A の列の数に等しいので，命題 3.24 により $\mathrm{rank}\, A > n$ となることはない.

例題 3.29 連立 1 次方程式 $\begin{cases} 5x_1 + x_2 - 11x_3 = 21 \\ 2x_1 + x_2 - 5x_3 = 9 \\ 9x_1 + 2x_2 - 20x_3 = 38 \end{cases}$ を解け.

[解答] 掃き出し法で解いてみよう.

$$\begin{pmatrix} 5 & 1 & -11 & 21 \\ 2 & 1 & -5 & 9 \\ 9 & 2 & -20 & 38 \end{pmatrix} \xrightarrow{\times(-2)} \begin{pmatrix} 1 & -1 & -1 & 3 \\ 2 & 1 & -5 & 9 \\ 9 & 2 & -20 & 38 \end{pmatrix} \xrightarrow{\times(-2),\ \times(-9)}$$

$$\longrightarrow \begin{pmatrix} 1 & -1 & -1 & 3 \\ 0 & 3 & -3 & 3 \\ 0 & 11 & -11 & 11 \end{pmatrix} \begin{matrix} \\ |\times\frac{1}{3} \\ |\times\frac{1}{11} \end{matrix} \longrightarrow \begin{pmatrix} 1 & -1 & -1 & 3 \\ 0 & 1 & -1 & 1 \\ 0 & 1 & -1 & 1 \end{pmatrix} \xrightarrow{\times 1,\ \times(-1)}$$

$$\longrightarrow \begin{pmatrix} 1 & 0 & -2 & 4 \\ 0 & 1 & -1 & 1 \\ 0 & 0 & 0 & 0 \end{pmatrix}$$

最初の変形で，第 1 行に $\frac{1}{5}$ を掛けて $(1,1)$ 成分を 1 にしてもよいが，分数がでてしまい計算が面倒になる．

より，この連立 1 次方程式は $\begin{cases} x_1 \quad\ - 2x_3 = 4 \\ \quad x_2 - \ x_3 = 1 \\ \qquad\quad 0 = 0 \end{cases}$ と同値である．(x_1, x_2 はピボット未知数であり，x_3 はピボット未知数ではないので) $x_3 = c$ とおくと，$x_1 = 2c + 4$, $x_2 = c + 1$ となる．したがって解は

$$\begin{cases} x_1 = 2c + 4 \\ x_2 = c + 1 \\ x_3 = c \end{cases} \quad (\text{ただし } c \text{ は任意定数}) \tag{3.18}$$

である． □

例題 3.29 では

$$\begin{pmatrix} 5 & 1 & -11 \\ 2 & 1 & -5 \\ 9 & 2 & -20 \end{pmatrix} \begin{pmatrix} x_1 \\ x_2 \\ x_3 \end{pmatrix} = \begin{pmatrix} 21 \\ 9 \\ 38 \end{pmatrix}$$

を解いたのだから，その解 (3.18) は

$$\begin{pmatrix} x_1 \\ x_2 \\ x_3 \end{pmatrix} = \begin{pmatrix} 4 \\ 1 \\ 0 \end{pmatrix} + c \begin{pmatrix} 2 \\ 1 \\ 1 \end{pmatrix} \quad (c \text{ は任意定数})$$

と表してもよい．

例題 3.30 連立 1 次方程式 $\begin{cases} x_1 + \ 3x_2 - \ x_3 = 1 \\ 2x_1 \qquad\quad - \ x_3 = 7 \\ 3x_1 + 10x_2 - 4x_3 = -2 \end{cases}$ を解け．

[解答] $\begin{pmatrix} 1 & 3 & -1 & 1 \\ 2 & 0 & -1 & 7 \\ 3 & 10 & -4 & -2 \end{pmatrix} \longrightarrow \cdots \longrightarrow \begin{pmatrix} 1 & 0 & 0 & 6 \\ 0 & 1 & 0 & 0 \\ 0 & 0 & 1 & 5 \end{pmatrix}$ (変形の手順は例 3.13 を参照) より，この連立 1 次方程式は $\begin{cases} x_1 = 6 \\ x_2 = 0 \\ x_3 = 5 \end{cases}$ と同値である．よって解は

$$\begin{cases} x_1 = 6 \\ x_2 = 0 \\ x_3 = 5 \end{cases}, \quad もしくは \quad \begin{pmatrix} x_1 \\ x_2 \\ x_3 \end{pmatrix} = \begin{pmatrix} 6 \\ 0 \\ 5 \end{pmatrix}$$

と表される. □

例題 3.31　連立 1 次方程式 $\begin{cases} x_1 + 2x_2 = 5 \\ 2x_1 + 4x_2 = 6 \\ 3x_1 + 6x_2 = 7 \end{cases}$ を解け.

[解答]

$$\begin{pmatrix} 1 & 2 & 5 \\ 2 & 4 & 6 \\ 3 & 6 & 7 \end{pmatrix} \quad \times(-2) \quad \times(-3) \quad \longrightarrow \begin{pmatrix} 1 & 2 & 5 \\ 0 & 0 & -4 \\ 0 & 0 & -8 \end{pmatrix}$$

より, この連立 1 次方程式は $\begin{cases} x_1 + 2x_2 = 5 \\ \quad\quad\ 0 = -4 \\ \quad\quad\ 0 = -8 \end{cases}$ と同値である. よって解は存在しない. □

もちろん, さらに行基本変形を続けて階段行列 $\begin{pmatrix} 1 & 2 & 0 \\ 0 & 0 & 1 \\ 0 & 0 & 0 \end{pmatrix}$ にしても問題はない. この場合は連立 1 次方程式は $\begin{cases} x_1 + 2x_2 = 0 \\ \quad\quad\ 0 = 1 \\ \quad\quad\ 0 = 0 \end{cases}$ と同値になり, やはり解が存在しないことがわかる.

注意 3.32　例題 3.31 の解答において, 行列 $\begin{pmatrix} 1 & 2 & 5 \\ 0 & 0 & -4 \\ 0 & 0 & -8 \end{pmatrix}$ は階段行列ではないが, これ以上行基本変形を行う必要はない. なぜなら, この時点で解が存在しないことがわかるからである.

問 3.33　次の連立 1 次方程式を解け.

(1) $\begin{cases} x_1 + x_2 - x_3 = 2 \\ x_1 - x_2 + x_3 = 8 \\ x_1 - x_2 - x_3 = 0 \end{cases}$　(2) $\begin{cases} x + y - 2z = 0 \\ x - y - z = 2 \\ 3x - y - 4z = 4 \end{cases}$　(3) $\begin{cases} x + y - 2z = 1 \\ 3x + y - 7z = 6 \\ x - y - 3z = 3 \end{cases}$

未知数や式の数が多くても, 解き方は同じである.

例題 3.34　次の連立 1 次方程式を解け.

$$\begin{cases} x_1 + 2x_2 \quad\quad + x_4 - 2x_5 = 7 \\ 2x_1 + 5x_2 + x_3 + 3x_4 - x_5 = 17 \\ x_1 + x_2 - x_3 + 3x_4 + 4x_5 = 1 \\ -3x_1 - 6x_2 \quad\quad - x_4 + 12x_5 = -23 \end{cases}$$

[解答]

$$\begin{pmatrix} 1 & 2 & 0 & 1 & -2 & 7 \\ 2 & 5 & 1 & 3 & -1 & 17 \\ 1 & 1 & -1 & 3 & 4 & 1 \\ -3 & -6 & 0 & -1 & 12 & -23 \end{pmatrix} \quad \times(-2) \quad \times(-1) \quad \times 3$$

$$\longrightarrow \begin{pmatrix} 1 & 2 & 0 & 1 & -2 & 7 \\ 0 & 1 & 1 & 1 & 3 & 3 \\ 0 & -1 & -1 & 2 & 6 & -6 \\ 0 & 0 & 0 & 2 & 6 & -2 \end{pmatrix} \quad \times(-2) \quad \times 1$$

$$\longrightarrow \begin{pmatrix} 1 & 0 & -2 & -1 & -8 & 1 \\ 0 & 1 & 1 & 1 & 3 & 3 \\ 0 & 0 & 0 & 3 & 9 & -3 \\ 0 & 0 & 0 & 2 & 6 & -2 \end{pmatrix} \begin{matrix} \\ \\ |\times\frac{1}{3} \\ \\ \end{matrix}$$

$$\longrightarrow \begin{pmatrix} 1 & 0 & -2 & -1 & -8 & 1 \\ 0 & 1 & 1 & 1 & 3 & 3 \\ 0 & 0 & 0 & 1 & 3 & -1 \\ 0 & 0 & 0 & 2 & 6 & -2 \end{pmatrix} \begin{matrix} \leftarrow \\ \\ \times 1 \quad \times(-1) \quad \times(-2) \\ \leftarrow \end{matrix}$$

$$\longrightarrow \begin{pmatrix} 1 & 0 & -2 & 0 & -5 & 0 \\ 0 & 1 & 1 & 0 & 0 & 4 \\ 0 & 0 & 0 & 1 & 3 & -1 \\ 0 & 0 & 0 & 0 & 0 & 0 \end{pmatrix}$$

より，与えられた連立 1 次方程式は

$$\begin{cases} x_1 \quad - 2x_3 \quad - 5x_5 = 0 \\ \quad x_2 + \ x_3 \qquad\quad = 4 \\ \qquad\qquad x_4 + 3x_5 = -1 \\ \qquad\qquad\qquad 0 = 0 \end{cases}$$

と同値である．$x_3 = c_1$，$x_5 = c_2$ (c_1, c_2 は任意定数) とおいて，方程式の解

x_1, x_2, x_4 はピボット未知数であり，x_3, x_5 はピボット未知数ではない．

$$\begin{cases} x_1 = 2c_1 + 5c_2 \\ x_2 = -c_1 + 4 \\ x_3 = c_1 \\ x_4 = -3c_2 - 1 \\ x_5 = c_2 \end{cases}, \text{もしくは} \begin{pmatrix} x_1 \\ x_2 \\ x_3 \\ x_4 \\ x_5 \end{pmatrix} = c_1 \begin{pmatrix} 2 \\ -1 \\ 1 \\ 0 \\ 0 \end{pmatrix} + c_2 \begin{pmatrix} 5 \\ 0 \\ 0 \\ -3 \\ 1 \end{pmatrix} + \begin{pmatrix} 0 \\ 4 \\ 0 \\ -1 \\ 0 \end{pmatrix}$$

を得る． □

例題 3.35 座標空間内の 2 平面 $\pi_1 : 3x+2y+z+1 = 0$, $\pi_2 : 2x+y-3z-5 = 0$ の交わりにできる直線 l の方程式を求めよ．

[解答] まずは，連立 1 次方程式

$$\begin{cases} 3x + 2y + \ z = -1 \\ 2x + \ y - 3z = 5 \end{cases}$$

を解く．

$$\begin{pmatrix} 3 & 2 & 1 & -1 \\ 2 & 1 & -3 & 5 \end{pmatrix} \begin{matrix} \leftarrow \\ \times(-1) \end{matrix} \longrightarrow \begin{pmatrix} 1 & 1 & 4 & -6 \\ 2 & 1 & -3 & 5 \end{pmatrix} \begin{matrix} \times(-2) \\ \leftarrow \end{matrix}$$

$$\longrightarrow \begin{pmatrix} 1 & 1 & 4 & -6 \\ 0 & -1 & -11 & 17 \end{pmatrix} \begin{matrix} \leftarrow \\ \times 1 \ |\times(-1) \end{matrix} \longrightarrow \begin{pmatrix} 1 & 0 & -7 & 11 \\ 0 & 1 & 11 & -17 \end{pmatrix}$$

より，上の連立 1 次方程式は

$$\begin{cases} x \quad - \ 7z = 11 \\ \quad y + 11z = -17 \end{cases}$$

と同値である．$z = c$（c は任意定数）とおいて，解は

$$\begin{cases} x = 7c + 11 \\ y = -11c - 17, \\ z = c \end{cases} \quad \text{すなわち} \begin{pmatrix} x \\ y \\ z \end{pmatrix} = c \begin{pmatrix} 7 \\ -11 \\ 1 \end{pmatrix} + \begin{pmatrix} 11 \\ -17 \\ 0 \end{pmatrix}$$

である．これは直線 l のパラメーター表示 (c がパラメーター) でもある．c を消去することにより，l の方程式

$$\frac{x - 11}{7} = \frac{y + 17}{-11} = z$$

を得る． □

3.3 同次連立 1 次方程式

A を $m \times n$ 行列，$\boldsymbol{x} = \begin{pmatrix} x_1 \\ x_2 \\ \vdots \\ x_n \end{pmatrix}$, $\boldsymbol{b} = \begin{pmatrix} b_1 \\ b_2 \\ \vdots \\ b_m \end{pmatrix}$ とする．連立 1 次方程式 $A\boldsymbol{x} = \boldsymbol{b}$ において，右辺の $\boldsymbol{b}$ が $\boldsymbol{0}$ であるもの，すなわち

$$A\boldsymbol{x} = \boldsymbol{0} \tag{3.19}$$

の形のものを**同次**連立 1 次方程式 (または**斉次**(せいじ)連立 1 次方程式) とよぶ．同次連立 1 次方程式は，必ず

同次ではない連立 1 次方程式は**非同次**であるという．

$$\boldsymbol{x} = \boldsymbol{0}$$

という解をもつ．この解を**自明な解**という．

同次連立 1 次方程式の解法は非同次のときと同様であるが，いくらか簡略化することもできる．すなわち，同次の場合は拡大係数行列は $(A \ \ \boldsymbol{0})$ なので，A と $\boldsymbol{0}$ を並べなくとも，<u>A のみを行基本変形の繰り返しで変形</u>すれば十分である．(実際，$(A \ \ \boldsymbol{0})$ に行基本変形を施しても $(A' \ \ \boldsymbol{0})$ の形であり，最後の列は $\boldsymbol{0}$ のままである．) (3.16) や (3.17) では，$d_1 = \cdots = d_r = d_{r+1} = \cdots = d_m = 0$ であることに注意せよ．

同次の場合に限って定理 3.28 (p.78) を述べなおすと，次の定理を得る．

定理 3.36 (1) $\operatorname{rank} A = n$ (= 未知数の個数) ならば，同次連立 1 次方程式 $A\boldsymbol{x} = \boldsymbol{0}$ の解は自明な解のみである．

(2) $\operatorname{rank} A < n$ ならば，同次連立 1 次方程式 $A\boldsymbol{x} = \boldsymbol{0}$ の解は無限個あり，$(n - \operatorname{rank} A)$ 個の任意定数を用いて表される．

例題 3.37　同次連立 1 次方程式 $\begin{cases} x_1 + 3x_2 - x_3 = 0 \\ 2x_1 \qquad\quad - x_3 = 0 \\ 3x_1 + 10x_2 - 4x_3 = 0 \end{cases}$ を解け.

[解答]

$$\begin{pmatrix} 1 & 3 & -1 \\ 2 & 0 & -1 \\ 3 & 10 & -4 \end{pmatrix} \begin{matrix} \times(-2),\ \times(-3) \end{matrix} \longrightarrow \begin{pmatrix} 1 & 3 & -1 \\ 0 & -6 & 1 \\ 0 & 1 & -1 \end{pmatrix}$$

$$\longrightarrow \begin{pmatrix} 1 & 3 & -1 \\ 0 & 1 & -1 \\ 0 & -6 & 1 \end{pmatrix} \begin{matrix} \times(-3) & \times 6 \end{matrix} \longrightarrow \begin{pmatrix} 1 & 0 & 2 \\ 0 & 1 & -1 \\ 0 & 0 & -5 \end{pmatrix} \ \big|\times\left(-\tfrac{1}{5}\right)$$

$$\longrightarrow \begin{pmatrix} 1 & 0 & 2 \\ 0 & 1 & -1 \\ 0 & 0 & 1 \end{pmatrix} \begin{matrix} \times(-2) & \times 1 \end{matrix} \longrightarrow \begin{pmatrix} 1 & 0 & 0 \\ 0 & 1 & 0 \\ 0 & 0 & 1 \end{pmatrix}$$

より，この連立 1 次方程式は $\begin{cases} x_1 = 0 \\ x_2 = 0 \\ x_3 = 0 \end{cases}$ と同値である．よって解は

$$\begin{cases} x_1 = 0 \\ x_2 = 0 \\ x_3 = 0 \end{cases}$$

である. □

係数行列のランクが未知数の個数 3 に一致したので，自明な解しかない (定理 3.36) ということである.

例題 3.38　同次連立 1 次方程式 $\begin{cases} 2x_1 - 4x_2 + 2x_3 \qquad\quad + 8x_5 = 0 \\ 2x_1 - 4x_2 + x_3 + x_4 + 7x_5 = 0 \\ 5x_1 - 10x_2 + 3x_3 + 2x_4 + 18x_5 = 0 \end{cases}$ を解け.

[解答]

$$\begin{pmatrix} 2 & -4 & 2 & 0 & 8 \\ 2 & -4 & 1 & 1 & 7 \\ 5 & -10 & 3 & 2 & 18 \end{pmatrix} \begin{matrix} \times(-1) \ \big|\times\tfrac{1}{2} \end{matrix} \longrightarrow \begin{pmatrix} 1 & -2 & 1 & 0 & 4 \\ 0 & 0 & -1 & 1 & -1 \\ 5 & -10 & 3 & 2 & 18 \end{pmatrix} \begin{matrix} \times(-5) \end{matrix}$$

$$\longrightarrow \begin{pmatrix} 1 & -2 & 1 & 0 & 4 \\ 0 & 0 & -1 & 1 & -1 \\ 0 & 0 & -2 & 2 & -2 \end{pmatrix} \begin{matrix} \times 1 & \times(-2) \ \big|\times(-1) \end{matrix}$$

$$\longrightarrow \begin{pmatrix} 1 & -2 & 0 & 1 & 3 \\ 0 & 0 & 1 & -1 & 1 \\ 0 & 0 & 0 & 0 & 0 \end{pmatrix}$$

より，この連立 1 次方程式は $\begin{cases} x_1 - 2x_2 \qquad + x_4 + 3x_5 = 0 \\ \qquad\qquad x_3 - x_4 + x_5 = 0 \\ \qquad\qquad\qquad\qquad 0 = 0 \end{cases}$ と同値である.

(x_1, x_3 はピボット未知数であり，x_2, x_4, x_5 はピボット未知数ではないので)

$x_2 = c_1$, $x_4 = c_2$, $x_5 = c_3$ とおくと $x_1 = 2c_1 - c_2 - 3c_3$, $x_3 = c_2 - c_3$ となる．よって解は

$$\begin{cases} x_1 = 2c_1 - c_2 - 3c_3 \\ x_2 = c_1 \\ x_3 = c_2 - c_3 \\ x_4 = c_2 \\ x_5 = c_3 \end{cases}, \text{もしくは} \begin{pmatrix} x_1 \\ x_2 \\ x_3 \\ x_4 \\ x_5 \end{pmatrix} = c_1 \begin{pmatrix} 2 \\ 1 \\ 0 \\ 0 \\ 0 \end{pmatrix} + c_2 \begin{pmatrix} -1 \\ 0 \\ 1 \\ 1 \\ 0 \end{pmatrix} + c_3 \begin{pmatrix} -3 \\ 0 \\ -1 \\ 0 \\ 1 \end{pmatrix}$$

(ただし c_1, c_2, c_3 は任意定数) である． □

問 3.39 次の同次連立 1 次方程式を解け．

(1) $\begin{cases} x_1 - 2x_2 - x_3 + 7x_4 = 0 \\ 2x_1 - 4x_2 + x_3 + 5x_4 = 0 \\ 5x_1 - 10x_2 + 2x_3 + 14x_4 = 0 \end{cases}$ (2) $\begin{cases} x_1 + 2x_2 = 0 \\ 2x_1 + 4x_2 = 0 \\ 3x_1 + 6x_2 = 0 \end{cases}$

3.4 逆行列の計算法

本節では，行基本変形を応用した逆行列の求め方を説明する．なぜこれから紹介する方法で逆行列が求まるのかを理解するためには，「行基本変形を行うことは，ある正則行列を左から掛けることと同じ」であることをあらかじめ知っておく必要がある．その本質を把握するためには，ある程度小さなサイズの行列で理解しておけば十分であるから，ここでは 2×3 行列

$$A = \begin{pmatrix} l & m & n \\ p & q & r \end{pmatrix}$$

に施しうる行基本変形に限って徹底的に調べることにしよう．

まず，行基本変形は 3 種類あるが，2×3 行列 A に施しうるものは，もう少し詳細に次の 5 種類に分類される．

(a-1) 第 1 行を c 倍する：$A \to \begin{pmatrix} cl & cm & cn \\ p & q & r \end{pmatrix}$

(a-2) 第 2 行を c 倍する：$A \to \begin{pmatrix} l & m & n \\ cp & cq & cr \end{pmatrix}$

(b) 第 1 行と第 2 行を入れ替える： $A \to \begin{pmatrix} p & q & r \\ l & m & n \end{pmatrix}$

(c-1) 第 1 行の c 倍を第 2 行に加える：$A \to \begin{pmatrix} l & m & n \\ p+cl & q+cm & r+cn \end{pmatrix}$

(c-2) 第 2 行の c 倍を第 1 行に加える：$A \to \begin{pmatrix} l+cp & m+cq & n+cr \\ p & q & r \end{pmatrix}$

一方，$\begin{pmatrix} c & 0 \\ 0 & 1 \end{pmatrix}$ と A の積を計算してみると

$$\begin{pmatrix} c & 0 \\ 0 & 1 \end{pmatrix} A = \begin{pmatrix} c & 0 \\ 0 & 1 \end{pmatrix} \begin{pmatrix} l & m & n \\ p & q & r \end{pmatrix} = \begin{pmatrix} cl & cm & cn \\ p & q & r \end{pmatrix}$$

となって，A に (a-1) の行基本変形を施したものが得られる．同様に

$$\begin{pmatrix}1 & 0\\0 & c\end{pmatrix},\quad \begin{pmatrix}0 & 1\\1 & 0\end{pmatrix},\quad \begin{pmatrix}1 & 0\\c & 1\end{pmatrix},\quad \begin{pmatrix}1 & c\\0 & 1\end{pmatrix}$$

の各々を A に左から掛けた行列を求めると

$$\begin{pmatrix}1 & 0\\0 & c\end{pmatrix}A = \begin{pmatrix}1 & 0\\0 & c\end{pmatrix}\begin{pmatrix}l & m & n\\p & q & r\end{pmatrix} = \begin{pmatrix}l & m & n\\cp & cq & cr\end{pmatrix},$$

$$\begin{pmatrix}0 & 1\\1 & 0\end{pmatrix}A = \begin{pmatrix}0 & 1\\1 & 0\end{pmatrix}\begin{pmatrix}l & m & n\\p & q & r\end{pmatrix} = \begin{pmatrix}p & q & r\\l & m & n\end{pmatrix},$$

$$\begin{pmatrix}1 & 0\\c & 1\end{pmatrix}A = \begin{pmatrix}1 & 0\\c & 1\end{pmatrix}\begin{pmatrix}l & m & n\\p & q & r\end{pmatrix} = \begin{pmatrix}l & m & n\\p+cl & q+cm & r+cn\end{pmatrix},$$

$$\begin{pmatrix}1 & c\\0 & 1\end{pmatrix}A = \begin{pmatrix}1 & c\\0 & 1\end{pmatrix}\begin{pmatrix}l & m & n\\p & q & r\end{pmatrix} = \begin{pmatrix}l+cp & m+cq & n+cr\\p & q & r\end{pmatrix}$$

となって，すべて A にいずれかの行基本変形を施した行列が得られる．したがって，上で述べた (a-1) から (c-2) までの行基本変形は，次のようにいいなおすことができる．

(a-1)　第 1 行を c 倍する：$A \to \begin{pmatrix}c & 0\\0 & 1\end{pmatrix}A$

(a-2)　第 2 行を c 倍する：$A \to \begin{pmatrix}1 & 0\\0 & c\end{pmatrix}A$

(b)　第 1 行と第 2 行を入れ替える：$A \to \begin{pmatrix}0 & 1\\1 & 0\end{pmatrix}A$

(c-1)　第 1 行の c 倍を第 2 行に加える：$A \to \begin{pmatrix}1 & 0\\c & 1\end{pmatrix}A$

(c-2)　第 2 行の c 倍を第 1 行に加える：$A \to \begin{pmatrix}1 & c\\0 & 1\end{pmatrix}A$

つまり，行列 A に対する行基本変形は，

$$\begin{pmatrix}c & 0\\0 & 1\end{pmatrix},\quad \begin{pmatrix}1 & 0\\0 & c\end{pmatrix},\quad \begin{pmatrix}0 & 1\\1 & 0\end{pmatrix},\quad \begin{pmatrix}1 & 0\\c & 1\end{pmatrix},\quad \begin{pmatrix}1 & c\\0 & 1\end{pmatrix} \qquad (3.20)$$

のいずれかを左から A に掛けることと解釈できる．(最初の 2 つについては $c \neq 0$ である．) また，(3.20) の各々は，逆行列

$$\begin{pmatrix}1/c & 0\\0 & 1\end{pmatrix},\quad \begin{pmatrix}1 & 0\\0 & 1/c\end{pmatrix},\quad \begin{pmatrix}0 & 1\\1 & 0\end{pmatrix},\quad \begin{pmatrix}1 & 0\\-c & 1\end{pmatrix},\quad \begin{pmatrix}1 & -c\\0 & 1\end{pmatrix}$$

をもつ．すなわち，正則行列である．したがって，「行列 A に行基本変形を次々と行って，行列 B になる」ということは「A に (3.20) 型の行列を次々と左から掛けていくと B になる」ことといえる．たとえば，A に行基本変形を

$$\begin{array}{ccccccccc} A & \to & A_1 & \to & A_2 & \to & \cdots & \to & A_s = B \\ & & \| & & \| & & & & \| \\ & & P_1A & & P_2P_1A & & & & P_s\cdots P_2P_1A \end{array}$$

のように s 回施して $B\ (= A_s)$ を得たとする (ここで $P_1, P_2, \ldots, P_s$ は (3.20)

型の行列) と,

$$B = P_s \cdots P_2 P_1 A \quad (P_1, P_2, \ldots, P_s \text{ は (3.20) 型の行列})$$

である．さらには，$P_s \cdots P_2 P_1$ を 1 つの行列 P で表してしまえば

$$B = PA \quad (P \text{ はある正則行列})$$

が成り立っているといえる．

以上，A が 2×3 行列の場合に限って次の命題を示したことになる．

数学では，「○○が成り立つような□□が存在する」ことを，「□□が存在して○○が成り立つ」という文体で述べることがよくある．

命題 3.40 何回かの行基本変形により行列 A が B に変形されたとすると，ある正則行列 P が存在して $B = PA$ が成り立つ．

命題 3.40 の証明は Web「正則行列と基本行列」で与える．

$2 \times n$ 行列 A (n は任意) でも，命題 3.40 がまったく正しいことは容易に理解できることだろう．さらには，A が $m \times n$ 行列 (m, n は任意) でも命題 3.40 は正しい．ただし，行列の行の数 m が多いほど，(3.20) 型の行列の種類も増える．たとえば $4 \times n$ 行列 A について，第 1 行の c 倍を第 3 行に加えるという行基本変形は

$$A \longrightarrow \begin{pmatrix} 1 & 0 & 0 & 0 \\ 0 & 1 & 0 & 0 \\ c & 0 & 1 & 0 \\ 0 & 0 & 0 & 1 \end{pmatrix} A$$

と表される．

さて，いよいよ命題 3.40 の応用として，逆行列の計算法を紹介しよう．

定理 3.41 A を n 次行列とする．A と単位行列 I_n を並べてできる $n \times 2n$ 行列 $(A \ \ I_n)$ を何回かの行基本変形により $(I_n \ \ B)$ に変形できたならば，A は正則であり，さらに $B = A^{-1}$ である．

[証明] $(A \ \ I_n)$ が何回かの行基本変形により $(I_n \ \ B)$ に変形されたとすると，命題 3.40 により

$$P(A \ \ I_n) = (I_n \ \ B) \tag{3.21}$$

を満たす正則行列 P が存在する．$P(A \ \ I_n) = (PA \ \ PI_n) = (PA \ \ P)$ なので，(3.21) は

$$(PA \ \ P) = (I_n \ \ B),$$

すなわち

$$PA = I_n \text{ かつ } P = B$$

を意味する．ゆえに $B \ (= P)$ が正則かつ $BA = I_n$ である．B^{-1} があるので，それを $BA = I_n$ の両辺に左から掛けて $A = B^{-1}$ を得る．命題 2.66 (p.57) の (1) より $A^{-1} = B$ が従う． □

逆行列をもたない場合は，そのことを次の命題で判定することができる．

命題 3.42　A, B を n 次行列とする．B のある 1 行の成分はすべて 0 とし，A が何回かの行基本変形により B に変形されたとする．このとき，A は正則ではない．すなわち，A は逆行列をもたない．

[証明]　命題 3.40 により，ある正則行列 P が存在して $PA = B$ となる．A が正則と仮定すると，PA は正則行列どうしの積なので正則である．よって B も正則となるが，これは補題 2.72 (p.60) に反する．ゆえに A は正則ではない．

□

注意 3.43　A の逆行列を求めたいとき，$(A\ \ I_n)$ から $(I_n\ \ B)$ への変形は，$(A\ \ I_n)$ を階段行列へ変形することをめざして実行すればよい．しかし，$(A\ \ I_n)$ の第 n 列までの部分 (つまり A の部分) が I_n に変形できないことももちろんある．たとえば $(A\ \ I_n)$ の変形中に，ある 1 行の第 n 列までの成分がすべて 0 となったならば，A は命題 3.42 にあるような行列 B に変形されたことになり，したがって A は逆行列をもたない．(さらにこのとき，定理 3.41 により，$(A\ \ I_n)$ の A の部分は I_n に変形できないこともわかる．)

$(I_n\ \ B)$ の形の行列は，階段行列である．

例 3.44　行列 $A = \begin{pmatrix} 2 & 3 \\ 7 & 10 \end{pmatrix}$ の逆行列 A^{-1} を，定理 3.41 の方法で求めてみよう．

$$(A\ \ I_2) = \begin{pmatrix} 2 & 3 & 1 & 0 \\ 7 & 10 & 0 & 1 \end{pmatrix} \ \times(-3)$$

$$\longrightarrow \begin{pmatrix} 2 & 3 & 1 & 0 \\ 1 & 1 & -3 & 1 \end{pmatrix} \longrightarrow \begin{pmatrix} 1 & 1 & -3 & 1 \\ 2 & 3 & 1 & 0 \end{pmatrix} \ \times(-2)$$

$$\longrightarrow \begin{pmatrix} 1 & 1 & -3 & 1 \\ 0 & 1 & 7 & -2 \end{pmatrix} \ \times(-1) \quad \longrightarrow \begin{pmatrix} 1 & 0 & -10 & 3 \\ 0 & 1 & 7 & -2 \end{pmatrix}$$

より，$A^{-1} = \begin{pmatrix} -10 & 3 \\ 7 & -2 \end{pmatrix}$ を得る．

念のため，定理 2.21 (p.43) で学んだ公式でも A^{-1} を求めてみよう．

$$A^{-1} = \frac{1}{2 \cdot 10 - 3 \cdot 7} \begin{pmatrix} 10 & -3 \\ -7 & 2 \end{pmatrix}$$
$$= -\begin{pmatrix} 10 & -3 \\ -7 & 2 \end{pmatrix} = \begin{pmatrix} -10 & 3 \\ 7 & -2 \end{pmatrix}$$

2×2 行列の逆行列については，二通りの求め方を学んだことになる．実用上はどちらか好きな方法を用いればよい．

例題 3.45　行列 $A = \begin{pmatrix} -2 & -1 & 0 \\ 8 & 2 & -1 \\ 5 & 1 & -1 \end{pmatrix}$ の逆行列 A^{-1} を求めよ．

[解答]

$$(A\ \ I_3) = \begin{pmatrix} -2 & -1 & 0 & 1 & 0 & 0 \\ 8 & 2 & -1 & 0 & 1 & 0 \\ 5 & 1 & -1 & 0 & 0 & 1 \end{pmatrix}$$

$$\longrightarrow \begin{pmatrix} -2 & -1 & 0 & 1 & 0 & 0 \\ 0 & -2 & -1 & 4 & 1 & 0 \\ 1 & -1 & -1 & 2 & 0 & 1 \end{pmatrix}$$

$$\longrightarrow \begin{pmatrix} 1 & -1 & -1 & 2 & 0 & 1 \\ 0 & -2 & -1 & 4 & 1 & 0 \\ -2 & -1 & 0 & 1 & 0 & 0 \end{pmatrix}$$

$$\longrightarrow \begin{pmatrix} 1 & -1 & -1 & 2 & 0 & 1 \\ 0 & -2 & -1 & 4 & 1 & 0 \\ 0 & -3 & -2 & 5 & 0 & 2 \end{pmatrix}$$

$$\longrightarrow \begin{pmatrix} 1 & -1 & -1 & 2 & 0 & 1 \\ 0 & 1 & 1 & -1 & 1 & -2 \\ 0 & -3 & -2 & 5 & 0 & 2 \end{pmatrix}$$

$$\longrightarrow \begin{pmatrix} 1 & 0 & 0 & 1 & 1 & -1 \\ 0 & 1 & 1 & -1 & 1 & -2 \\ 0 & 0 & 1 & 2 & 3 & -4 \end{pmatrix}$$

$$\longrightarrow \begin{pmatrix} 1 & 0 & 0 & 1 & 1 & -1 \\ 0 & 1 & 0 & -3 & -2 & 2 \\ 0 & 0 & 1 & 2 & 3 & -4 \end{pmatrix}$$

より，$A^{-1} = \begin{pmatrix} 1 & 1 & -1 \\ -3 & -2 & 2 \\ 2 & 3 & -4 \end{pmatrix}$ を得る． □

問 3.46 例題 3.45 において，$AA^{-1} = A^{-1}A = I_3$ を確認せよ．

例題 3.47 行列 $A = \begin{pmatrix} 1 & 1 & 2 \\ 2 & 3 & 5 \\ 1 & 3 & 4 \end{pmatrix}$ の逆行列があれば，それを求めよ．

[解答]

$$(A\ \ I_3) = \begin{pmatrix} 1 & 1 & 2 & 1 & 0 & 0 \\ 2 & 3 & 5 & 0 & 1 & 0 \\ 1 & 3 & 4 & 0 & 0 & 1 \end{pmatrix}$$

$$\longrightarrow \begin{pmatrix} 1 & 1 & 2 & 1 & 0 & 0 \\ 0 & 1 & 1 & -2 & 1 & 0 \\ 0 & 2 & 2 & -1 & 0 & 1 \end{pmatrix}$$

$$\longrightarrow \begin{pmatrix} 1 & 1 & 2 & 1 & 0 & 0 \\ 0 & 1 & 1 & -2 & 1 & 0 \\ 0 & 0 & 0 & 3 & -2 & 1 \end{pmatrix}$$

より，A は行基本変形の繰り返しにより $A' = \begin{pmatrix} 1 & 1 & 2 \\ 0 & 1 & 1 \\ 0 & 0 & 0 \end{pmatrix}$ に変形された．A' の第 3 行の成分はすべて 0 だから，命題 3.42 により A は逆行列をもたない．

□

問 3.48 以下の行列の逆行列があれば，それを求めよ．

(1) $A = \begin{pmatrix} 0 & 1 & 1 \\ 2 & 1 & 0 \\ 1 & 0 & -1 \end{pmatrix}$ (2) $B = \begin{pmatrix} 1 & -1 & -1 \\ 3 & -5 & -9 \\ 2 & -5 & -10 \end{pmatrix}$ (3) $C = \begin{pmatrix} 1 & -2 & -3 \\ 2 & -3 & -1 \\ 3 & -5 & -4 \end{pmatrix}$

定理 3.41 と命題 3.42 から，次の定理が得られる．

定理 3.49 A を n 次行列とする．A が正則であることと $\operatorname{rank} A = n$ であることは同値である．

［証明］ $\operatorname{rank} A = n$ とする．A は n 次行列であるから，A の階段行列は単位行列 I_n でなければならない．これは，何回かの行基本変形により $(A \ \ I_n)$ が $(I_n \ \ B)$ の形に変形できることを意味する．ゆえに，定理 3.41 より A は正則である．

$\operatorname{rank} A \neq n$ とする．A は n 次行列なので $\operatorname{rank} A < n$ であり，したがって A の階段行列の第 n 行の成分はすべて 0 である．ゆえに，命題 3.42 より A は正則ではない．

□

演習問題 3 - A

[1] 次の行列を行基本変形の繰り返しにより階段行列に変形し，階数を求めよ．

(1) $A_1 = \begin{pmatrix} 1 & 1 & -2 \\ 2 & 1 & 0 \\ 5 & 1 & 6 \end{pmatrix}$ (2) $A_2 = \begin{pmatrix} 0 & 3 & 3 & 1 & -1 \\ 0 & 2 & 2 & 1 & 1 \end{pmatrix}$

(3) $A_3 = \begin{pmatrix} 1 & -1 & 2 & 0 \\ 4 & 3 & 1 & 7 \\ -1 & 6 & 1 & -2 \\ -2 & -1 & 0 & -1 \end{pmatrix}$ (4) $A_4 = \begin{pmatrix} -5 & 1 & 9 & -4 \\ 5 & 1 & -1 & 1 \\ 3 & 0 & -3 & 1 \end{pmatrix}$

[2] 次の連立 1 次方程式を掃き出し法で解け．

(1) $\begin{cases} x + y \phantom{{}+z} = 3 \\ \phantom{x+{}} y + z = 4 \\ x \phantom{{}+y} + z = 5 \\ x + y + z = 6 \end{cases}$ (2) $\begin{cases} x - y \phantom{{}-z} = 3 \\ \phantom{x-{}} y - z = 4 \\ x \phantom{{}-y} - z = 5 \\ x - y - z = 6 \end{cases}$

(3) $\begin{cases} x_1 - 2x_2 - x_3 + 7x_4 = -4 \\ 2x_1 - 4x_2 + x_3 + 5x_4 = 7 \\ 5x_1 - 10x_2 + 2x_3 + 14x_4 = 15 \end{cases}$ (4) $\begin{cases} 4x_1 + x_2 + x_3 = 5 \\ x_1 + x_2 \phantom{{}+x_3} = 3 \\ 2x_1 \phantom{{}+x_2} + x_3 = 1 \\ 6x_1 - x_2 + 2x_3 = 2 \end{cases}$

(5) $\begin{cases} x_1 - 4x_2 - x_3 - 4x_4 + 2x_5 = 1 \\ 2x_1 - 8x_2 + x_3 - 5x_4 + 4x_5 = 8 \\ 5x_1 - 20x_2 + 2x_3 - 13x_4 + 10x_5 = 19 \\ 2x_1 - 8x_2 - 6x_4 + 4x_5 = 6 \end{cases}$ (6) $\begin{cases} x + y + z + 4w = 7 \\ 3x + 3y + z + 8w = 9 \\ - y - 5w = 0 \\ 2x - y - 3z - 17w = -16 \end{cases}$

(7) $\begin{cases} x_1 + x_2 + x_3 + x_4 - x_5 = 4 \\ x_1 + 2x_2 + 2x_3 + x_4 = 3 \\ x_1 + x_2 + 2x_3 + x_4 + x_5 = 5 \\ 2x_2 + x_4 - 5x_5 = -4 \end{cases}$ (8) $\begin{cases} x_1 + 2x_2 + x_3 + x_4 = 0 \\ -5x_1 - 7x_2 + 6x_3 - 6x_4 = 0 \\ 2x_1 + 4x_2 + 6x_3 + x_4 = 0 \\ x_1 + x_2 - x_3 + x_4 = 0 \end{cases}$

(9) $\begin{cases} 4x + y + 12z - 3w = 0 \\ 2x + y + 6z = 0 \\ -x + y - 3z + 2w = 0 \\ x + 2y + 3z - 2w = 0 \\ -3x - y - 9z + 4w = 0 \end{cases}$

[**3**] 次の行列の逆行列があれば，それを求めよ．

(1) $A = \begin{pmatrix} 1 & 0 & 2 \\ 1 & 4 & 1 \\ 0 & 3 & -1 \end{pmatrix}$ (2) $B = \begin{pmatrix} 1 & 1 & 1 \\ 2 & 4 & 1 \\ 3 & 2 & 2 \end{pmatrix}$

(3) $C = \begin{pmatrix} 2 & -1 & 1 \\ 1 & 3 & -2 \\ -1 & 4 & -3 \end{pmatrix}$ (4) $D = \begin{pmatrix} 1 & 2 & 0 & 1 \\ 10 & 1 & 1 & -2 \\ 5 & 2 & 1 & 0 \\ -1 & 1 & 0 & 1 \end{pmatrix}$

(5) $E = \begin{pmatrix} -1 & 3 & 2 & -1 \\ 1 & -2 & 3 & 1 \\ 0 & 0 & 1 & 1 \\ 0 & 0 & 4 & 5 \end{pmatrix}$ (6) $F = \begin{pmatrix} 1 & 0 & 0 & 0 \\ 1 & 1 & 0 & 0 \\ 2 & 3 & 2 & 0 \\ -5 & 4 & 1 & 3 \end{pmatrix}$

(7) $G = \begin{pmatrix} 4 & 3 & 4 & 3 \\ 1 & 1 & 2 & -1 \\ 5 & 3 & 2 & 9 \\ -6 & -5 & -8 & -1 \end{pmatrix}$ (8) $H = \begin{pmatrix} 1 & 0 & -1 & 0 \\ 0 & 1 & -2 & 3 \\ 2 & 0 & 1 & 1 \\ -1 & 1 & 0 & 3 \end{pmatrix}$

演習問題 3-B

[**1**] 次の行列の階数を求めよ．(定数 a の値で場合分けして答えよ．)

(1) $A = \begin{pmatrix} 1 & 3 & 2a+3 \\ 2 & 5 & 2a+7 \\ 1 & 2 & a+4 \end{pmatrix}$ (2) $B = \begin{pmatrix} 1 & -2 & 1 & 0 \\ 0 & 1 & a+1 & -2 \\ 1 & -2 & a+2 & 0 \\ 0 & 0 & a+3 & -2 \end{pmatrix}$

[**2**] 次の連立 1 次方程式を解け．

(1) $\begin{cases} x + \sqrt{3}\,y = 1 \\ \sqrt{3}\,x - 2y = 3 \end{cases}$ (2) $\begin{cases} (\sqrt{2} - 1)x + y = 0 \\ x + (\sqrt{2} + 1)y = 0 \end{cases}$ (3) $\begin{cases} x + \sqrt{2}\,y = 0 \\ 2y - \sqrt{6}\,z = 0 \\ x + \sqrt{3}\,z = 0 \end{cases}$

[**3**] 座標空間内の次の平面について，それらの共有点を調べよ．

(1) 2 平面 $\pi_1 : x + y + z - 2 = 0,\ \pi_2 : 2x + 3y + 5z - 3 = 0$

(2) 3 平面 $\pi_1 : x + y - 2z - 3 = 0,\ \pi_2 : x - y - z = 0,\ \pi_3 : x + 2y + z - 1 = 0$

(3) 3 平面 $\pi_1 : x + y + z - 4 = 0,\ \pi_2 : x - y + 1 = 0,\ \pi_3 : 2y + z - 5 = 0$

(4) 3 平面 $\pi_1 : 3x + 7y - 2z = 0,\ \pi_2 : 2x + 5y - 3z - 1 = 0,\ \pi_3 : y - 5z - 2 = 0$

[**4**] $\boldsymbol{x} = \boldsymbol{x}_0, \boldsymbol{x}_1$ を連立 1 次方程式 $A\boldsymbol{x} = \boldsymbol{b}$ の解とする．このとき，任意のスカラー t に対し，$\boldsymbol{x} = (1-t)\boldsymbol{x}_0 + t\boldsymbol{x}_1$ もまた $A\boldsymbol{x} = \boldsymbol{b}$ の解であることを示せ．

[**5**] 上の問題 [4] を応用して，定理 3.8 を証明せよ．

4

行 列 式

4.1 順列とその符号

2 次および 3 次の行列式は，第 1 章の定義 1.46 および定義 1.76 においてすでに定義されていた．本章では，任意の正方行列に対してその行列式を定義し，さらにその性質を詳しく調べる．

任意の正方行列に対して行列式を定義するためには，順列という概念が必要になる．本節では，順列およびその符号について述べる．

定義 4.1 (順列) n を正の整数とする．n 個の整数 $1, 2, 3, \ldots, n$ を一列に並べたものを n **次順列**とよぶ．

例 4.2 $(3\ \ 1\ \ 2)$ は 3 次順列，$(4\ \ 5\ \ 2\ \ 1\ \ 3)$ は 5 次順列である．

定義 4.3 (基本順列) 順列 $(1\ \ 2\ \ 3\ \ \cdots\ \ n)$ を (n 次) **基本順列**とよぶ．

注意 4.4 上のように，順列はかっこ (　) でくくって記す．さらに行列同様，各数字の後ろに「，」(カンマ) を付けない．広く使われている記号であるから，これに従うこと．

例 4.5 3 次順列は

$$(1\ \ 2\ \ 3),\quad (1\ \ 3\ \ 2),\quad (2\ \ 1\ \ 3),\quad (2\ \ 3\ \ 1),\quad (3\ \ 1\ \ 2),\quad (3\ \ 2\ \ 1)$$

の 6 つである．

問 4.6 4 次順列および 5 次順列の総数を求めよ．一般に，n 次順列の総数は $n!$ であることを示せ．

注意 4.7 順列は $\sigma, \tau, \ldots$ などの文字で表すことが多い．順列 σ の左から 1 番目に現れる数を $\sigma(1)$，2 番目に現れる数を $\sigma(2)$，3 番目に現れる数を $\sigma(3)$，以下同様に i 番目に現れる数を $\sigma(i)$ と記す．すなわち，n 次順列 σ を詳しく書くと

$$\sigma = (\sigma(1)\ \ \sigma(2)\ \ \sigma(3)\ \ \cdots\ \ \sigma(n))$$

となる．もちろん，順列 τ は

$$\tau = (\tau(1)\ \ \tau(2)\ \ \tau(3)\ \ \cdots\ \ \tau(n))$$

となる．

定義 4.8 (互換) 順列の 2 つの数を入れ替えて，新しい順列を作る操作を**互換**という．

例 4.9 以下は互換の例である．

$$
(3 \quad 1 \quad 2) \to (1 \quad 3 \quad 2),
$$

$$
(4 \quad 5 \quad 2 \quad 1 \quad 3) \to (1 \quad 5 \quad 2 \quad 4 \quad 3)
$$

定理 4.10 任意の順列は，有限回の互換により基本順列に変形される．さらに，与えられた順列を基本順列に変形する際の，互換の回数の偶・奇は，可能なすべての手順において共通である．

［証明］ まず，任意の順列が有限回の互換により基本順列に変形されることを示す．与えられた順列に対して，左端が 1 になるように互換を行う．次に左から 2 番目が 2 になるように互換を行う．さらに左から 3 番目が 3 になるように互換を行う．以下同様に続けていけば，有限回の互換により基本順列に変形される．後半については，Web「順列に関する補足」を参照せよ． □

例 4.11

$$
(3 \quad 1 \quad 2) \to (1 \quad 3 \quad 2) \to (1 \quad 2 \quad 3),
$$

$$
(4 \quad 5 \quad 2 \quad 1 \quad 3) \to (1 \quad 5 \quad 2 \quad 4 \quad 3)
$$

$$
\to (1 \quad 2 \quad 5 \quad 4 \quad 3) \to (1 \quad 2 \quad 3 \quad 4 \quad 5)
$$

定義 4.12 (偶順列・奇順列) 偶数回の互換によって基本順列に変形できる順列を**偶順列**とよぶ．また，奇数回の互換によって基本順列に変形できる順列を**奇順列**とよぶ．

0 は偶数！

注意 4.13 基本順列は 0 回の互換によって基本順列に「変形」される．したがって，基本順列は偶順列である．

例 4.14 例 4.11 でみたように，$(3 \quad 1 \quad 2)$ は 2 回の互換によって基本順列に変形できる．したがって $(3 \quad 1 \quad 2)$ は偶順列である．一方，$(4 \quad 5 \quad 2 \quad 1 \quad 3)$ は 3 回の互換により基本順列に変形できる．したがって $(4 \quad 5 \quad 2 \quad 1 \quad 3)$ は奇順列である．

注意 4.15　2 以上の整数 n に対して，n 次偶順列の個数と n 次奇順列の個数は，ともに $\dfrac{n!}{2}$ に等しいことが証明できる．証明は各自にまかせる．

定義 4.16 (順列の符号)　順列 σ に対して

$$\mathrm{sgn}(\sigma) = \begin{cases} 1 & (\sigma \text{ が偶順列のとき}), \\ -1 & (\sigma \text{ が奇順列のとき}) \end{cases}$$

と定め，これを σ の**符号**という．

記号 sgn は signature (符号) の略である．

例題 4.17　3 次順列すべてに対して，それが偶順列か奇順列かを決定し，その符号を求めよ．

[解答]　$(1\ \ 2\ \ 3)$ は基本順列なので偶順列．$(1\ \ 3\ \ 2) \to (1\ \ 2\ \ 3)$ より $(1\ \ 3\ \ 2)$ は奇順列．$(2\ \ 1\ \ 3) \to (1\ \ 2\ \ 3)$ より $(2\ \ 1\ \ 3)$ も奇順列．$(2\ \ 3\ \ 1) \to (1\ \ 3\ \ 2) \to (1\ \ 2\ \ 3)$ より $(2\ \ 3\ \ 1)$ は偶順列．$(3\ \ 1\ \ 2) \to (1\ \ 3\ \ 2) \to (1\ \ 2\ \ 3)$ より $(3\ \ 1\ \ 2)$ は偶順列．$(3\ \ 2\ \ 1) \to (1\ \ 2\ \ 3)$ より $(3\ \ 2\ \ 1)$ は奇順列．したがって

$$\begin{aligned} &\mathrm{sgn}(1\ \ 2\ \ 3) = 1, && \mathrm{sgn}(1\ \ 3\ \ 2) = -1, \\ &\mathrm{sgn}(2\ \ 1\ \ 3) = -1, && \mathrm{sgn}(2\ \ 3\ \ 1) = 1, \\ &\mathrm{sgn}(3\ \ 1\ \ 2) = 1, && \mathrm{sgn}(3\ \ 2\ \ 1) = -1 \end{aligned}$$

である．□

問 4.18　順列 $(5\ \ 3\ \ 1\ \ 6\ \ 4\ \ 2)$ の符号を求めよ．また，順列 $(2\ \ 3\ \ 1\ \ 6\ \ 4\ \ 5)$ の符号を求めよ．

次の補題は 4.3 節で用いられる．

補題 4.19 (互換と符号)　与えられた順列 σ に互換を一度行った順列を τ とする．このとき

$$\mathrm{sgn}(\sigma) = -\,\mathrm{sgn}(\tau)$$

が成り立つ．

[証明]　順列 τ を互換によって基本順列に変形する手順を 1 つ決め，そのとき必要な互換の回数を r とする．このとき順列 σ は $(r+1)$ 回の互換により基本順列に変形される．したがって，τ が偶順列 (r が偶数) ならば σ は奇順列であり，τ が奇順列 (r が奇数) ならば σ は偶順列である．このことから容易に結論を得る．□

4.2 行列式の定義

本節では，一般の n 次正方行列に対して行列式を定義する．後に，例題 4.23 および例題 4.24 でみるように，$n = 2, 3$ の場合，以下に定義する行列式は第 1 章の定義 1.46 および定義 1.76 において定義されたものと同じである．一般の n 次正方行列に対して行列式を定義しようとするとき，2 次，3 次の場合とは異なり，すべての項を直接書き下すことはできない．そのため，前節で学んだ順列およびその符号の考え方が必要となる．

定義 4.20 (行列式の定義) n 次正方行列

$$A = (a_{ij}) = \begin{pmatrix} a_{11} & a_{12} & \cdots & a_{1n} \\ a_{21} & a_{22} & \cdots & a_{2n} \\ & \cdots & \cdots & \\ a_{n1} & a_{n2} & \cdots & a_{nn} \end{pmatrix}$$

に対し

$$\det A = \sum_{\sigma\,:\,n\text{ 次順列}} \mathrm{sgn}(\sigma) a_{1\sigma(1)} a_{2\sigma(2)} \cdots a_{n\sigma(n)} \tag{4.1}$$

と定め，これを A の**行列式**とよぶ．ただし右辺の $\sum$ は，σ がすべての n 次順列にわたる和を表す．

すなわち行列式とは，正方行列の各行各列から 1 つずつ成分を取り出して積をつくり，それに符号を付けたうえで和をとったものである．注意 4.22 も参照せよ．

注意 4.21 A の行列式を，$\det A$ 以外に

$$\det(a_{ij}), \quad |A|, \quad \begin{vmatrix} a_{11} & a_{12} & \cdots & a_{1n} \\ a_{21} & a_{22} & \cdots & a_{2n} \\ & \cdots & \cdots & \\ a_{n1} & a_{n2} & \cdots & a_{nn} \end{vmatrix}$$

などの記号で表す．

行列には ( ) を，行列式には | | を用いる．行列と行列式の記号を<u>明確</u>に区別すること!

注意 4.22 ここで，(4.1) における記号 $\sum$ の意味を詳しく説明しよう．n 次順列 σ を 1 つとると

$$\mathrm{sgn}(\sigma) a_{1\sigma(1)} a_{2\sigma(2)} \cdots a_{n\sigma(n)} \tag{4.2}$$

が計算される．他の n 次順列 τ をとれば

$$\mathrm{sgn}(\tau) a_{1\tau(1)} a_{2\tau(2)} \cdots a_{n\tau(n)} \tag{4.3}$$

が，さらに他の n 次順列 μ をとれば

$$\mathrm{sgn}(\mu) a_{1\mu(1)} a_{2\mu(2)} \cdots a_{n\mu(n)} \tag{4.4}$$

が得られる．n 次順列すべてにわたって和をとるとは，すべての n 次順列 $\sigma, \tau, \mu, \ldots$ をとり，それぞれに対して (4.2), (4.3), (4.4), $\ldots$ を計算して，それら $n!$ 個の和をとることを意味する．これが (4.1) の右辺に現れている $\sum$ の意味である．

先にも述べたように，以下の 2 つの例題は，本節における行列式の定義 4.20 が第 1 章における定義と一致することを示している．

第 1 章の定義 1.46 および定義 1.76 とは成分に使っている文字が異なるが，各自でしっかり確認してほしい．

例題 4.23 (2 次行列式)　定義に従って

$$\begin{vmatrix} a_{11} & a_{12} \\ a_{21} & a_{22} \end{vmatrix} = a_{11}a_{22} - a_{12}a_{21}$$

であることを確かめよ．

［解答］ 2 次の順列は

$$\sigma = (1 \ \ 2), \quad \tau = (2 \ \ 1) \tag{4.5}$$

の 2 つであり，これらの符号は

$$\operatorname{sgn}(\sigma) = 1, \quad \operatorname{sgn}(\tau) = -1 \tag{4.6}$$

である．したがって，定義より

$\sigma(1) = 1$, $\sigma(2) = 2$, $\tau(1) = 2$, $\tau(2) = 1$ である．

$$\begin{vmatrix} a_{11} & a_{12} \\ a_{21} & a_{22} \end{vmatrix} = \operatorname{sgn}(\sigma)a_{1\sigma(1)}a_{2\sigma(2)} + \operatorname{sgn}(\tau)a_{1\tau(1)}a_{2\tau(2)} = a_{11}a_{22} - a_{12}a_{21} \tag{4.7}$$

となり示された．　□

例題 4.24 (サラスの公式)　定義に従って

$$\begin{vmatrix} a_{11} & a_{12} & a_{13} \\ a_{21} & a_{22} & a_{23} \\ a_{31} & a_{32} & a_{33} \end{vmatrix} = a_{11}a_{22}a_{33} + a_{12}a_{23}a_{31} + a_{13}a_{21}a_{32} - a_{11}a_{23}a_{32} - a_{12}a_{21}a_{33} - a_{13}a_{22}a_{31}$$

であることを確かめよ．

［解答］ 例題 4.17 により，6 つの 3 次順列について

$$\operatorname{sgn}(1\ \ 2\ \ 3) = 1, \quad \operatorname{sgn}(1\ \ 3\ \ 2) = -1, \quad \operatorname{sgn}(2\ \ 1\ \ 3) = -1,$$
$$\operatorname{sgn}(2\ \ 3\ \ 1) = 1, \quad \operatorname{sgn}(3\ \ 1\ \ 2) = 1, \quad \operatorname{sgn}(3\ \ 2\ \ 1) = -1$$

である．したがって定義より

$$\begin{aligned}\begin{vmatrix} a_{11} & a_{12} & a_{13} \\ a_{21} & a_{22} & a_{23} \\ a_{31} & a_{32} & a_{33} \end{vmatrix} &= a_{11}a_{22}a_{33} - a_{11}a_{23}a_{32} - a_{12}a_{21}a_{33} \\ &\qquad + a_{12}a_{23}a_{31} + a_{13}a_{21}a_{32} - a_{13}a_{22}a_{31} \\ &= a_{11}a_{22}a_{33} + a_{12}a_{23}a_{31} + a_{13}a_{21}a_{32} \\ &\qquad - a_{11}a_{23}a_{32} - a_{12}a_{21}a_{33} - a_{13}a_{22}a_{31}\end{aligned}$$

となり示された．　□

問 4.25 次の行列式を計算せよ.

(1) $\begin{vmatrix} -2 & -3 \\ 1 & 5 \end{vmatrix}$ (2) $\begin{vmatrix} 1 & 3 & -2 \\ 3 & 2 & -1 \\ 0 & 4 & 2 \end{vmatrix}$

例題 4.26 ある行のすべての成分が 0 であれば行列式は 0 であること，すなわち，任意の i について

$$i)\begin{vmatrix} a_{11} & a_{12} & \cdots & a_{1n} \\ & \cdots & \cdots & \\ 0 & 0 & \cdots & 0 \\ & \cdots & \cdots & \\ a_{n1} & a_{n2} & \cdots & a_{nn} \end{vmatrix} = 0$$

が成り立つことを示せ.

[解答] 第 i 行の成分がすべて 0 であるから，$a_{ij} = 0$ がすべての j に対して成り立つ．したがって，任意の n 次順列 σ に対して，$a_{i\sigma(i)} = 0$ より

$$\operatorname{sgn}(\sigma)a_{1\sigma(1)}a_{2\sigma(2)}\cdots a_{i\sigma(i)}\cdots a_{n\sigma(n)} = 0$$

であるから，それらの和をとることで定義 4.20 から結論を得る. □

定義 4.27 n 次正方行列 $A = (a_{ij})$ が

$$a_{ij} = 0 \qquad (i > j \text{ のとき}) \tag{4.8}$$

を満たすとき，A を**上三角行列**という．すなわち，上三角行列 $A = (a_{ij})$ は

$$\begin{pmatrix} a_{11} & a_{12} & \cdots & \cdots & a_{1n} \\ 0 & a_{22} & \cdots & \cdots & a_{2n} \\ 0 & 0 & a_{33} & \cdots & a_{3n} \\ \vdots & \vdots & & \ddots & \vdots \\ 0 & 0 & \cdots & 0 & a_{nn} \end{pmatrix}$$

という形の行列のことである.

同様に，n 次正方行列 $A = (a_{ij})$ が

$$a_{ij} = 0 \qquad (i < j \text{ のとき}) \tag{4.9}$$

を満たすとき，A を**下三角行列**という．すなわち，下三角行列 $A = (a_{ij})$ は

$$\begin{pmatrix} a_{11} & 0 & \cdots & \cdots & 0 \\ a_{12} & a_{22} & 0 & \cdots & 0 \\ \vdots & \vdots & \ddots & & \vdots \\ \vdots & \vdots & & \ddots & 0 \\ a_{n1} & a_{n2} & \cdots & \cdots & a_{nn} \end{pmatrix}$$

という形の行列のことである．上三角行列と下三角行列を総称して，**三角行列**という．

例題 4.28　上三角行列について

$$\begin{vmatrix} a_{11} & a_{12} & \cdots & \cdots & a_{1n} \\ 0 & a_{22} & \cdots & \cdots & a_{2n} \\ 0 & 0 & a_{33} & \cdots & a_{3n} \\ & \cdots & \cdots & \cdots & \\ 0 & 0 & \cdots & 0 & a_{nn} \end{vmatrix} = a_{11}a_{22}\cdots a_{nn}$$

を証明せよ．

［解答］　定義 4.20 に従って左辺を計算する．定義より，$i > j$ のとき $a_{ij} = 0$ が成り立つことに注意する．n 次順列 σ が $\sigma(n) \neq n$ であれば，$\sigma(n) < n$ より $a_{n\sigma(n)} = 0$ であるから

$$\mathrm{sgn}(\sigma)a_{1\sigma(1)}a_{2\sigma(2)}\cdots a_{n\sigma(n)} = 0$$

となる．そこで，$\sigma(n) = n$ を満たす n 次順列 σ について $\sigma(n-1) \neq n-1$ であるならば，順列の中に同じ数は二度現れることはないことと $\sigma(n) = n$ であることから $\sigma(n-1) < n-1$ である．すると

$$\mathrm{sgn}(\sigma)a_{1\sigma(1)}a_{2\sigma(2)}\cdots a_{n-1\sigma(n-1)}a_{nn} = 0$$

となる．以下同様にして，定義式 (4.1) の右辺の各項で 0 と異なるのは，$\sigma(n) = n$，$\sigma(n-1) = n-1$，…，$\sigma(2) = 2$，$\sigma(1) = 1$ を満たすもの，すなわち，基本順列のみであることがわかる．基本順列に対応する定義式 (4.1) の右辺の項は

$$a_{11}a_{22}\cdots a_{nn}$$

であるから，結論を得る．　□

系 4.29　単位行列 I について $|I| = 1$ である．

問 4.30　下三角行列について同様の公式を証明せよ．

注意 4.31　上三角行列あるいは下三角行列のような特殊な行列を除き，4 次以上の行列式を定義に従って計算することはまったく実際的ではない．以下の節で証明するさまざまな公式を駆使することにより，4 次以上の行列式を計算することが可能になる．

たとえば 4 次行列式には 24 個の項が現れる．

注意 4.32　第 1 章では 2 次，3 次の行列式を表すために

$$\det(\boldsymbol{a}\ \ \boldsymbol{b}), \qquad \det(\boldsymbol{a}\ \ \boldsymbol{b}\ \ \boldsymbol{c})$$

という記号も用いていた．(p.17 および p.24 参照．) 任意次数の行列式に対しても，同様の記号を用いることがある．すなわち

$$\begin{vmatrix} a_{11} & a_{12} & \cdots & a_{1n} \\ a_{21} & a_{22} & \cdots & a_{2n} \\ & \cdots & \cdots & \\ a_{n1} & a_{n2} & \cdots & a_{nn} \end{vmatrix} = \det(\boldsymbol{a}_1 \ \ \boldsymbol{a}_2 \ \ \cdots \ \ \boldsymbol{a}_n) \tag{4.10}$$

と書く．ただし

$$\boldsymbol{a}_1 = \begin{pmatrix} a_{11} \\ a_{21} \\ \vdots \\ a_{n1} \end{pmatrix}, \quad \boldsymbol{a}_2 = \begin{pmatrix} a_{12} \\ a_{22} \\ \vdots \\ a_{n2} \end{pmatrix}, \quad \cdots, \quad \boldsymbol{a}_n \begin{pmatrix} a_{1n} \\ a_{2n} \\ \vdots \\ a_{nn} \end{pmatrix}$$

である．

4.3 行列式の性質 I

本節では，行列の行基本変形に対応した行列式の性質を述べる．ここでは $n=3$ の場合についてのみ証明を与え，詳細は Web「行列式の性質 I (任意次数の場合)」に譲る．

定理 4.33 等式

$$i)\begin{vmatrix} a_{11} & a_{12} & \cdots & a_{1n} \\ & \cdots & \cdots & \\ a_{i1}+b_{i1} & a_{i2}+b_{i2} & \cdots & a_{in}+b_{in} \\ & \cdots & \cdots & \\ a_{n1} & a_{n2} & \cdots & a_{nn} \end{vmatrix}$$

$$= i)\begin{vmatrix} a_{11} & a_{12} & \cdots & a_{1n} \\ & \cdots & \cdots & \\ a_{i1} & a_{i2} & \cdots & a_{in} \\ & \cdots & \cdots & \\ a_{n1} & a_{n2} & \cdots & a_{nn} \end{vmatrix} + \begin{vmatrix} a_{11} & a_{12} & \cdots & a_{1n} \\ & \cdots & \cdots & \\ b_{i1} & b_{i2} & \cdots & b_{in} \\ & \cdots & \cdots & \\ a_{n1} & a_{n2} & \cdots & a_{nn} \end{vmatrix} (i \tag{4.11}$$

が成り立つ．すなわち，行の和の行列式はそれぞれの行列式の和に等しい．

[証明] $n=3$ かつ $i=1$ の場合，すなわち

$$\begin{vmatrix} a_{11}+b_{11} & a_{12}+b_{12} & a_{13}+b_{13} \\ a_{21} & a_{22} & a_{23} \\ a_{31} & a_{32} & a_{33} \end{vmatrix} = \begin{vmatrix} a_{11} & a_{12} & a_{13} \\ a_{21} & a_{22} & a_{23} \\ a_{31} & a_{32} & a_{33} \end{vmatrix} + \begin{vmatrix} b_{11} & b_{12} & b_{13} \\ a_{21} & a_{22} & a_{23} \\ a_{31} & a_{32} & a_{33} \end{vmatrix}$$

を証明する．定義より

ここでは，3 次順列を $(\alpha \ \beta \ \gamma)$ と表した．

$$(\text{左辺}) = \sum_{(\alpha\ \beta\ \gamma)} \operatorname{sgn}(\alpha\ \beta\ \gamma)(a_{1\alpha}+b_{1\alpha})a_{2\beta}a_{3\gamma}$$

$$
\begin{aligned}
&= \sum_{(\alpha\ \beta\ \gamma)} \{\mathrm{sgn}(\alpha\ \beta\ \gamma) a_{1\alpha} a_{2\beta} a_{3\gamma} + \mathrm{sgn}(\alpha\ \beta\ \gamma) b_{1\alpha} a_{2\beta} a_{3\gamma}\} \\
&= \sum_{(\alpha\ \beta\ \gamma)} \mathrm{sgn}(\alpha\ \beta\ \gamma) a_{1\alpha} a_{2\beta} a_{3\gamma} + \sum_{(\alpha\ \beta\ \gamma)} \mathrm{sgn}(\alpha\ \beta\ \gamma) b_{1\alpha} a_{2\beta} a_{3\gamma} \\
&= (\text{右辺})
\end{aligned}
$$

となり示された. □

問 4.34 $n=3$ かつ $i=2,\ 3$ の場合について等式 (4.11) を確かめよ.

定理 4.35 等式

$$
i)\begin{vmatrix} a_{11} & a_{12} & \cdots & a_{1n} \\ & \cdots & \cdots & \\ \lambda a_{i1} & \lambda a_{i2} & \cdots & \lambda a_{in} \\ & \cdots & \cdots & \\ a_{n1} & a_{n2} & \cdots & a_{nn} \end{vmatrix} = \lambda \begin{vmatrix} a_{11} & a_{12} & \cdots & a_{1n} \\ & \cdots & \cdots & \\ a_{i1} & a_{i2} & \cdots & a_{in} \\ & \cdots & \cdots & \\ a_{n1} & a_{n2} & \cdots & a_{nn} \end{vmatrix} (i \qquad (4.12)
$$

が成り立つ. すなわち, 1 つの行から共通因数をくくり出すことができる.

[証明] $n=3$ かつ $i=1$ の場合, すなわち

$$
\begin{vmatrix} \lambda a_{11} & \lambda a_{12} & \lambda a_{13} \\ a_{21} & a_{22} & a_{23} \\ a_{31} & a_{32} & a_{33} \end{vmatrix} = \lambda \begin{vmatrix} a_{11} & a_{12} & a_{13} \\ a_{21} & a_{22} & a_{23} \\ a_{31} & a_{32} & a_{33} \end{vmatrix}
$$

を示す. 定義より

$$
\begin{aligned}
(\text{左辺}) &= \sum_{(\alpha\ \beta\ \gamma)} \mathrm{sgn}(\alpha\ \beta\ \gamma)(\lambda a_{1\alpha}) a_{2\beta} a_{3\gamma} \\
&= \lambda \sum_{(\alpha\ \beta\ \gamma)} \mathrm{sgn}(\alpha\ \beta\ \gamma) a_{1\alpha} a_{2\beta} a_{3\gamma} \\
&= (\text{右辺})
\end{aligned}
$$

となり示された. □

問 4.36 $n=3$ かつ $i=2,\ 3$ の場合について等式 (4.12) を確かめよ.

定理 4.37 等式

$$
\begin{matrix} \\ \\ i) \\ \\ j) \\ \\ \\ \end{matrix}
\begin{vmatrix} a_{11} & a_{12} & \cdots & a_{1n} \\ & \cdots & \cdots & \\ a_{j1} & a_{j2} & \cdots & a_{jn} \\ & \cdots & \cdots & \\ a_{i1} & a_{i2} & \cdots & a_{in} \\ & \cdots & \cdots & \\ a_{n1} & a_{n2} & \cdots & a_{nn} \end{vmatrix} = - \begin{vmatrix} a_{11} & a_{12} & \cdots & a_{1n} \\ & \cdots & \cdots & \\ a_{i1} & a_{i2} & \cdots & a_{in} \\ & \cdots & \cdots & \\ a_{j1} & a_{j2} & \cdots & a_{jn} \\ & \cdots & \cdots & \\ a_{n1} & a_{n2} & \cdots & a_{nn} \end{vmatrix}
\begin{matrix} \\ \\ (i \\ \\ (j \\ \\ \\ \end{matrix} \qquad (4.13)
$$

が成り立つ. すなわち, 2 つの行を入れ替えると行列式の値は (-1) 倍になる.

［証明］ $n=3$ かつ $i=1,\ j=2$ の場合，すなわち

$$\begin{vmatrix} a_{21} & a_{22} & a_{23} \\ a_{11} & a_{12} & a_{13} \\ a_{31} & a_{32} & a_{33} \end{vmatrix} = -\begin{vmatrix} a_{11} & a_{12} & a_{13} \\ a_{21} & a_{22} & a_{23} \\ a_{31} & a_{32} & a_{33} \end{vmatrix}$$

を示す．補題 4.19 より $\mathrm{sgn}(\alpha\ \ \beta\ \ \gamma) = -\mathrm{sgn}(\beta\ \ \alpha\ \ \gamma)$ であるから，定義より

$$\begin{aligned}(\text{左辺}) &= \sum_{(\alpha\ \beta\ \gamma)} \mathrm{sgn}(\alpha\ \beta\ \gamma) a_{2\alpha} a_{1\beta} a_{3\gamma} \\ &= \sum_{(\alpha\ \beta\ \gamma)} \{-\mathrm{sgn}(\beta\ \alpha\ \gamma) a_{1\beta} a_{2\alpha} a_{3\gamma}\} \\ &= -\sum_{(\alpha\ \beta\ \gamma)} \mathrm{sgn}(\beta\ \alpha\ \gamma) a_{1\beta} a_{2\alpha} a_{3\gamma} \\ &= (\text{右辺})\end{aligned}$$

となり示された． □

問 4.38 $n=3$ かつ $i=1,\ j=3$ および $i=2,\ j=3$ の場合について等式 (4.13) を確かめよ．

系 4.39 等式

$$\begin{matrix} \\ \\ i) \\ \\ j) \\ \\ \\ \end{matrix}\begin{vmatrix} a_{11} & a_{12} & \cdots & a_{1n} \\ & \cdots & \cdots & \\ a_{i1} & a_{i2} & \cdots & a_{in} \\ & \cdots & \cdots & \\ a_{i1} & a_{i2} & \cdots & a_{in} \\ & \cdots & \cdots & \\ a_{n1} & a_{n2} & \cdots & a_{nn} \end{vmatrix} = 0 \tag{4.14}$$

が成り立つ．すなわち，2 つの行が等しい行列式の値は 0 である．

［証明］ $n=3$ かつ $i=1,\ j=2$ の場合，すなわち

$$\begin{vmatrix} a_{11} & a_{12} & a_{13} \\ a_{11} & a_{12} & a_{13} \\ a_{31} & a_{32} & a_{33} \end{vmatrix} = 0$$

を示す．第 1 行と第 2 行を入れ替えることにより，定理 4.37 から

$$\begin{vmatrix} a_{11} & a_{12} & a_{13} \\ a_{11} & a_{12} & a_{13} \\ a_{31} & a_{32} & a_{33} \end{vmatrix} = -\begin{vmatrix} a_{11} & a_{12} & a_{13} \\ a_{11} & a_{12} & a_{13} \\ a_{31} & a_{32} & a_{33} \end{vmatrix}$$

が成り立つ．これから

$$2\begin{vmatrix} a_{11} & a_{12} & a_{13} \\ a_{11} & a_{12} & a_{13} \\ a_{31} & a_{32} & a_{33} \end{vmatrix} = 0$$

となり，結論を得る． □

例 4.40

$$\begin{vmatrix} 1 & -1 & 3 \\ 1 & -1 & 3 \\ -2 & 7 & 5 \end{vmatrix} = 0$$

問 4.41 $n=3$ かつ $i=1,\ j=3$ および $i=2,\ j=3$ の場合について等式 (4.14) を確かめよ.

定理 4.42 等式

$$\begin{array}{r} \\ \\ i) \\ \\ j) \\ \\ \\ \end{array}\begin{vmatrix} a_{11} & a_{12} & \cdots & a_{1n} \\ & \cdots & \cdots & \\ a_{i1}+\lambda a_{j1} & a_{i2}+\lambda a_{j2} & \cdots & a_{in}+\lambda a_{jn} \\ & \cdots & \cdots & \\ a_{j1} & a_{j2} & \cdots & a_{jn} \\ & \cdots & \cdots & \\ a_{n1} & a_{n2} & \cdots & a_{nn} \end{vmatrix}$$

$$= \begin{vmatrix} a_{11} & a_{12} & \cdots & a_{1n} \\ & \cdots & \cdots & \\ a_{i1} & a_{i2} & \cdots & a_{in} \\ & \cdots & \cdots & \\ a_{j1} & a_{j2} & \cdots & a_{jn} \\ & \cdots & \cdots & \\ a_{n1} & a_{n2} & \cdots & a_{nn} \end{vmatrix}\begin{array}{l} \\ \\ (i \\ \\ (j \\ \\ \\ \end{array} \tag{4.15}$$

が成り立つ. すなわち, 1 つの行の定数倍を他の行に加えても行列式の値は変わらない.

［証明］ $n=3$ かつ $i=1,\ j=2$ の場合, すなわち

$$\begin{vmatrix} a_{11}+\lambda a_{21} & a_{12}+\lambda a_{22} & a_{13}+\lambda a_{23} \\ a_{21} & a_{22} & a_{23} \\ a_{31} & a_{32} & a_{33} \end{vmatrix} = \begin{vmatrix} a_{11} & a_{12} & a_{13} \\ a_{21} & a_{22} & a_{23} \\ a_{31} & a_{32} & a_{33} \end{vmatrix}$$

を示す. 定理 4.33, 定理 4.35 および系 4.39 を用いて

$$\begin{aligned} (\text{左辺}) &= \begin{vmatrix} a_{11} & a_{12} & a_{13} \\ a_{21} & a_{22} & a_{23} \\ a_{31} & a_{32} & a_{33} \end{vmatrix} + \begin{vmatrix} \lambda a_{21} & \lambda a_{22} & \lambda a_{23} \\ a_{21} & a_{22} & a_{23} \\ a_{31} & a_{32} & a_{33} \end{vmatrix} \\ &= \begin{vmatrix} a_{11} & a_{12} & a_{13} \\ a_{21} & a_{22} & a_{23} \\ a_{31} & a_{32} & a_{33} \end{vmatrix} + \lambda \begin{vmatrix} a_{21} & a_{22} & a_{23} \\ a_{21} & a_{22} & a_{23} \\ a_{31} & a_{32} & a_{33} \end{vmatrix} \\ &= \begin{vmatrix} a_{11} & a_{12} & a_{13} \\ a_{21} & a_{22} & a_{23} \\ a_{31} & a_{32} & a_{33} \end{vmatrix} \\ &= (\text{右辺}) \end{aligned}$$

となり示された. □

問 4.43 $n=3$ として，$i=1$, $j=3$ などの残された場合について等式 (4.15) を証明せよ．

ここまでに述べたなかで，行列式の計算に最も重要な役割を果たすのは次の 3 つの性質である．

行に関する行列式の性質

(1) 1 つの行から共通因数をくくり出すことができる．
(2) 2 つの行を入れ替えると行列式の値は (-1) 倍になる．
(3) 1 つの行の定数倍を他の行に加えても行列式の値は変わらない．

例題 4.44 次の行列式を計算せよ．

(1) $\begin{vmatrix} 2 & 1 & -3 \\ 1 & 3 & 1 \\ 3 & 2 & -2 \end{vmatrix}$ (2) $\begin{vmatrix} 1 & 2 & -1 & 2 \\ 2 & 2 & -1 & 1 \\ -1 & -1 & 1 & -1 \\ 2 & 1 & -1 & 2 \end{vmatrix}$

［解答］ 定理 4.35，定理 4.37 および定理 4.42 を用いて，上三角行列の行列式へと帰着する．

ここに示した変形は，あくまで一例である．他の手順も試みよ．

(1)
$$\begin{vmatrix} 2 & 1 & -3 \\ 1 & 3 & 1 \\ 3 & 2 & -2 \end{vmatrix} = -\begin{vmatrix} 1 & 3 & 1 \\ 2 & 1 & -3 \\ 3 & 2 & -2 \end{vmatrix} \quad \times(-2)$$
$$= -\begin{vmatrix} 1 & 3 & 1 \\ 0 & -5 & -5 \\ 3 & 2 & -2 \end{vmatrix} \quad \times(-3)$$
$$= -\begin{vmatrix} 1 & 3 & 1 \\ 0 & -5 & -5 \\ 0 & -7 & -5 \end{vmatrix} \quad (-5) \text{ をくくりだす}$$
$$= 5\begin{vmatrix} 1 & 3 & 1 \\ 0 & 1 & 1 \\ 0 & -7 & -5 \end{vmatrix} \quad \times 7$$
$$= 5\begin{vmatrix} 1 & 3 & 1 \\ 0 & 1 & 1 \\ 0 & 0 & 2 \end{vmatrix} = 5\cdot 2 = 10$$

(2)
$$\begin{vmatrix} 1 & 2 & -1 & 2 \\ 2 & 2 & -1 & 1 \\ -1 & -1 & 1 & -1 \\ 2 & 1 & -1 & 2 \end{vmatrix} \quad \times(-2) \quad \times(-2) \quad = \begin{vmatrix} 1 & 2 & -1 & 2 \\ 0 & -2 & 1 & -3 \\ 0 & 1 & 0 & 1 \\ 0 & -3 & 1 & -2 \end{vmatrix}$$

$$= -\begin{vmatrix} 1 & 2 & -1 & 2 \\ 0 & 1 & 0 & 1 \\ 0 & -2 & 1 & -3 \\ 0 & -3 & 1 & -2 \end{vmatrix} \quad (\times 2,\ \times 3)$$

$$= -\begin{vmatrix} 1 & 2 & -1 & 2 \\ 0 & 1 & 0 & 1 \\ 0 & 0 & 1 & -1 \\ 0 & 0 & 1 & 1 \end{vmatrix} \quad (\times(-1))$$

$$= -\begin{vmatrix} 1 & 2 & -1 & 2 \\ 0 & 1 & 0 & 1 \\ 0 & 0 & 1 & -1 \\ 0 & 0 & 0 & 2 \end{vmatrix} = -2 \qquad \square$$

注意 4.45 行列の行基本変形と，上の例題における行列式の計算を混同してはいけない．行列の行基本変形を行うと，その対象である行列は「変形」されて変形前の行列とは等しくない．したがって，行基本変形は = ではなく ⟶ で表されていた．一方，上の例題のような行列式の計算では，行列式の値を考えており，= で結ばれなければならない．

問 4.46 次の行列式を計算せよ．

(1) $\begin{vmatrix} 1 & 2 & -1 \\ 151 & 300 & -149 \\ -100 & -199 & 101 \end{vmatrix}$ (2) $\begin{vmatrix} 1 & 1 & 3 & 0 \\ 0 & 1 & 2 & 0 \\ 1 & 5 & 7 & 2 \\ 3 & 3 & 6 & 3 \end{vmatrix}$ (3) $\begin{vmatrix} 2 & 3 & 2 & 4 \\ 3 & -2 & 1 & 2 \\ 3 & 2 & 3 & 4 \\ 1 & -2 & 1 & 3 \end{vmatrix}$

例題 4.47 等式

$$\begin{vmatrix} 1 & a & a^2 \\ 1 & b & b^2 \\ 1 & c & c^2 \end{vmatrix} = (a-b)(b-c)(c-a)$$

を証明せよ．

[解答] これまで同様，上三角行列の行列式に帰着する．

$$\begin{vmatrix} 1 & a & a^2 \\ 1 & b & b^2 \\ 1 & c & c^2 \end{vmatrix} \ (\times(-1)) = \begin{vmatrix} 1 & a & a^2 \\ 0 & b-a & b^2-a^2 \\ 1 & c & c^2 \end{vmatrix} \ (\times(-1))$$

$$= \begin{vmatrix} 1 & a & a^2 \\ 0 & b-a & b^2-a^2 \\ 0 & c-a & c^2-a^2 \end{vmatrix} \quad \text{|}\ (b-a)\ \text{をくくり出す}$$

$$= (b-a)\begin{vmatrix} 1 & a & a^2 \\ 0 & 1 & b+a \\ 0 & c-a & c^2-a^2 \end{vmatrix} \quad \text{|}\ (c-a)\ \text{をくくり出す}$$

$$= (b-a)(c-a)\begin{vmatrix} 1 & a & a^2 \\ 0 & 1 & b+a \\ 0 & 1 & c+a \end{vmatrix} \begin{matrix} \\ \urcorner \times(-1) \\ \hookleftarrow \end{matrix}$$

$$= (b-a)(c-a)\begin{vmatrix} 1 & a & a^2 \\ 0 & 1 & b+a \\ 0 & 0 & c-b \end{vmatrix}$$

$$= (b-a)(c-a)(c-b)$$

$$= (a-b)(b-c)(c-a) \qquad \square$$

問 4.48 等式

$$\begin{vmatrix} 1 & a & a^3 \\ 1 & b & b^3 \\ 1 & c & c^3 \end{vmatrix} = (a-b)(b-c)(c-a)(a+b+c)$$

を証明せよ．

ここまで述べた行列式の行に関する性質は，列に関しても同様に成立する．証明は各自で考えてみよ．

列に関する行列式の性質

(1) 1つの列から共通因数をくくり出すことができる．

(2) 2つの列を入れ替えると行列式の値は (-1) 倍になる．

(3) 1つの列の定数倍を他の列に加えても行列式の値は変わらない．

注意 4.49 列に関する行列式の性質は，記号 (4.10) を用いるとみやすい．たとえば，3 次行列式について

$$\begin{aligned}
&\det(\boldsymbol{a}+\boldsymbol{a}' \ \ \boldsymbol{b} \ \ \boldsymbol{c}) = \det(\boldsymbol{a} \ \ \boldsymbol{b} \ \ \boldsymbol{c}) + \det(\boldsymbol{a}' \ \ \boldsymbol{b} \ \ \boldsymbol{c}), \\
&\det(\lambda\boldsymbol{a} \ \ \boldsymbol{b} \ \ \boldsymbol{c}) = \lambda\det(\boldsymbol{a} \ \ \boldsymbol{b} \ \ \boldsymbol{c}), \\
&\det(\boldsymbol{b} \ \ \boldsymbol{a} \ \ \boldsymbol{c}) = -\det(\boldsymbol{a} \ \ \boldsymbol{b} \ \ \boldsymbol{c}), \\
&\det(\boldsymbol{a} \ \ \boldsymbol{a} \ \ \boldsymbol{c}) = 0, \\
&\det(\boldsymbol{a}+\lambda\boldsymbol{b} \ \ \boldsymbol{b} \ \ \boldsymbol{c}) = \det(\boldsymbol{a} \ \ \boldsymbol{b} \ \ \boldsymbol{c})
\end{aligned}$$

などと書き表すことができる．他の場合についても各自で確認してほしい．

本節で述べた行列式の性質は，行列の行基本変形と結びついている．ここでは，後に必要となる以下の補題を示そう．

補題 4.50 n 次正方行列 A に行基本変形を一度行って得られる n 次正方行列を B とする．このとき，ある $\lambda \neq 0$ が存在して，等式

$$|B| = \lambda|A| \tag{4.16}$$

が成り立つ．

［証明］　3 種類の行基本変形について，それぞれ確かめればよい．

A の第 i 行を $c \neq 0$ 倍して B が得られた場合，定理 4.35 より $|B| = c|A|$ である．A の第 i 行に第 j 行の c 倍を加えて B が得られた場合，定理 4.42 より $|B| = |A|$ である．A の第 i 行と第 j 行を入れ替えて B が得られた場合，定理 4.37 より $|B| = -|A|$ である．以上，すべての場合について等式 (4.16) が成り立つ．□

系 4.51　n 次正方行列 A に有限回の行基本変形を行って得られた行列を B とする．このとき，ある $\lambda \neq 0$ により

$$|B| = \lambda|A|$$

が成り立つ．

［証明］　補題 4.50 を繰り返し適用すればよい．□

本節の最後に次の重要な定理を証明しよう．

定理 4.52　n 次正方行列 A に対して次は同値である．

(1)　$|A| \neq 0$

(2)　$\operatorname{rank} A = n$

定理 3.49 から，この定理の (2) は A が正則行列であることと同値である．このことについては，4.5 節の定理 4.73 で再度述べる．

［証明］　A の階段行列 (定義 3.20, p.75) を B とする．このとき，定義 3.20 より $\operatorname{rank} A = \operatorname{rank} B$ であることに注意する．一方，B は A に行基本変形を有限回行って得られる行列であるから，系 4.51 により，ある $\lambda \neq 0$ が存在して $|B| = \lambda|A|$ が成り立つ．

ここで $\operatorname{rank} A = n$ と仮定すれば，$\operatorname{rank} B = n$ より B は単位行列 I と一致し，$\lambda|A| = |B| = |I| = 1$ から $|A| \neq 0$ がわかる．また $\operatorname{rank} A < n$ と仮定すれば，$\operatorname{rank} B < n$ より B の第 n 行の成分はすべて 0 であり，例題 4.26 から $|B| = 0$ が成り立つ．したがって $\lambda|A| = 0$ であり，$\lambda \neq 0$ から $|A| = 0$ を得る．□

4.4　行列式の展開

本節では，行列式の展開とよばれる公式を述べる．これらの公式は，行列式を計算するためだけではなく，理論的な側面からも重要である．

前節同様，本節でも 3 次行列式の場合についてのみ証明し，任意次数の行列式については Web「行列式の展開 (任意次数の場合)」で証明する．

定義 4.53 (余因子)　正方行列 $A = (a_{ij})$ に対して，A の第 i 行および第 j 列を取り除いて得られる (次数が 1 つ小さい) 正方行列を A_{ij} とし，

記号~はチルダ (tilde) と読む.

正方行列 $B = (b_{ij})$ に対する (i,j) 余因子は $\tilde{b}_{ij}$ で表す.

$$\tilde{a}_{ij} = (-1)^{i+j}|A_{ij}|$$

を A の (i,j) **余因子**とよぶ.

例 4.54 2 次正方行列

$$A = \begin{pmatrix} a_{11} & a_{12} \\ a_{21} & a_{22} \end{pmatrix}$$

に対して

$$\tilde{a}_{11} = (-1)^2 a_{22} = a_{22}, \quad \tilde{a}_{12} = (-1)^3 a_{21} = -a_{21},$$
$$\tilde{a}_{21} = (-1)^3 a_{12} = -a_{12}, \quad \tilde{a}_{22} = (-1)^4 a_{11} = a_{11}$$

である. たとえば

$$A = \begin{pmatrix} a_{11} & a_{12} \\ a_{21} & a_{22} \end{pmatrix} = \begin{pmatrix} 2 & 5 \\ 3 & -1 \end{pmatrix}$$

に対して

$$\tilde{a}_{11} = -1, \ \tilde{a}_{12} = -3, \ \tilde{a}_{21} = -5, \ \tilde{a}_{22} = 2$$

である.

例 4.55 3 次正方行列

$$A = \begin{pmatrix} a_{11} & a_{12} & a_{13} \\ a_{21} & a_{22} & a_{23} \\ a_{31} & a_{32} & a_{33} \end{pmatrix}$$

に対して

$$\tilde{a}_{11} = (-1)^2 \begin{vmatrix} a_{22} & a_{23} \\ a_{32} & a_{33} \end{vmatrix} = \begin{vmatrix} a_{22} & a_{23} \\ a_{32} & a_{33} \end{vmatrix},$$
$$\tilde{a}_{12} = (-1)^3 \begin{vmatrix} a_{21} & a_{23} \\ a_{31} & a_{33} \end{vmatrix} = -\begin{vmatrix} a_{21} & a_{23} \\ a_{31} & a_{33} \end{vmatrix},$$
$$\tilde{a}_{13} = (-1)^4 \begin{vmatrix} a_{21} & a_{22} \\ a_{31} & a_{32} \end{vmatrix} = \begin{vmatrix} a_{21} & a_{22} \\ a_{31} & a_{32} \end{vmatrix},$$
$$\tilde{a}_{21} = (-1)^3 \begin{vmatrix} a_{12} & a_{13} \\ a_{32} & a_{33} \end{vmatrix} = -\begin{vmatrix} a_{12} & a_{13} \\ a_{32} & a_{33} \end{vmatrix},$$
$$\tilde{a}_{22} = (-1)^4 \begin{vmatrix} a_{11} & a_{13} \\ a_{31} & a_{33} \end{vmatrix} = \begin{vmatrix} a_{11} & a_{13} \\ a_{31} & a_{33} \end{vmatrix},$$
$$\tilde{a}_{23} = (-1)^5 \begin{vmatrix} a_{11} & a_{12} \\ a_{31} & a_{32} \end{vmatrix} = -\begin{vmatrix} a_{11} & a_{12} \\ a_{31} & a_{32} \end{vmatrix},$$
$$\tilde{a}_{31} = (-1)^4 \begin{vmatrix} a_{12} & a_{13} \\ a_{22} & a_{23} \end{vmatrix} = \begin{vmatrix} a_{12} & a_{13} \\ a_{22} & a_{23} \end{vmatrix},$$
$$\tilde{a}_{32} = (-1)^5 \begin{vmatrix} a_{11} & a_{13} \\ a_{21} & a_{23} \end{vmatrix} = -\begin{vmatrix} a_{11} & a_{13} \\ a_{21} & a_{23} \end{vmatrix},$$
$$\tilde{a}_{33} = (-1)^6 \begin{vmatrix} a_{11} & a_{12} \\ a_{21} & a_{22} \end{vmatrix} = \begin{vmatrix} a_{11} & a_{12} \\ a_{21} & a_{22} \end{vmatrix}$$

である．たとえば

$$A=\begin{pmatrix}a_{11} & a_{12} & a_{13}\\ a_{21} & a_{22} & a_{23}\\ a_{31} & a_{32} & a_{33}\end{pmatrix}=\begin{pmatrix}1 & -1 & 2\\ -4 & 1 & 3\\ 2 & 1 & -1\end{pmatrix}$$

に対して

$$\tilde{a}_{11}=\begin{vmatrix}1 & 3\\ 1 & -1\end{vmatrix}=-4,\qquad \tilde{a}_{12}=-\begin{vmatrix}-4 & 3\\ 2 & -1\end{vmatrix}=2,$$

$$\tilde{a}_{13}=\begin{vmatrix}-4 & 1\\ 2 & 1\end{vmatrix}=-6,$$

$$\tilde{a}_{21}=-\begin{vmatrix}-1 & 2\\ 1 & -1\end{vmatrix}=1,\quad \tilde{a}_{22}=\begin{vmatrix}1 & 2\\ 2 & -1\end{vmatrix}=-5,$$

$$\tilde{a}_{23}=-\begin{vmatrix}1 & -1\\ 2 & 1\end{vmatrix}=-3,$$

$$\tilde{a}_{31}=\begin{vmatrix}-1 & 2\\ 1 & 3\end{vmatrix}=-5,\qquad \tilde{a}_{32}=-\begin{vmatrix}1 & 2\\ -4 & 3\end{vmatrix}=-11,$$

$$\tilde{a}_{33}=\begin{vmatrix}1 & -1\\ -4 & 1\end{vmatrix}=-3$$

である．

注意 4.56　(i,j) 余因子の符号 $(-1)^{i+j}$ は

$$\begin{pmatrix}+ & - & + & - & \cdots\\ - & + & - & + & \cdots\\ + & - & + & - & \cdots\\ \vdots & \vdots & \vdots & \vdots & \end{pmatrix}$$

となる．

後の展開公式 (4.17) を証明するために，まず次の補題を証明する．

補題 4.57　等式

$$\begin{vmatrix}a_{11} & a_{12} & \cdots & a_{1\,n-1} & a_{1n}\\ a_{21} & a_{22} & \cdots & a_{2\,n-1} & a_{2n}\\ & \cdots & \cdots & \cdots & \\ a_{n-1\,1} & a_{n-1\,2} & \cdots & a_{n-1\,n-1} & a_{n-1\,n}\\ 0 & 0 & \cdots & 0 & a_{nn}\end{vmatrix}$$

$$=a_{nn}\begin{vmatrix}a_{11} & a_{12} & \cdots & a_{1\,n-1}\\ a_{21} & a_{22} & \cdots & a_{2\,n-1}\\ & \cdots & \cdots & \cdots\\ a_{n-1\,1} & a_{n-1\,2} & \cdots & a_{n-1\,n-1}\end{vmatrix}$$

が成り立つ．

[証明] n 次順列 σ が $\sigma(n) \neq n$ を満たせば，$a_{n\sigma(n)} = 0$ より

$$\mathrm{sgn}(\sigma) a_{1\sigma(1)} a_{2\sigma(2)} \cdots a_{n\sigma(n)} = 0$$

である．$\sigma(n) = n$ を満たす n 次順列は $(n-1)$ 次順列とみなすことができるから，

$$\begin{aligned}(\text{左辺}) &= \sum_{\sigma(n)=n} \mathrm{sgn}(\sigma) a_{1\sigma(1)} a_{2\sigma(2)} \cdots a_{n-1\sigma(n-1)} a_{nn} \\ &= a_{nn} \sum \mathrm{sgn}(\sigma) a_{1\sigma(1)} a_{2\sigma(2)} \cdots a_{n-1\sigma(n-1)} \\ &= (\text{右辺})\end{aligned}$$

となり示された． □

問 4.58 次の等式が成り立つことを証明せよ．

$$\begin{vmatrix} a_{11} & a_{12} & \cdots & a_{1\,n-1} & 0 \\ a_{21} & a_{22} & \cdots & a_{2\,n-1} & 0 \\ & \cdots & \cdots & \cdots & \\ a_{n-1\,1} & a_{n-1\,2} & \cdots & a_{n-1\,n-1} & 0 \\ a_{n1} & a_{n2} & \cdots & a_{n\,n-1} & a_{nn} \end{vmatrix} = a_{nn} \begin{vmatrix} a_{11} & a_{12} & \cdots & a_{1\,n-1} \\ a_{21} & a_{22} & \cdots & a_{2\,n-1} \\ & \cdots & \cdots & \cdots \\ a_{n-1\,1} & a_{n-1\,2} & \cdots & a_{n-1\,n-1} \end{vmatrix}$$

定理 4.59 $A = (a_{ij})$ を n 次正方行列，$\tilde{a}_{ij}$ を A の (i, j) 余因子とする．このとき任意の i について

$$\begin{aligned}|A| = {}_{i)}\begin{vmatrix} a_{11} & a_{12} & \cdots & a_{1n} \\ & \cdots & \cdots & \\ a_{i1} & a_{i2} & \cdots & a_{in} \\ & \cdots & \cdots & \\ a_{n1} & a_{n2} & \cdots & a_{nn} \end{vmatrix} \\ = a_{i1}\tilde{a}_{i1} + a_{i2}\tilde{a}_{i2} + \cdots + a_{in}\tilde{a}_{in} \qquad (4.17)\end{aligned}$$

が成り立つ．これを行列式の**第 i 行に関する展開**とよぶ．

[証明] 3 次行列式で $i = 1$ の場合に証明する．すなわち

$$\begin{vmatrix} a_{11} & a_{12} & a_{13} \\ a_{21} & a_{22} & a_{23} \\ a_{31} & a_{32} & a_{33} \end{vmatrix} = a_{11}\tilde{a}_{11} + a_{12}\tilde{a}_{12} + a_{13}\tilde{a}_{13}$$

を示す．定理 4.37 により

$$\begin{vmatrix} a_{11} & a_{12} & a_{13} \\ a_{21} & a_{22} & a_{23} \\ a_{31} & a_{32} & a_{33} \end{vmatrix} = -\begin{vmatrix} a_{21} & a_{22} & a_{23} \\ a_{11} & a_{12} & a_{13} \\ a_{31} & a_{32} & a_{33} \end{vmatrix} = \begin{vmatrix} a_{21} & a_{22} & a_{23} \\ a_{31} & a_{32} & a_{33} \\ a_{11} & a_{12} & a_{13} \end{vmatrix}$$

であり，定理 4.33，列に関する定理 4.37，および補題 4.57 を用いて

$$= \begin{vmatrix} a_{21} & a_{22} & a_{23} \\ a_{31} & a_{32} & a_{33} \\ a_{11} & 0 & 0 \end{vmatrix} + \begin{vmatrix} a_{21} & a_{22} & a_{23} \\ a_{31} & a_{32} & a_{33} \\ 0 & a_{12} & a_{13} \end{vmatrix}$$

$$= \begin{vmatrix} a_{21} & a_{22} & a_{23} \\ a_{31} & a_{32} & a_{33} \\ a_{11} & 0 & 0 \end{vmatrix} + \begin{vmatrix} a_{21} & a_{22} & a_{23} \\ a_{31} & a_{32} & a_{33} \\ 0 & a_{12} & 0 \end{vmatrix} + \begin{vmatrix} a_{21} & a_{22} & a_{23} \\ a_{31} & a_{32} & a_{33} \\ 0 & 0 & a_{13} \end{vmatrix}$$

$$= -\begin{vmatrix} a_{22} & a_{21} & a_{23} \\ a_{32} & a_{31} & a_{33} \\ 0 & a_{11} & 0 \end{vmatrix} - \begin{vmatrix} a_{21} & a_{23} & a_{22} \\ a_{31} & a_{33} & a_{32} \\ 0 & 0 & a_{12} \end{vmatrix} + \begin{vmatrix} a_{21} & a_{22} & a_{23} \\ a_{31} & a_{32} & a_{33} \\ 0 & 0 & a_{13} \end{vmatrix}$$

$$= \begin{vmatrix} a_{22} & a_{23} & a_{21} \\ a_{32} & a_{33} & a_{31} \\ 0 & 0 & a_{11} \end{vmatrix} - \begin{vmatrix} a_{21} & a_{23} & a_{22} \\ a_{31} & a_{33} & a_{32} \\ 0 & 0 & a_{12} \end{vmatrix} + \begin{vmatrix} a_{21} & a_{22} & a_{23} \\ a_{31} & a_{32} & a_{33} \\ 0 & 0 & a_{13} \end{vmatrix}$$

$$= a_{11}\begin{vmatrix} a_{22} & a_{23} \\ a_{32} & a_{33} \end{vmatrix} - a_{12}\begin{vmatrix} a_{21} & a_{23} \\ a_{31} & a_{33} \end{vmatrix} + a_{13}\begin{vmatrix} a_{21} & a_{22} \\ a_{31} & a_{32} \end{vmatrix}$$

$$= a_{11}\tilde{a}_{11} + a_{12}\tilde{a}_{12} + a_{13}\tilde{a}_{13}$$

となり示された．　□

問 4.60　3 次行列式の第 2 行，第 3 行に関する展開公式を証明せよ．

列に関する展開も同様に成立する．

定理 4.61　$A = (a_{ij})$ を n 次正方行列，$\tilde{a}_{ij}$ を A の (i, j) 余因子とする．このとき任意の j について

$$|A| = \begin{vmatrix} a_{11} & \vdots & a_{1j} & \vdots & a_{1n} \\ a_{21} & \vdots & a_{2j} & \vdots & a_{2n} \\ \vdots & \vdots & \vdots & \vdots & \vdots \\ a_{n1} & & a_{nj} & & a_{nn} \end{vmatrix}$$

$$= a_{1j}\tilde{a}_{1j} + a_{2j}\tilde{a}_{2j} + \cdots + a_{nj}\tilde{a}_{nj} \tag{4.18}$$

が成り立つ．これを行列式の**第 j 列に関する展開**とよぶ．

問 4.62　3 次行列式について第 1 列，第 2 列，第 3 列に関する展開公式を証明せよ．

次の系は行列式を計算する際にしばしば用いられる.

系 4.63　等式

$$\begin{vmatrix} a_{11} & a_{12} & \ldots & a_{1n} \\ 0 & a_{22} & \cdots & a_{2n} \\ \vdots & \vdots & \ddots & \vdots \\ 0 & a_{n2} & \cdots & a_{nn} \end{vmatrix} = a_{11} \begin{vmatrix} a_{22} & \cdots & a_{2n} \\ \vdots & \ddots & \vdots \\ a_{n2} & \cdots & a_{nn} \end{vmatrix}$$

が成り立つ.

［証明］　第 1 列に関する展開公式より直ちにわかる.　□

例題 4.64　次の行列式を計算せよ.

$$(1)\ \begin{vmatrix} 3 & 1 & 2 \\ -7 & -1 & -5 \\ 6 & 0 & 1 \end{vmatrix} \qquad (2)\ \begin{vmatrix} 1 & -2 & 2 & -2 \\ 0 & 1 & -1 & 3 \\ -2 & 5 & 4 & 2 \\ 1 & 0 & 3 & 4 \end{vmatrix} \qquad (3)\ \begin{vmatrix} 2 & 1 & 1 & 0 \\ 1 & 1 & -1 & 1 \\ 3 & 0 & 0 & 5 \\ 0 & -2 & 1 & 3 \end{vmatrix}$$

［解答］

$$(1)\ \begin{vmatrix} 3 & 1 & 2 \\ -7 & -1 & -5 \\ 6 & 0 & 1 \end{vmatrix} \begin{array}{l} \urcorner \\ \hookleftarrow \\ \end{array} = \begin{vmatrix} 3 & 1 & 2 \\ -4 & 0 & -3 \\ 6 & 0 & 1 \end{vmatrix} = -\begin{vmatrix} -4 & -3 \\ 6 & 1 \end{vmatrix}$$

$$= -(-4-(-18)) = -14$$

$$(2)\ \begin{vmatrix} 1 & -2 & 2 & -2 \\ 0 & 1 & -1 & 3 \\ -2 & 5 & 4 & 2 \\ 1 & 0 & 3 & 4 \end{vmatrix} \begin{array}{ll} \urcorner^{\times 2} & \urcorner^{\times(-1)} \\ & \\ \hookleftarrow & \\ \longleftarrow & \end{array}$$

$$= \begin{vmatrix} 1 & -2 & 2 & -2 \\ 0 & 1 & -1 & 3 \\ 0 & 1 & 8 & -2 \\ 0 & 2 & 1 & 6 \end{vmatrix} = \begin{vmatrix} 1 & -1 & 3 \\ 1 & 8 & -2 \\ 2 & 1 & 6 \end{vmatrix} \begin{array}{ll} \urcorner^{\times(-1)} & \urcorner^{\times(-2)} \\ \hookleftarrow & \\ \longleftarrow & \end{array}$$

$$= \begin{vmatrix} 1 & -1 & 3 \\ 0 & 9 & -5 \\ 0 & 3 & 0 \end{vmatrix} = \begin{vmatrix} 9 & -5 \\ 3 & 0 \end{vmatrix} = 15$$

$$(3)\ \begin{vmatrix} 2 & 1 & 1 & 0 \\ 1 & 1 & -1 & 1 \\ 3 & 0 & 0 & 5 \\ 0 & -2 & 1 & 3 \end{vmatrix} = 3\begin{vmatrix} 1 & 1 & 0 \\ 1 & -1 & 1 \\ -2 & 1 & 3 \end{vmatrix} - 5\begin{vmatrix} 2 & 1 & 1 \\ 1 & 1 & -1 \\ 0 & -2 & 1 \end{vmatrix}$$

$$= 3\left(\begin{vmatrix} -1 & 1 \\ 1 & 3 \end{vmatrix} - \begin{vmatrix} 1 & 1 \\ -2 & 3 \end{vmatrix}\right)$$

$$- 5\left(2\begin{vmatrix} 1 & -1 \\ -2 & 1 \end{vmatrix} - \begin{vmatrix} 1 & 1 \\ -2 & 1 \end{vmatrix}\right)$$

$$= 3(-4-5) - 5(-2-3) = -27 + 25 = -2$$　□

問 4.65　次の行列式を計算せよ．

(1) $\begin{vmatrix} 2 & 3 & -1 \\ 4 & 0 & 2 \\ 3 & 1 & -2 \end{vmatrix}$　　(2) $\begin{vmatrix} 1 & 2 & 3 & 4 \\ 0 & 1 & 6 & 5 \\ 1 & 4 & 5 & 6 \\ -1 & 3 & 2 & -5 \end{vmatrix}$

(3) $\begin{vmatrix} -2 & 1 & -2 & 3 \\ 1 & -2 & 3 & -4 \\ -4 & 3 & -2 & 1 \\ 3 & -2 & 1 & -2 \end{vmatrix}$　　(4) $\begin{vmatrix} 2 & -3 & 1 & 3 \\ 3 & 1 & -5 & -2 \\ -2 & -4 & 2 & 3 \\ 3 & -1 & 1 & 2 \end{vmatrix}$

4.5　余因子行列と逆行列

本節では，正方行列に対してその余因子を用いて余因子行列を定義し，その性質を調べる．まず，次の補題を示す．

補題 4.66　$A = (a_{ij})$ を n 次正方行列，$\tilde{a}_{ij}$ を A の (i, j) 余因子とする．このとき，任意の i, j に対して

$$a_{i1}\tilde{a}_{j1} + a_{i2}\tilde{a}_{j2} + \cdots + a_{in}\tilde{a}_{jn} = \begin{cases} |A| & (i = j \text{ のとき}), \\ 0 & (i \neq j \text{ のとき}) \end{cases} \tag{4.19}$$

が成り立つ．同様に，任意の k, l に対して

$$a_{1k}\tilde{a}_{1l} + a_{2k}\tilde{a}_{2l} + \cdots + a_{nk}\tilde{a}_{nl} = \begin{cases} |A| & (k = l \text{ のとき}), \\ 0 & (k \neq l \text{ のとき}) \end{cases} \tag{4.20}$$

が成り立つ．

［証明］　$i = j$ の場合は定理 4.59 ですでに述べた．$n = 3$ として，$i \neq j$ の場合に (4.19) を証明する．たとえば $i = 2,\ j = 1$ とする．系 4.39 より

$$0 = \begin{vmatrix} a_{21} & a_{22} & a_{23} \\ a_{21} & a_{22} & a_{23} \\ a_{31} & a_{32} & a_{33} \end{vmatrix}$$

が成り立つ．そこで右辺を第 1 行に関して展開すると

$$\begin{aligned} 0 &= \begin{vmatrix} a_{21} & a_{22} & a_{23} \\ a_{21} & a_{22} & a_{23} \\ a_{31} & a_{32} & a_{33} \end{vmatrix} \\ &= a_{21}\begin{vmatrix} a_{22} & a_{23} \\ a_{32} & a_{33} \end{vmatrix} - a_{22}\begin{vmatrix} a_{21} & a_{23} \\ a_{31} & a_{33} \end{vmatrix} + a_{23}\begin{vmatrix} a_{21} & a_{22} \\ a_{31} & a_{32} \end{vmatrix} \\ &= a_{21}\tilde{a}_{11} + a_{22}\tilde{a}_{12} + a_{23}\tilde{a}_{13} \end{aligned}$$

となり示された．他の i, j についても同様に示すことができる．

また，定理 4.61 を用いることにより (4.20) も同様に証明される．　□

並べ方に注意せよ! すなわち，A の (i,j) 余因子 $\tilde{a}_{ij}$ を余因子行列 $\widetilde{A}$ の (j,i) 成分におく.

定義 4.67 $A=(a_{ij})$ を n 次正方行列，$\tilde{a}_{ij}$ を A の (i,j) 余因子とする．このとき，n 次正方行列 $\widetilde{A}$ を

$$\widetilde{A}=\begin{pmatrix} \tilde{a}_{11} & \tilde{a}_{21} & \cdots & \tilde{a}_{n1} \\ \tilde{a}_{12} & \tilde{a}_{22} & \cdots & \tilde{a}_{n2} \\ & \cdots & \cdots & \\ \tilde{a}_{1n} & \tilde{a}_{2n} & \cdots & \tilde{a}_{nn} \end{pmatrix}$$

と定め，これを A の**余因子行列**とよぶ.

B の余因子行列は $\widetilde{B}$ と書く.

次の定理は簡潔でありながら非常に重要である.

定理 4.68 A を正方行列，$\widetilde{A}$ をその余因子行列とする．このとき，

$$A\widetilde{A}=\widetilde{A}A=|A|I \qquad (I \text{ は単位行列})$$

が成立する.

［証明］ 定義より

$$A\widetilde{A}=\begin{pmatrix} a_{11} & a_{12} & \cdots & a_{1n} \\ & \cdots & \cdots & \\ a_{i1} & a_{i2} & \cdots & a_{in} \\ & \cdots & \cdots & \\ a_{n1} & a_{n2} & \cdots & a_{nn} \end{pmatrix}\begin{pmatrix} \tilde{a}_{11} & \cdots & \tilde{a}_{j1} & \cdots & \tilde{a}_{n1} \\ \tilde{a}_{12} & \cdots & \tilde{a}_{j2} & \cdots & \tilde{a}_{n2} \\ & \cdots & & \cdots & \\ & \cdots & & \cdots & \\ \tilde{a}_{1n} & \cdots & \tilde{a}_{jn} & \cdots & a_{nn} \end{pmatrix}$$

であるから，補題 4.66 の (4.19) から，積 $A\widetilde{A}$ の (i,j) 成分は

$$a_{i1}\tilde{a}_{j1}+a_{i2}\tilde{a}_{j2}+\cdots+a_{in}\tilde{a}_{jn}=\begin{cases} |A| & (i=j \text{ のとき}), \\ 0 & (i\neq j \text{ のとき}) \end{cases}$$

である．したがって

$$A\widetilde{A}=\begin{pmatrix} |A| & 0 & 0 & \cdots & 0 \\ 0 & |A| & 0 & \cdots & 0 \\ 0 & 0 & |A| & \cdots & 0 \\ & \cdots & \cdots & \cdots & \\ 0 & 0 & 0 & \cdots & |A| \end{pmatrix}=|A|I$$

がわかる．同様に，補題 4.66 の (4.20) から $\widetilde{A}A=|A|I$ もわかる. □

この定理の応用として逆行列の公式を得る.

定理 4.69 正方行列 A が $|A|\neq 0$ を満たすならば A は正則行列であり，逆行列 A^{-1} について

$$A^{-1}=\frac{1}{|A|}\widetilde{A}$$

が成り立つ．ただし $\widetilde{A}$ は A の余因子行列を表す.

［証明］　定理 4.68 から

$$A\left(\frac{1}{|A|}\widetilde{A}\right) = \frac{1}{|A|}A\widetilde{A} = \frac{1}{|A|}|A|I = I$$

および

$$\left(\frac{1}{|A|}\widetilde{A}\right)A = \frac{1}{|A|}\widetilde{A}A = \frac{1}{|A|}|A|I = I$$

が成り立つから，A は正則で

$$A^{-1} = \frac{1}{|A|}\widetilde{A}$$

である． □

例 4.70　2 次正方行列

$$A = \begin{pmatrix} a_{11} & a_{12} \\ a_{21} & a_{22} \end{pmatrix}$$

に対して，その余因子は

$$\tilde{a}_{11} = a_{22}, \quad \tilde{a}_{12} = -a_{21}, \quad \tilde{a}_{21} = -a_{12}, \quad \tilde{a}_{22} = a_{11}$$

であるから (例 4.54)

$$\widetilde{A} = \begin{pmatrix} a_{22} & -a_{12} \\ -a_{21} & a_{11} \end{pmatrix}$$

となる．これから

$$\begin{aligned} A\widetilde{A} &= \begin{pmatrix} a_{11} & a_{12} \\ a_{21} & a_{22} \end{pmatrix}\begin{pmatrix} a_{22} & -a_{12} \\ -a_{21} & a_{11} \end{pmatrix} \\ &= \begin{pmatrix} a_{11}a_{22} - a_{12}a_{21} & 0 \\ 0 & a_{11}a_{22} - a_{12}a_{21} \end{pmatrix} = \begin{pmatrix} |A| & 0 \\ 0 & |A| \end{pmatrix} = |A|I \end{aligned}$$

となる．同様に

$$\begin{aligned} \widetilde{A}A &= \begin{pmatrix} a_{22} & -a_{12} \\ -a_{21} & a_{11} \end{pmatrix}\begin{pmatrix} a_{11} & a_{12} \\ a_{21} & a_{22} \end{pmatrix} \\ &= \begin{pmatrix} a_{11}a_{22} - a_{12}a_{21} & 0 \\ 0 & a_{11}a_{22} - a_{12}a_{21} \end{pmatrix} = |A|I \end{aligned}$$

も成立する．したがって，$|A| = a_{11}a_{22} - a_{12}a_{21} \neq 0$ のとき

$$A^{-1} = \frac{1}{|A|}\widetilde{A} = \frac{1}{a_{11}a_{22} - a_{12}a_{21}}\begin{pmatrix} a_{22} & -a_{12} \\ -a_{21} & a_{11} \end{pmatrix}$$

である．

この公式はすでに第 2 章の定理 2.21 において証明されていた．

例題 4.71　行列

$$A = \begin{pmatrix} 2 & -1 & 3 \\ 1 & -2 & -2 \\ 1 & -1 & -1 \end{pmatrix}$$

について余因子行列，行列式および逆行列を求めよ．

第 3 章で述べたように，行基本変形を用いて逆行列を求めることもできる．本節の方法と比較してみよ．

［解答］ A の (i, j) 余因子を $\tilde{a}_{ij}$ と書く．このとき

$$\tilde{a}_{11} = \begin{vmatrix} -2 & -2 \\ -1 & -1 \end{vmatrix} = 0, \qquad \tilde{a}_{12} = -\begin{vmatrix} 1 & -2 \\ 1 & -1 \end{vmatrix} = -1,$$
$$\tilde{a}_{13} = \begin{vmatrix} 1 & -2 \\ 1 & -1 \end{vmatrix} = 1, \qquad \tilde{a}_{21} = -\begin{vmatrix} -1 & 3 \\ -1 & -1 \end{vmatrix} = -4,$$
$$\tilde{a}_{22} = \begin{vmatrix} 2 & 3 \\ 1 & -1 \end{vmatrix} = -5, \qquad \tilde{a}_{23} = -\begin{vmatrix} 2 & -1 \\ 1 & -1 \end{vmatrix} = 1,$$
$$\tilde{a}_{31} = \begin{vmatrix} -1 & 3 \\ -2 & -2 \end{vmatrix} = 8, \qquad \tilde{a}_{32} = -\begin{vmatrix} 2 & 3 \\ 1 & -2 \end{vmatrix} = 7,$$
$$\tilde{a}_{33} = \begin{vmatrix} 2 & -1 \\ 1 & -2 \end{vmatrix} = -3$$

である．したがって，A の余因子行列 $\widetilde{A}$ は

$$\widetilde{A} = \begin{pmatrix} 0 & -4 & 8 \\ -1 & -5 & 7 \\ 1 & 1 & -3 \end{pmatrix}$$

である．さらに

$$A\widetilde{A} = \begin{pmatrix} 2 & -1 & 3 \\ 1 & -2 & -2 \\ 1 & -1 & -1 \end{pmatrix} \begin{pmatrix} 0 & -4 & 8 \\ -1 & -5 & 7 \\ 1 & 1 & -3 \end{pmatrix} = \begin{pmatrix} 4 & 0 & 0 \\ 0 & 4 & 0 \\ 0 & 0 & 4 \end{pmatrix}$$

となり，公式 $A\widetilde{A} = |A|I$ から $|A| = 4$ がわかる．したがって A の逆行列は

もちろんサラスの公式を用いて $|A|$ を求めることもできる．

$$A^{-1} = \frac{1}{|A|}\widetilde{A} = \frac{1}{4}\begin{pmatrix} 0 & -4 & 8 \\ -1 & -5 & 7 \\ 1 & 1 & -3 \end{pmatrix}$$

である．

問 4.72 次の行列の余因子行列，行列式および逆行列を求めよ．

(1) $\begin{pmatrix} -2 & 3 \\ 1 & -5 \end{pmatrix}$ (2) $\begin{pmatrix} 2 & -1 & 1 \\ 5 & 2 & -1 \\ 1 & 1 & 0 \end{pmatrix}$ (3) $\begin{pmatrix} 1 & -2 & -2 \\ 2 & -1 & 3 \\ 1 & -1 & -1 \end{pmatrix}$

本節の最後に，正方行列の正則性に関する重要な定理を証明する．

定理 4.73 n 次正方行列 A について，次の条件は同値である．

(1) $|A| \neq 0$ が成り立つ．

(2) A は正則行列である．

(3) 任意の連立 1 次方程式 $A\boldsymbol{x} = \boldsymbol{b}$ は，ただ 1 つの解をもつ．

(4) $A\boldsymbol{x} = \boldsymbol{0}$ を満たす $\boldsymbol{x}$ は $\boldsymbol{x} = \boldsymbol{0}$ に限る．

(5) $\operatorname{rank} A = n$ が成り立つ．

［証明］ (1) $\Rightarrow$ (2) $\Rightarrow$ (3) $\Rightarrow$ (4) $\Rightarrow$ (5) $\Rightarrow$ (1) の順に示せばよい．

(1) $\Longrightarrow$ (2) はすでに定理 4.69 において示されている．

(2) $\Longrightarrow$ (3) を示す．A が正則行列であると仮定すれば，A は逆行列 A^{-1} をもつ．したがって，連立 1 次方程式

$$A\boldsymbol{x} = \boldsymbol{b}$$

は，両辺に左から A^{-1} を掛けることにより，ただ 1 つの解 $\boldsymbol{x} = A^{-1}\boldsymbol{b}$ をもつ．

(3) を仮定すれば，$\boldsymbol{b} = \boldsymbol{0}$ とすることにより直ちに (4) が従う．

次に (4) $\Longrightarrow$ (5) を示す．もし (5) が成り立たない，すなわち $\operatorname{rank} A < n$ であるとすると，定理 3.36 の (2) により，連立 1 次方程式

$$A\boldsymbol{x} = \boldsymbol{0}$$

の解が無限個存在し，これは条件 (4) に反する．したがって (4) $\Longrightarrow$ (5) が示された．

(5) $\Longrightarrow$ (1) はすでに定理 4.52 において証明されている． □

この定理をいい換えることにより，直ちに次の系を得る．

系 4.74 n 次正方行列 A について，次の条件は同値である．

(1) $|A| = 0$ が成り立つ．

(2) A は正則行列ではない．

(3) $A\boldsymbol{x} = \boldsymbol{0}$ を満たす $\boldsymbol{x} \neq \boldsymbol{0}$ が存在する．

(4) $\operatorname{rank} A < n$ である．

4.6 クラメルの公式

第 3 章で述べた行基本変形による連立 1 次方程式の解法は，いかなる連立 1 次方程式にも適用可能な，一般的な解法である．しかし，変数の個数と方程式の個数が一致する場合，すなわち正方行列 A を用いて

$$A\boldsymbol{x} = \boldsymbol{b}$$

と表される連立 1 次方程式については，仮定 $|A| \neq 0$ のもとで，行列式を用いて解を表すクラメルの公式が知られている．本節では，これまでに述べた行列式の性質を用いて，このクラメルの公式を証明する．

定理 4.75 (クラメルの公式) 連立 1 次方程式

$$\begin{cases} a_{11}x_1 + a_{12}x_2 + \cdots + a_{1n}x_n = b_1 \\ a_{21}x_1 + a_{22}x_2 + \cdots + a_{2n}x_n = b_2 \\ \qquad\cdots \\ a_{n1}x_1 + a_{n2}x_2 + \cdots + a_{nn}x_n = b_n \end{cases} \tag{4.21}$$

の係数行列の行列式が

$$\begin{vmatrix} a_{11} & a_{12} & \cdots & a_{1n} \\ a_{21} & a_{22} & \cdots & a_{2n} \\ & \cdots & \cdots & \\ a_{n1} & a_{n2} & \cdots & a_{nn} \end{vmatrix} \neq 0 \tag{4.22}$$

を満たすとき，この連立 1 次方程式の解は

$$x_j = \frac{\begin{vmatrix} a_{11} & \cdots & \overset{j}{\smile}\!\!\!\!b_1 & \cdots & a_{1n} \\ a_{21} & \cdots & b_2 & \cdots & a_{2n} \\ & \cdots & & \cdots & \\ a_{n1} & \cdots & b_n & \cdots & a_{nn} \end{vmatrix}}{\begin{vmatrix} a_{11} & \cdots & a_{1j} & \cdots & a_{1n} \\ a_{21} & \cdots & a_{2j} & \cdots & a_{2n} \\ & \cdots & & \cdots & \\ a_{n1} & \cdots & \underset{\frown\atop j}{a_{nj}} & \cdots & a_{nn} \end{vmatrix}} \qquad (j = 1, 2, \ldots, n)$$

である．

任意の n に対しても同じ考え方で証明できる．各自で試みよ．

［証明］ 簡単のため $n = 3$ として証明する．x_1, x_2, x_3 をあらためて x, y, z と書くと，与えられた連立 1 次方程式 (4.21) は

$$\begin{cases} a_{11}x + a_{12}y + a_{13}z = b_1 \\ a_{21}x + a_{22}y + a_{23}z = b_2 \\ a_{31}x + a_{32}y + a_{33}z = b_3 \end{cases} \tag{4.23}$$

となる．係数行列を

$$A = \begin{pmatrix} a_{11} & a_{12} & a_{13} \\ a_{21} & a_{22} & a_{23} \\ a_{31} & a_{32} & a_{33} \end{pmatrix}$$

とし，

$$\boldsymbol{x} = \begin{pmatrix} x \\ y \\ z \end{pmatrix}, \qquad \boldsymbol{b} = \begin{pmatrix} b_1 \\ b_2 \\ b_3 \end{pmatrix}$$

とおけば，連立 1 次方程式 (4.23) は

$$A\boldsymbol{x} = \boldsymbol{b}$$

と表される．仮定より $|A| \neq 0$ であるから，定理 4.73 によりこの連立 1 次方程式はただ 1 つの解をもつ．さらに

$$\boldsymbol{a}_1 = \begin{pmatrix} a_{11} \\ a_{21} \\ a_{31} \end{pmatrix}, \quad \boldsymbol{a}_2 = \begin{pmatrix} a_{12} \\ a_{22} \\ a_{32} \end{pmatrix}, \quad \boldsymbol{a}_3 = \begin{pmatrix} a_{13} \\ a_{23} \\ a_{33} \end{pmatrix}$$

とおくと，連立 1 次方程式 (4.23) の解 x，y，z に対して

$$x\boldsymbol{a}_1 + y\boldsymbol{a}_2 + z\boldsymbol{a}_3 = \boldsymbol{b}$$

が成り立ち，

$$\begin{aligned}\det(\boldsymbol{b}\ \ \boldsymbol{a}_2\ \ \boldsymbol{a}_3) &= \det(x\boldsymbol{a}_1 + y\boldsymbol{a}_2 + z\boldsymbol{a}_3\ \ \boldsymbol{a}_2\ \ \boldsymbol{a}_3)\\ &= x\det(\boldsymbol{a}_1\ \ \boldsymbol{a}_2\ \ \boldsymbol{a}_3) + y\det(\boldsymbol{a}_2\ \ \boldsymbol{a}_2\ \ \boldsymbol{a}_3) + z\det(\boldsymbol{a}_3\ \ \boldsymbol{a}_2\ \ \boldsymbol{a}_3)\\ &= x\det(\boldsymbol{a}_1\ \ \boldsymbol{a}_2\ \ \boldsymbol{a}_3)\end{aligned}$$

列に関する行列式の性質 (注意 4.49) を用いた.

から

$$x = \frac{\det(\boldsymbol{b}\ \ \boldsymbol{a}_2\ \ \boldsymbol{a}_3)}{\det(\boldsymbol{a}_1\ \ \boldsymbol{a}_2\ \ \boldsymbol{a}_3)} = \frac{\begin{vmatrix} b_1 & a_{12} & a_{13} \\ b_2 & a_{22} & a_{23} \\ b_3 & a_{32} & a_{33} \end{vmatrix}}{\begin{vmatrix} a_{11} & a_{12} & a_{13} \\ a_{21} & a_{22} & a_{23} \\ a_{31} & a_{32} & a_{33} \end{vmatrix}}$$

であることがわかる．同様に，$\det(\boldsymbol{a}_1\ \ \boldsymbol{b}\ \ \boldsymbol{a}_3)$ および $\det(\boldsymbol{a}_1\ \ \boldsymbol{a}_2\ \ \boldsymbol{b})$ を計算することにより

$$y = \frac{\det(\boldsymbol{a}_1\ \ \boldsymbol{b}\ \ \boldsymbol{a}_3)}{\det(\boldsymbol{a}_1\ \ \boldsymbol{a}_2\ \ \boldsymbol{a}_3)} = \frac{\begin{vmatrix} a_{11} & b_1 & a_{13} \\ a_{21} & b_2 & a_{23} \\ a_{31} & b_3 & a_{33} \end{vmatrix}}{\begin{vmatrix} a_{11} & a_{12} & a_{13} \\ a_{21} & a_{22} & a_{23} \\ a_{31} & a_{32} & a_{33} \end{vmatrix}},$$

$$z = \frac{\det(\boldsymbol{a}_1\ \ \boldsymbol{a}_2\ \ \boldsymbol{b})}{\det(\boldsymbol{a}_1\ \ \boldsymbol{a}_2\ \ \boldsymbol{a}_3)} = \frac{\begin{vmatrix} a_{11} & a_{12} & b_1 \\ a_{21} & a_{22} & b_2 \\ a_{31} & a_{32} & b_3 \end{vmatrix}}{\begin{vmatrix} a_{11} & a_{12} & a_{13} \\ a_{21} & a_{22} & a_{23} \\ a_{31} & a_{32} & a_{33} \end{vmatrix}}$$

であることがわかる． □

例題 4.76 クラメルの公式を用いて，連立 1 次方程式

$$\begin{cases} x - y + 2z = 3 \\ -2x + y + z = 0 \\ x + 2y = -1 \end{cases}$$

を解け．

[解答] 係数行列の行列式について

$$\begin{vmatrix} 1 & -1 & 2 \\ -2 & 1 & 1 \\ 1 & 2 & 0 \end{vmatrix} = -13 \neq 0$$

であるから，クラメルの公式を適用できる．したがって

$$x = \frac{1}{-13}\begin{vmatrix} 3 & -1 & 2 \\ 0 & 1 & 1 \\ -1 & 2 & 0 \end{vmatrix} = \frac{3}{13}, \qquad y = \frac{1}{-13}\begin{vmatrix} 1 & 3 & 2 \\ -2 & 0 & 1 \\ 1 & -1 & 0 \end{vmatrix} = -\frac{8}{13},$$

$$z = \frac{1}{-13}\begin{vmatrix} 1 & -1 & 3 \\ -2 & 1 & 0 \\ 1 & 2 & -1 \end{vmatrix} = \frac{14}{13}$$

である．

問 4.77 クラメルの公式を用いて，次の連立 1 次方程式を解け．

(1) $\begin{cases} 2x - 5y = -1 \\ 3x - 7y = 4 \end{cases}$ (2) $\begin{cases} x - 2y + 2z = -3 \\ x + 2y \qquad = 2 \\ 2x + \ y - \ z = 4 \end{cases}$

4.7 行列式の性質 II

行列式には，4.3 節，4.4 節で述べた諸公式以外にも，いくつか重要な性質がある．それらを本節にまとめておく．なお，詳細な証明は Web「行列式の性質 II (任意次数の場合)」に譲る．

定理 4.78 (積の行列式) 同じサイズの正方行列 A, B に対して

$$|AB| = |A|\,|B|$$

が成立する．

［証明］ 2 次正方行列の場合に限って証明する．注意 4.32 で述べたように，$A = (\boldsymbol{a}_1 \ \ \boldsymbol{a}_2)$ とおいて $|A| = \det(\boldsymbol{a}_1 \ \ \boldsymbol{a}_2)$ と表す．一方

$$B = \begin{pmatrix} b_{11} & b_{12} \\ b_{21} & b_{22} \end{pmatrix}$$

とおくと，

$$AB = (b_{11}\boldsymbol{a}_1 + b_{21}\boldsymbol{a}_2 \ \ b_{12}\boldsymbol{a}_1 + b_{22}\boldsymbol{a}_2)$$

であることは行列の積の定義から容易にわかる．したがって

$$\begin{aligned} |AB| &= \det(b_{11}\boldsymbol{a}_1 + b_{21}\boldsymbol{a}_2 \ \ b_{12}\boldsymbol{a}_1 + b_{22}\boldsymbol{a}_2) \\ &= b_{11}\det(\boldsymbol{a}_1 \ \ b_{12}\boldsymbol{a}_1 + b_{22}\boldsymbol{a}_2) + b_{21}\det(\boldsymbol{a}_2 \ \ b_{12}\boldsymbol{a}_1 + b_{22}\boldsymbol{a}_2) \\ &= b_{11}b_{12}\det(\boldsymbol{a}_1 \ \ \boldsymbol{a}_1) + b_{11}b_{22}\det(\boldsymbol{a}_1 \ \ \boldsymbol{a}_2) \\ &\qquad + b_{12}b_{21}\det(\boldsymbol{a}_2 \ \ \boldsymbol{a}_1) + b_{21}b_{22}\det(\boldsymbol{a}_2 \ \ \boldsymbol{a}_2) \end{aligned}$$

となる．注意 4.49 により

$$\det(\boldsymbol{a}_1 \ \ \boldsymbol{a}_1) = 0, \quad \det(\boldsymbol{a}_2 \ \ \boldsymbol{a}_1) = -\det(\boldsymbol{a}_1 \ \ \boldsymbol{a}_2), \quad \det(\boldsymbol{a}_2 \ \ \boldsymbol{a}_2) = 0$$

が成り立つから

$$
\begin{aligned}
|AB| &= b_{11}b_{22}\det(\boldsymbol{a}_1 \ \ \boldsymbol{a}_2) - b_{12}b_{21}\det(\boldsymbol{a}_1 \ \ \boldsymbol{a}_2) \\
&= \det(\boldsymbol{a}_1 \ \ \boldsymbol{a}_2)(b_{11}b_{22} - b_{12}b_{21}) \\
&= |A||B|
\end{aligned}
$$

が示された. □

定義 4.79　$m \times n$ 行列 A の行と列を入れ替えて得られる $n \times m$ 行列を A の**転置行列**とよび, ${}^tA$ で表す. すなわち

$$
A = \begin{pmatrix} a_{11} & a_{12} & \cdots & a_{1n} \\ a_{21} & a_{22} & \cdots & a_{2n} \\ & \cdots & \cdots & \\ a_{m1} & a_{m2} & \cdots & a_{mn} \end{pmatrix}
$$

のとき,

$$
{}^tA = \begin{pmatrix} a_{11} & a_{21} & & a_{m1} \\ a_{12} & a_{22} & \vdots & a_{m2} \\ \vdots & \vdots & \vdots & \vdots \\ a_{1n} & a_{2n} & & a_{mn} \end{pmatrix}
$$

である.

転置行列の性質については Web「行列の転置」を参照せよ.

t は転置 (transpose) を表す.

定理 4.80 (転置行列の行列式)　正方行列 A に対して

$$
|{}^tA| = |A|
$$

が成り立つ.

この定理によって, 行に関して成り立つ行列式の性質が列に関しても成り立つことが確かめられる.

[証明]　3 次正方行列の場合に証明する. すなわち

$$
A = \begin{pmatrix} a_1 & b_1 & c_1 \\ a_2 & b_2 & c_2 \\ a_3 & b_3 & c_3 \end{pmatrix}
$$

とする. このとき

$$
{}^tA = \begin{pmatrix} a_1 & a_2 & a_3 \\ b_1 & b_2 & b_3 \\ c_1 & c_2 & c_3 \end{pmatrix}
$$

であるから, サラスの公式により

$$
\begin{aligned}
|{}^tA| &= a_1b_2c_3 + a_2b_3c_1 + a_3b_1c_2 - a_1b_3c_2 - a_2b_1c_3 - a_3b_2c_1 \\
&= a_1b_2c_3 + b_1c_2a_3 + c_1a_2b_3 - a_1c_2b_3 - b_1a_2c_3 - c_1b_2a_3 \\
&= |A|
\end{aligned}
$$

となり示された. □

演習問題 4-A

[1] 次の行列式を計算せよ.

(1) $\begin{vmatrix} 250 & -150 & 100 \\ -10 & 6 & 4 \\ 1 & -5 & 3 \end{vmatrix}$ (2) $\begin{vmatrix} -4 & 3 & 2 \\ 1 & 1 & 3 \\ -3 & 2 & 1 \end{vmatrix}$

(3) $\begin{vmatrix} 99 & 100 & 101 \\ 100 & 102 & 103 \\ -33 & -65 & -66 \end{vmatrix}$ (4) $\begin{vmatrix} 3 & 2 & 4 & 1 \\ 1 & 1 & 3 & 2 \\ 2 & 2 & 3 & -1 \\ -2 & 1 & -2 & 1 \end{vmatrix}$

(5) $\begin{vmatrix} 1 & 2 & 3 & 0 \\ -1 & 4 & 3 & 2 \\ 2 & 3 & 1 & 4 \\ -2 & -3 & -1 & 1 \end{vmatrix}$ (6) $\begin{vmatrix} 1 & 2 & -1 & 3 \\ 2 & -1 & 1 & 1 \\ -1 & 2 & 4 & 3 \\ -2 & 2 & 1 & 5 \end{vmatrix}$

(7) $\begin{vmatrix} 1 & 2 & -1 & 1 \\ 2 & -3 & 2 & 1 \\ -1 & 3 & 0 & -3 \\ 1 & 4 & 2 & -6 \end{vmatrix}$ (8) $\begin{vmatrix} -2 & 1 & -3 & 1 \\ 1 & -1 & 1 & -1 \\ 5 & 3 & -1 & 5 \\ -1 & -1 & 2 & -2 \end{vmatrix}$

(9) $\begin{vmatrix} 1 & 1 & 1 & 1 \\ 1 & 2 & 1 & 2 \\ 1 & 1 & 1 & 2 \\ 1 & 1 & 2 & 1 \end{vmatrix}$ (10) $\begin{vmatrix} 4 & -1 & 0 & 0 \\ 3 & x & -1 & 0 \\ 2 & 0 & x & 1 \\ 1 & 0 & 0 & x \end{vmatrix}$

[2] 次の行列式を因数分解せよ.

(1) $\begin{vmatrix} 1 & b+c & b^2+c^2 \\ 1 & c+a & c^2+a^2 \\ 1 & a+b & a^2+b^2 \end{vmatrix}$ (2) $\begin{vmatrix} a & a & a & a \\ a & b & b & b \\ a & b & c & c \\ a & b & c & d \end{vmatrix}$

(3) $\begin{vmatrix} x-1 & 2 & 2 \\ 2 & x+2 & -1 \\ 2 & -1 & x+2 \end{vmatrix}$ (4) $\begin{vmatrix} x+1 & -3 & -1 & -3 \\ -3 & x-1 & -3 & 1 \\ -1 & -3 & x+1 & -3 \\ -3 & 1 & -3 & x-1 \end{vmatrix}$

[3] 次の行列の余因子行列, 行列式を求めよ. さらに逆行列が存在すれば, それを求めよ.

(1) $\begin{pmatrix} 3 & 2 \\ 4 & 1 \end{pmatrix}$ (2) $\begin{pmatrix} 2 & 1 & -3 \\ 1 & 3 & 1 \\ 3 & 2 & -3 \end{pmatrix}$ (3) $\begin{pmatrix} 2 & 1 & 3 \\ 1 & 3 & 1 \\ 3 & 2 & -4 \end{pmatrix}$

(4) $\begin{pmatrix} -1 & 1 & 2 \\ -3 & 2 & 1 \\ 0 & 1 & 2 \end{pmatrix}$ (5) $\begin{pmatrix} 2 & 1 & 3 \\ 1 & 2 & 1 \\ 1 & 4 & 0 \end{pmatrix}$ (6) $\begin{pmatrix} -1 & 2 & 1 \\ -5 & -2 & -3 \\ 2 & 5 & 4 \end{pmatrix}$

(7) $\begin{pmatrix} -2 & 1 & 0 \\ -3 & 2 & -1 \\ 1 & -3 & 2 \end{pmatrix}$ (8) $\begin{pmatrix} 1 & -5 & -2 \\ -3 & 7 & 1 \\ 2 & -3 & -1 \end{pmatrix}$

[4] クラメルの公式を用いて, 次の連立 1 次方程式を解け.

(1) $\begin{cases} x+2y=3 \\ 4x+5y=1 \end{cases}$ (2) $\begin{cases} 3x+2y+4z=1 \\ 2x-y+z=0 \\ x+2y+3z=1 \end{cases}$

(3) $\begin{cases} x+2y+z=6 \\ 3x+4y-2z=19 \\ 4x-2y+3z=5 \end{cases}$ (4) $\begin{cases} x+y+z=0 \\ 3x-5y-z=-28 \\ 4x-3y-2z=2 \end{cases}$

演習問題 4 - B

[**1**] n 次正方行列 A と実数 λ に対して

$$|\lambda A| = \lambda^n |A|$$

が成り立つことを証明せよ.

[**2**] 3 次行列式を注意 4.32 で述べたように $\det(\boldsymbol{a}_1\ \ \boldsymbol{a}_2\ \ \boldsymbol{a}_3)$ と表す.
$D = \det(\boldsymbol{a}_1\ \ \boldsymbol{a}_2\ \ \boldsymbol{a}_3)$ とおいて次の行列式を D を用いて表せ.

(1) $\det(-2\boldsymbol{a}_1\ \ \boldsymbol{a}_2\ \ \boldsymbol{a}_3)$

(2) $\det(3\boldsymbol{a}_1 + 2\boldsymbol{a}_2\ \ \boldsymbol{a}_2\ \ \boldsymbol{a}_3)$

(3) $\det(\boldsymbol{a}_2\ \ \boldsymbol{a}_3\ \ \boldsymbol{a}_1)$

(4) $\det(\boldsymbol{a}_1 - \boldsymbol{a}_2\ \ \boldsymbol{a}_1 + \boldsymbol{a}_2\ \ \boldsymbol{a}_3)$

(5) $\det(\boldsymbol{a}_1\ \ \boldsymbol{a}_1 - \boldsymbol{a}_2 + 2\boldsymbol{a}_3\ \ 2\boldsymbol{a}_1 - 5\boldsymbol{a}_2 + 7\boldsymbol{a}_3)$

(6) $\det(2\boldsymbol{a}_1 + \boldsymbol{a}_2 - \boldsymbol{a}_3\ \ \boldsymbol{a}_1 - 3\boldsymbol{a}_2 + 2\boldsymbol{a}_3\ \ 3\boldsymbol{a}_1 - 5\boldsymbol{a}_2 + \boldsymbol{a}_3)$

さらに, 3 次正方行列 A, B に対して

$$|AB| = |A|\,|B|$$

が成り立つことを示せ. (定理 4.78 の証明を参照せよ.)

[**3**] 行列 $\begin{pmatrix} 1 & -2 & 3 \\ -2 & -1 & 1 \\ a & -1 & 2 \end{pmatrix}$ が正則行列であるための必要十分条件を求め, 逆行列を求めよ.

[**4**] 連立 1 次方程式

$$\begin{cases} x - \ \ y + 3z = -1 \\ 2x + \ \ y - 3z = -1 \\ 3x + ay + 2z = -2 \end{cases}$$

がただ 1 つの解をもつような, 定数 a に関する条件を求めよ. さらに, その条件が満たされるときの解を求めよ.

[**5**] n 次正方行列 A が正則であるとき, 余因子行列 $\widetilde{A}$ について

$$|\widetilde{A}| = |A|^{n-1}$$

が成り立つことを証明せよ.

[**6**] 正方行列 A が正則であるとき, 逆行列 A^{-1} について

$$|A^{-1}| = \frac{1}{|A|}$$

が成り立つことを証明せよ.

[**7**] 正方行列 A が $A^2 = A$ を満たすとき, $|A| = 0$ または $|A| = 1$ であることを証明せよ. さらに, $|A| = 1$ ならば $A = I$ であることを証明せよ.

[**8**] 正方行列 A は, ${}^tA = -A$ を満たすとき**交代行列**とよばれる. 奇数次交代行列の行列式は 0 であることを証明せよ.

5

数ベクトル空間

5.1　数ベクトルとその基本性質

5.1.1　$\boldsymbol{n}$ 項数ベクトル

平面ベクトル $\boldsymbol{a}$ や空間ベクトル $\boldsymbol{b}$ は

$$\boldsymbol{a} = \begin{pmatrix} a_1 \\ a_2 \end{pmatrix}, \quad \boldsymbol{b} = \begin{pmatrix} b_1 \\ b_2 \\ b_3 \end{pmatrix}$$

のように，2 つないし 3 つの実数を並べることで取り扱うことができた．本章では，並べる実数の個数について制約を外し，いくつかの数を並べてできるベクトルについて学ぶ．そのようなものは第 2 章で行ベクトル・列ベクトルとしてごく簡単に導入ずみであるが，ここではあらためて定義からはじめることとする．以下では，n を自然数とする．

定義 5.1　n 個の数 $x_1, x_2, \ldots, x_n$ を順序づけて並べたものを **$\boldsymbol{n}$ 項数ベクトル**，または **$\boldsymbol{n}$ 次元数ベクトル**とよび，列ベクトルの形で

$$\begin{pmatrix} x_1 \\ x_2 \\ \vdots \\ x_n \end{pmatrix}$$

のように表す．各 x_1，x_2，$\ldots$，x_n をその数ベクトルの**成分**といい，特に上から j 番目にある x_j を**第 $\boldsymbol{j}$ 成分**とよぶ．

n にさほど注意を払う必要がないときは，単に**数ベクトル**とよぶ．また，数ベクトルを扱っているのが明らかなときなどは，簡単に**ベクトル**とよぶ．

数ベクトルを行ベクトルの形で表すことも可能であるが，行列と数ベクトルの積との関連などから，本書では列ベクトルの形のみで表す．

- 成分に複素数を並べることを許容するような数ベクトルも考えることがあるが，本章では成分はすべて実数であるものとして話を進める．
- n 項数ベクトルは (その形から) $n \times 1$ 行列であるといってもよい．そこで，2 つの数ベクトルが**等しい**とは，行列として等しいことと定義する．すなわち，2 つの数ベクトルが等しいのは，同サイズかつ各成分が相等しいとき，かつそのときに限る．等しいベクトルは，等号 (=) で結ばれる．

数ベクトルも (幾何ベクトルと同様に) 1 つの記号 (通常，太字の小文字) で表すことで，表記の簡略化が図られる．

$$\boldsymbol{a} = \begin{pmatrix} a_1 \\ a_2 \\ \vdots \\ a_n \end{pmatrix}, \ \boldsymbol{b} = \begin{pmatrix} b_1 \\ b_2 \\ \vdots \\ b_n \end{pmatrix}, \ldots, \ \boldsymbol{x} = \begin{pmatrix} x_1 \\ x_2 \\ \vdots \\ x_n \end{pmatrix}, \ldots$$

といった具合である．

記号 $\mathbb{R}$ は実数全体を表す．実数 (real number) の頭文字 r に由来する．

定義 5.2 n 項数ベクトル全体のなす集合を $\mathbb{R}^n$ で表し，$\boldsymbol{n}$ **次元数ベクトル空間**という．すなわち，

集合の記号については付録を参照せよ．

$$\mathbb{R}^n = \left\{ \begin{pmatrix} x_1 \\ x_2 \\ \vdots \\ x_n \end{pmatrix} \middle| \ x_1, x_2, \ldots, x_n \in \mathbb{R} \right\}.$$

「次元」自体が意味のある言葉なのだが，それが明らかになるのは 5.4 節まで待たれたい．

2 次元および 3 次元の数ベクトル空間 $\mathbb{R}^2$, $\mathbb{R}^3$ はそれぞれ (成分表示された) 平面ベクトル全体，空間ベクトル全体のなす集合と思えばよい．

5.1.2 数ベクトルの演算

平面ベクトルや空間ベクトルの和やスカラー倍 (実数倍) は (それらを成分表示したときは) 対応する成分どうしの足し算，すべての成分にスカラーを掛けることであった．これらの演算は，n 項数ベクトルの場合へ自然に一般化することができる．

定義 5.3 n 項数ベクトル $\boldsymbol{a} = \begin{pmatrix} a_1 \\ a_2 \\ \vdots \\ a_n \end{pmatrix}$, $\boldsymbol{b} = \begin{pmatrix} b_1 \\ b_2 \\ \vdots \\ b_n \end{pmatrix}$ とスカラー k に対し，

$$\boldsymbol{a} + \boldsymbol{b} = \begin{pmatrix} a_1 + b_1 \\ a_2 + b_2 \\ \vdots \\ a_n + b_n \end{pmatrix}, \quad k\boldsymbol{a} = \begin{pmatrix} ka_1 \\ ka_2 \\ \vdots \\ ka_n \end{pmatrix}$$

と定める．$\boldsymbol{a} + \boldsymbol{b}$ を $\boldsymbol{a}$ と $\boldsymbol{b}$ の**和**，$k\boldsymbol{a}$ を k による $\boldsymbol{a}$ の**スカラー倍**という．

成分がすべて 0 である n 項数ベクトルを $\mathbb{R}^n$ の**零ベクトル**といい，$\boldsymbol{0}$ で表す．

(-1) による数ベクトル $\boldsymbol{a}$ のスカラー倍 $(-1)\boldsymbol{a}$ を $\boldsymbol{a}$ の**逆ベクトル**といい，通常 $-\boldsymbol{a}$ と書く．逆ベクトルに関する和も，$\boldsymbol{b} + (-\boldsymbol{a}) = \boldsymbol{b} - \boldsymbol{a}$ と略記する．

問 5.4　次の等式が成り立つことを確認せよ．

(1)　$\boldsymbol{a}+\boldsymbol{0}=\boldsymbol{a}$　(2)　$\boldsymbol{a}+(-\boldsymbol{a})=\boldsymbol{0}$　(3)　$1\boldsymbol{a}=\boldsymbol{a}$

(4)　$0\boldsymbol{a}=\boldsymbol{0}$　(5)　$k\boldsymbol{0}=\boldsymbol{0}$

その定義から明らかなように，n 項数ベクトルの和やスカラー倍は再び n 項数ベクトルである．このような事実を述べるとき，

(1)　$\boldsymbol{a},\boldsymbol{b}\in\mathbb{R}^n$ ならば $\boldsymbol{a}+\boldsymbol{b}\in\mathbb{R}^n$,

(2)　$\boldsymbol{a}\in\mathbb{R}^n$, $k\in\mathbb{R}$ ならば $k\boldsymbol{a}\in\mathbb{R}^n$

のように記述するのが一般的であるから覚えておこう．

すでに述べたが，n 項数ベクトルは $n\times 1$ 行列とみなすことができる．そのうえで定義 5.3 に目をとおすと，和やスカラー倍は $n\times 1$ 行列としての演算にすぎないことに気づく．したがって，行列としての計算法則 (命題 2.53 など) がそのまま成り立つ．命題 2.53 の内容を，n 項数ベクトルに限った形で再掲しよう．

命題 5.5　$\boldsymbol{a},\boldsymbol{b},\boldsymbol{c}\in\mathbb{R}^n$ と $k,l\in\mathbb{R}$ に対して以下の演算法則が成り立つ．

(1)　和の結合法則：$(\boldsymbol{a}+\boldsymbol{b})+\boldsymbol{c}=\boldsymbol{a}+(\boldsymbol{b}+\boldsymbol{c})$

(2)　和の交換法則：$\boldsymbol{a}+\boldsymbol{b}=\boldsymbol{b}+\boldsymbol{a}$

(3)　ベクトルの和に関する分配法則：$k(\boldsymbol{a}+\boldsymbol{b})=k\boldsymbol{a}+k\boldsymbol{b}$

(4)　スカラー倍に関する分配法則：$(k+l)\boldsymbol{a}=k\boldsymbol{a}+l\boldsymbol{a}$

(5)　スカラー倍の結合法則：$(kl)\boldsymbol{a}=k(l\boldsymbol{a})$

和の結合法則が成り立つので，3 つのベクトルの和は $\boldsymbol{a}+\boldsymbol{b}+\boldsymbol{c}$ のようにかっこが不要となる．4 つ以上の和でもかっこは不要である．

スカラー倍の結合法則より

$$k(-\boldsymbol{a})=(-k)\boldsymbol{a}=-(k\boldsymbol{a})$$

が成り立つ．このベクトルは $-k\boldsymbol{a}$ で表す．

問 5.6　次の数ベクトルの計算をせよ．

(1)　$3\begin{pmatrix}1\\0\\-1\\2\end{pmatrix}+\dfrac{1}{2}\begin{pmatrix}4\\8\\5\\-2\end{pmatrix}$　(2)　$\begin{pmatrix}0\\1\\0\\\sqrt{2}\end{pmatrix}+3\begin{pmatrix}-1\\0\\2\\0\end{pmatrix}-2\begin{pmatrix}1\\1\\1\\3\end{pmatrix}$

5.2　1 次独立と 1 次従属

本節では，n 項数ベクトルに関して 1 次独立・1 次従属という概念を紹介するが，そのまえに，まずは幾何ベクトルについて 1 次独立・1 次従属とは何であるかを説明し，読者に幾何学的イメージを抱いてもらうことからはじめる．

5.2.1 幾何ベクトルの 1 次独立性

$\boldsymbol{a}, \boldsymbol{b}, \boldsymbol{c}$ を幾何ベクトルとする．

定義 5.7 (1) (i) $\boldsymbol{a}$ と $\boldsymbol{b}$ が平行ではないことを，「2 つの幾何ベクトル $\boldsymbol{a}, \boldsymbol{b}$ は **1 次独立** (または**線形独立**) である」という．

(ii) $\boldsymbol{a}, \boldsymbol{b}, \boldsymbol{c}$ が (始点の一致する有向線分で表されたとき) 同一平面上にないことを，「3 つの幾何ベクトル $\boldsymbol{a}, \boldsymbol{b}, \boldsymbol{c}$ は **1 次独立** (または**線形独立**) である」という．

(2) 2 つまたは 3 つの幾何ベクトルが **1 次従属** (または**線形従属**) であるとは，それらが 1 次独立ではないことを意味する．

1 次独立・1 次従属は互いに否定の関係にある．

第 1 章で述べたように，零ベクトル $\boldsymbol{0}$ は任意のベクトルと平行である．ゆえに，$\boldsymbol{a}, \boldsymbol{b}$ の少なくとも一方が $\boldsymbol{0}$ ならば，それらは 1 次従属である．

$\boldsymbol{a}, \boldsymbol{b}, \boldsymbol{c}$ の少なくとも 1 つが $\boldsymbol{0}$ ならば，それらは (同一平面上にあると解釈されるから) やはり 1 次従属である．

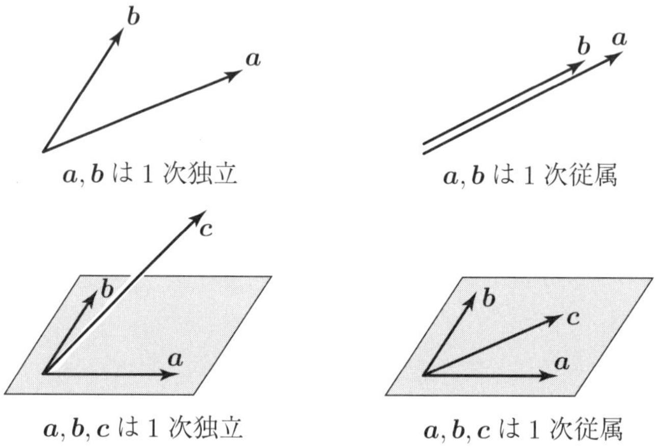

図 1

「1 次独立」と「線形独立」，「1 次変換」と「線形変換」などのように，2 つの言葉「1 次」と「線形」を同じ意味で使う場合がしばしばある．しかしながら，「線形空間」を「1 次空間」といったり，あるいは「線形代数」を「1 次代数」ということはない．

いま，2 つないし 3 つの幾何ベクトルが 1 次独立であることの定義を述べたわけだが，一見，異なる条件に対して，同じ用語「1 次独立・1 次従属」を使った．これには理由がある．第 1 章で「面積 0 の平行四辺形」や「体積 0 の平行六面体」という考え方を導入したことを思い出そう．定義 5.7 は次のようにいい換えることができる．

定義 5.7′ 2 つ (3 つ) の幾何ベクトルが **1 次従属**であるとは，それらの張る平行四辺形の面積 (平行六面体の体積) が 0 であることをいう．そして，1 次従属ではないことを **1 次独立**という．

上記のように述べれば，ベクトルの個数が 2 つでも 3 つでも同じ用語「1 次独立・1 次従属」が許容されてよいと感じるのではないか．そしてさらに，(個数が 2 つだろうが 3 つだろうが) ベクトルが 1 次独立であることのたった 1 つのいい表し方がある．以下，それを説明するために，少し準備をしておく．

補題 5.8　2 つの幾何ベクトル $\boldsymbol{a}$, $\boldsymbol{b}$ に対し，次の 2 条件は同値である．

(1)　$\boldsymbol{a}$, $\boldsymbol{b}$ は 1 次従属である．

(2)　$s\boldsymbol{a}+t\boldsymbol{b}=\boldsymbol{0}$ を成立させる実数 s,t が，$s=t=0$ 以外にもある．

［証明］　(1), (2) はともに $\boldsymbol{a},\boldsymbol{b}$ が平行であることと同値な条件である．　□

この補題 5.8 は，次のように述べてもよい．

補題 5.8′　2 つの幾何ベクトル $\boldsymbol{a}$, $\boldsymbol{b}$ に対し，次の 2 条件は同値である．

(1)　$\boldsymbol{a}$, $\boldsymbol{b}$ は 1 次独立である．

(2)　$s\boldsymbol{a}+t\boldsymbol{b}=\boldsymbol{0}$ を成立させる実数 s,t は，$s=t=0$ に限る．

補題 5.9　3 つの幾何ベクトル $\boldsymbol{a}$, $\boldsymbol{b}$, $\boldsymbol{c}$ に対し，次の 2 条件は同値である．

(1)　$\boldsymbol{a}$, $\boldsymbol{b}$, $\boldsymbol{c}$ は 1 次従属である．

(2)　$s\boldsymbol{a}+t\boldsymbol{b}+u\boldsymbol{c}=\boldsymbol{0}$ を成立させる実数 s,t,u が，$s=t=u=0$ 以外にもある．

［証明］ (2) であるとする．s,t,u の少なくとも 1 つが 0 でなく $s\boldsymbol{a}+t\boldsymbol{b}+u\boldsymbol{c}=\boldsymbol{0}$ が成り立つということである．必要ならば $\boldsymbol{a},\boldsymbol{b},\boldsymbol{c}$ を入れ替えて，$s\neq 0$ としてよい．このとき $\boldsymbol{a}=-\dfrac{t}{s}\boldsymbol{b}-\dfrac{u}{s}\boldsymbol{c}$ が成り立つこととなり，これは，$\boldsymbol{a}$ が $\boldsymbol{b}$, $\boldsymbol{c}$ を含む平面上にあることを意味する．

逆に (1) ならば，$\boldsymbol{a},\boldsymbol{b},\boldsymbol{c}$ が同一平面上の有向線分と考えられるのだから，(2) となるのはほとんど明らかである．(命題 1.14 (p.5) を参照のうえ，読者自ら詳細をつめられたい．)　□

補題 5.9 は，次のように述べてもよい．

補題 5.9′　3 つの幾何ベクトル $\boldsymbol{a}$, $\boldsymbol{b}$, $\boldsymbol{c}$ に対し，次の 2 条件は同値である．

(1)　$\boldsymbol{a}$, $\boldsymbol{b}$, $\boldsymbol{c}$ が 1 次独立である．

(2)　$s\boldsymbol{a}+t\boldsymbol{b}+u\boldsymbol{c}=\boldsymbol{0}$ を成立させる実数 s,t,u は，$s=t=u=0$ に限る．

2 つまたは 3 つの幾何ベクトルが 1 次独立であることは，補題 5.8′, 5.9′ の条件 (2) で特徴づけられることに気づく．これを逆手にとって，ベクトルの個数に依存しない 1 次独立性の定義を与えることができる．

このように定義を与えてみたものの，実は，4 つ以上の幾何ベクトルは必ず 1 次従属になってしまう．すなわち，幾何ベクトルで 1 次独立性が本質的に意味をもつのは 3 つ以下のときである．このあたりの詳細は，次節以降で明らかになる．

定義 5.10 (1 次独立性の再定義)　いくつかの幾何ベクトル $\boldsymbol{a}_1,\boldsymbol{a}_2,\ldots,\boldsymbol{a}_m$ が **1 次独立** (または**線形独立**) であるとは

$$c_1\boldsymbol{a}_1+c_2\boldsymbol{a}_2+\cdots+c_m\boldsymbol{a}_m=\boldsymbol{0}$$

を成立させる実数 c_i $(i=1,2,\ldots,m)$ が $c_1=c_2=\cdots=c_m=0$ に限ることを意味する．そして，1 次独立ではないことを **1 次従属** (または**線形従属**) という．

ここまでの内容からわかるように，1 次独立性はベクトルの並び順に無関係な概念である．

5.2.2 数ベクトルの 1 次独立性

数ベクトルの話に戻ろう．以下，m を自然数とする．

定義 5.11 m 個の n 項数ベクトル $\boldsymbol{a}_1, \boldsymbol{a}_2, \ldots, \boldsymbol{a}_m \in \mathbb{R}^n$ を考える．各ベクトル $\boldsymbol{a}_j$ のスカラー倍 $c_j\boldsymbol{a}_j$ の和

$$c_1\boldsymbol{a}_1 + c_2\boldsymbol{a}_2 + \cdots + c_m\boldsymbol{a}_m \quad (c_1, c_2, \ldots, c_m \text{ はスカラー}) \tag{5.1}$$

の形のベクトルを，$\boldsymbol{a}_1, \boldsymbol{a}_2, \ldots, \boldsymbol{a}_m$ の **1 次結合** (または**線形結合**) という．

(5.1) は $\sum_{j=1}^{m} c_j\boldsymbol{a}_j$ と書いてもよい．

(5.1) における $\boldsymbol{a}_j$ は数ベクトルなのだから，実際には各 $\boldsymbol{a}_j$ は

$$\boldsymbol{a}_j = \begin{pmatrix} a_{1j} \\ a_{2j} \\ \vdots \\ a_{nj} \end{pmatrix}$$

という形をしている．したがって，(5.1) は

$$c_1 \begin{pmatrix} a_{11} \\ a_{21} \\ \vdots \\ a_{n1} \end{pmatrix} + c_2 \begin{pmatrix} a_{12} \\ a_{22} \\ \vdots \\ a_{n2} \end{pmatrix} + \cdots + c_m \begin{pmatrix} a_{1m} \\ a_{2m} \\ \vdots \\ a_{nm} \end{pmatrix}$$

というような数ベクトルである．

$\boldsymbol{a}_1, \boldsymbol{a}_2, \ldots, \boldsymbol{a}_m \in \mathbb{R}^n$ について，それらの 1 次結合が零ベクトルとなるという式

$$c_1\boldsymbol{a}_1 + c_2\boldsymbol{a}_2 + \cdots + c_m\boldsymbol{a}_m = \boldsymbol{0} \tag{5.2}$$

を，ベクトル $\boldsymbol{a}_1, \boldsymbol{a}_2, \ldots, \boldsymbol{a}_m$ の (スカラー $c_1, c_2, \ldots, c_m$ に関する) **1 次関係** (もしくは**線形関係**) という．

$c_1 = c_2 = \cdots = c_m = 0$ とすれば等式 (5.2) は必ず成り立つ．これを**自明な 1 次関係**とよぶ．

つまり，どんなベクトルの組であっても自明な 1 次関係をもっている．

自明ではない 1 次関係を**非自明な 1 次関係**とよぶ．すなわち，それは (5.2) において $c_1, c_2, \ldots, c_m$ の少なくとも 1 つは 0 ではないことを指す．

では，幾何ベクトルに対して定義した 1 次独立性 (定義 5.10) を手本として，n 項数ベクトルに対する 1 次独立性の定義を与えよう．

$m = 1$ の場合も想定していることに注意せよ．つまり，単独のベクトル $\boldsymbol{a} \neq \boldsymbol{0}$ は 1 次独立であるといえる．

定義 5.12 (1) $\mathbb{R}^n$ のベクトル $\boldsymbol{a}_1, \boldsymbol{a}_2, \cdots, \boldsymbol{a}_m$ に成立する 1 次関係が自明なものに限ること，すなわち，

$$c_1\boldsymbol{a}_1 + c_2\boldsymbol{a}_2 + \cdots + c_m\boldsymbol{a}_m = \boldsymbol{0} \quad \text{ならば} \quad c_1 = c_2 = \cdots = c_m = 0$$

が成り立つことを，$\boldsymbol{a}_1, \boldsymbol{a}_2, \ldots, \boldsymbol{a}_m$ は **1 次独立** (または**線形独立**) であるといい表す．

(2)　1 次独立ではないことを **1 次従属** (または**線形従属**) という．すなわち，$\boldsymbol{a}_1, \boldsymbol{a}_2, \ldots, \boldsymbol{a}_m$ に対して，それらが非自明な 1 次関係をもつことが 1 次従属の定義である．

$\mathbb{R}^2$ または $\mathbb{R}^3$ の数ベクトルは幾何ベクトルと同一視されるが，もちろんそのとき，数ベクトルとしての 1 次独立性と幾何ベクトルとしての 1 次独立性は一致している．

例 5.13　平面や空間の基本ベクトルは第 1 章で紹介したが，$\mathbb{R}^n$ でもまったく同様に**基本ベクトル** $\boldsymbol{e}_1, \boldsymbol{e}_2, \ldots, \boldsymbol{e}_n$ が定義される．

$$\boldsymbol{e}_1 = \begin{pmatrix} 1 \\ 0 \\ \vdots \\ 0 \\ 0 \end{pmatrix}, \ \boldsymbol{e}_2 = \begin{pmatrix} 0 \\ 1 \\ 0 \\ \vdots \\ 0 \end{pmatrix}, \ \ldots, \ \boldsymbol{e}_n = \begin{pmatrix} 0 \\ 0 \\ \vdots \\ 0 \\ 1 \end{pmatrix}$$

つまり，各 $j = 1, 2, \ldots, n$ について $\boldsymbol{e}_j$ は，第 j 成分のみが 1 であり，その他の成分がすべて 0 である n 項数ベクトルである．

$\mathbb{R}^n$ の基本ベクトル $\boldsymbol{e}_1, \boldsymbol{e}_2, \ldots, \boldsymbol{e}_n$ は 1 次独立である．実際，それらがスカラー $c_1, c_2, \ldots, c_n$ に関して

$$c_1\boldsymbol{e}_1 + c_2\boldsymbol{e}_2 + \cdots + c_n\boldsymbol{e}_n = \boldsymbol{0}$$

を満たすならば，この 1 次関係は

$$\begin{pmatrix} c_1 \\ c_2 \\ \vdots \\ c_n \end{pmatrix} = \begin{pmatrix} 0 \\ 0 \\ \vdots \\ 0 \end{pmatrix}$$

と書けて，$\boldsymbol{e}_1, \boldsymbol{e}_2, \ldots, \boldsymbol{e}_n$ のもつ 1 次関係は自明なものに限ることがわかる．

例 5.14　3 つのベクトル

$$\boldsymbol{a}_1 = \begin{pmatrix} 1 \\ 0 \\ 1 \\ 2 \end{pmatrix}, \ \boldsymbol{a}_2 = \begin{pmatrix} 0 \\ 1 \\ 1 \\ -1 \end{pmatrix}, \ \boldsymbol{a}_3 = \begin{pmatrix} 2 \\ 3 \\ 5 \\ 1 \end{pmatrix} \in \mathbb{R}^4$$

については，非自明な 1 次関係

$$2\boldsymbol{a}_1 + 3\boldsymbol{a}_2 - \boldsymbol{a}_3 = \boldsymbol{0}$$

が成り立つ．(自ら確かめよ．) ゆえに $\boldsymbol{a}_1, \boldsymbol{a}_2, \boldsymbol{a}_3$ は 1 次従属である．

例 5.14 では，$\boldsymbol{a}_1, \boldsymbol{a}_2, \boldsymbol{a}_3$ のそれぞれが残りの 2 つのベクトルの 1 次結合で書ける．実際，

$$\boldsymbol{a}_1 = -\frac{3}{2}\boldsymbol{a}_2 + \frac{1}{2}\boldsymbol{a}_3, \quad \boldsymbol{a}_2 = -\frac{2}{3}\boldsymbol{a}_1 + \frac{1}{3}\boldsymbol{a}_3, \quad \boldsymbol{a}_3 = 2\boldsymbol{a}_1 + 3\boldsymbol{a}_2$$

である．一般的には，1 次従属なベクトルの組について次の命題が成り立つ．

命題 5.15 ベクトル $\boldsymbol{a}_1, \boldsymbol{a}_2, \ldots, \boldsymbol{a}_m$ に対して，次の 2 条件は同値である．

(1) $\boldsymbol{a}_1, \boldsymbol{a}_2, \ldots, \boldsymbol{a}_m$ は 1 次従属である．

(2) $\boldsymbol{a}_1, \boldsymbol{a}_2, \ldots, \boldsymbol{a}_m$ のうち，ある 1 つのベクトルは，その他の $(m-1)$ 個のベクトルの 1 次結合で表される．

［証明］ まず (1) を仮定して (2) を示す．(1) を仮定すると，少なくとも 1 つは 0 ではないスカラー $c_1, c_2, \ldots, c_m$ が存在して，等式

$$c_1\boldsymbol{a}_1 + c_2\boldsymbol{a}_2 + \cdots + c_m\boldsymbol{a}_m = \boldsymbol{0}$$

が成り立つ．$c_1, c_2, \ldots, c_m$ の中で 0 ではないものを 1 つ選び，それを c_i とすると，

$$\boldsymbol{a}_i = \left(-\frac{c_1}{c_i}\right)\boldsymbol{a}_1 + \cdots + \left(-\frac{c_{i-1}}{c_i}\right)\boldsymbol{a}_{i-1} + \left(-\frac{c_{i+1}}{c_i}\right)\boldsymbol{a}_{i+1} + \cdots + \left(-\frac{c_m}{c_i}\right)\boldsymbol{a}_m$$

と表せる．つまり，(2) が成り立つ．

次に，(2) を仮定して (1) を示す．ベクトル $\boldsymbol{a}_j$ がその他の $(m-1)$ 個のベクトルの 1 次結合で表されるとすれば，$(m-1)$ 個のスカラー $d_1, \ldots, d_{j-1}, d_{j+1}, \ldots, d_m$ が存在し，

$$\boldsymbol{a}_j = d_1\boldsymbol{a}_1 + \cdots + d_{j-1}\boldsymbol{a}_{j-1} + d_{j+1}\boldsymbol{a}_{j+1} + \cdots + d_m\boldsymbol{a}_m$$

が成り立つ．すなわち，

$$d_1\boldsymbol{a}_1 + \cdots + d_{j-1}\boldsymbol{a}_{j-1} + (-1)\boldsymbol{a}_j + d_{j+1}\boldsymbol{a}_{j+1} + \cdots + d_m\boldsymbol{a}_m = \boldsymbol{0}.$$

これは，$\boldsymbol{a}_1, \boldsymbol{a}_2, \ldots, \boldsymbol{a}_m$ が非自明な 1 次関係をもつことを意味している．つまり，(1) が成立する． □

5.2.3 1 次独立性の判定法

例題 5.16 ベクトル $\boldsymbol{a}_1 = \begin{pmatrix}1\\1\end{pmatrix}$, $\boldsymbol{a}_2 = \begin{pmatrix}0\\2\end{pmatrix}$ の 1 次独立性を判定せよ．

ここで，$\boldsymbol{a}_1, \boldsymbol{a}_2$ を平面ベクトル (の成分表示) とみなせば，それらが平行ではないことは明らかであるから，$\boldsymbol{a}_1, \boldsymbol{a}_2$ は 1 次独立であると瞬時に判定できる．しかし，ここでは定義 5.12 に照らし合わせて判定してみよう．

［解答］ $\boldsymbol{a}_1, \boldsymbol{a}_2$ が 1 次関係 $c_1\boldsymbol{a}_1 + c_2\boldsymbol{a}_2 = \boldsymbol{0}$ をもつとする．このとき

$$c_1\begin{pmatrix}1\\1\end{pmatrix} + c_2\begin{pmatrix}0\\2\end{pmatrix} = \begin{pmatrix}0\\0\end{pmatrix}, \text{ すなわち } \begin{pmatrix}c_1\\c_1+2c_2\end{pmatrix} = \begin{pmatrix}0\\0\end{pmatrix}$$

より $c_1 = 0$, $c_2 = 0$ を得る．これは，$\boldsymbol{a}_1, \boldsymbol{a}_2$ がもつ 1 次関係は自明なもののみであることを意味する．ゆえに $\boldsymbol{a}_1, \boldsymbol{a}_2$ は 1 次独立と判定される． □

例題 5.16 の解答で行ったことは，$\boldsymbol{a}_1, \boldsymbol{a}_2$ の 1 次関係をつくると，それが c_1, c_2 に関する方程式とみなすことができ，その解が $c_1 = c_2 = 0$ に限るか否かの判定といえる．

より一般的な状況でも，与えられた $\boldsymbol{a}_1, \boldsymbol{a}_2, \ldots, \boldsymbol{a}_m \in \mathbb{R}^n$ の 1 次独立性を判定するには，1 次関係 (5.2) を未知数 $c_1, c_2, \ldots, c_m$ に関する方程式と思って，その解が $c_1 = c_2 = \cdots = c_m = 0$ に限るか否かを調べればよい．1 次関係 (5.2) は

$$(\boldsymbol{a}_1\ \boldsymbol{a}_2\ \cdots\ \boldsymbol{a}_m)\begin{pmatrix} c_1 \\ c_2 \\ \vdots \\ c_m \end{pmatrix} = \mathbf{0} \tag{5.2$'$}$$

と書くことができ，ここに現れた $\left(\boldsymbol{a}_1\ \boldsymbol{a}_2\ \cdots\ \boldsymbol{a}_m\right)$ は $n \times m$ 行列である．つまり，1 次関係 (5.2) は (それを未知数 $c_1, c_2, \ldots, c_m$ に関する方程式とみなした場合) 同次の連立 1 次方程式なのである．この解釈により，次の判定法が直ちに得られる．

定理 5.17 $\boldsymbol{a}_1, \boldsymbol{a}_2, \ldots, \boldsymbol{a}_m \in \mathbb{R}^n$ が 1 次独立であるための必要十分条件は $\operatorname{rank}\left(\boldsymbol{a}_1\ \boldsymbol{a}_2\ \cdots\ \boldsymbol{a}_m\right) = m$ である．

$\boldsymbol{a}_1, \ldots, \boldsymbol{a}_m$ が 1 次従属 $\Longleftrightarrow$ $\operatorname{rank}(\boldsymbol{a}_1\ \cdots\ \boldsymbol{a}_m) < m$ といってもよい．

[証明] 定理 3.36 (p.82) から従う． □

例 5.18 例 5.14 で扱ったベクトル $\boldsymbol{a}_1, \boldsymbol{a}_2, \boldsymbol{a}_3$ を並べて行列をつくり，それに行基本変形を施し，階段行列を求めると

$$\begin{pmatrix} 1 & 0 & 2 \\ 0 & 1 & 3 \\ 1 & 1 & 5 \\ 2 & -1 & 1 \end{pmatrix} \longrightarrow \cdots \longrightarrow \begin{pmatrix} 1 & 0 & 2 \\ 0 & 1 & 3 \\ 0 & 0 & 0 \\ 0 & 0 & 0 \end{pmatrix}$$

となって，行列 $(\boldsymbol{a}_1\ \ \boldsymbol{a}_2\ \ \boldsymbol{a}_3)$ の階数は 2 である．ベクトルを 3 つ並べた行列の階数が 2 (< 3) であるから，$\boldsymbol{a}_1, \boldsymbol{a}_2, \boldsymbol{a}_3$ は 1 次従属であると判定され，例 5.14 の結論に一致する．

問 5.19 次のベクトルの組の 1 次独立性を判定せよ．

(1) $\begin{pmatrix} 1 \\ 1 \\ 0 \end{pmatrix}, \begin{pmatrix} 0 \\ 1 \\ 1 \end{pmatrix}, \begin{pmatrix} 1 \\ 0 \\ 1 \end{pmatrix}$ (2) $\begin{pmatrix} 1 \\ -1 \\ 0 \end{pmatrix}, \begin{pmatrix} 0 \\ 1 \\ 1 \end{pmatrix}, \begin{pmatrix} 1 \\ 0 \\ 1 \end{pmatrix}$ (3) $\begin{pmatrix} 1 \\ 2 \\ 3 \\ 4 \end{pmatrix}, \begin{pmatrix} 0 \\ 1 \\ 1 \\ 0 \end{pmatrix}, \begin{pmatrix} 4 \\ 3 \\ 2 \\ 1 \end{pmatrix}$

定理 5.17 から導かれる重要な事実を 2 つ述べておく．

系 5.20 $(n+1)$ 個以上の n 項数ベクトルは，必ず 1 次従属となる．

[証明] n 項数ベクトルを並べてつくった行列は，行の数が n であることより，その階数が n を超えることはない (命題 3.24 (p.76)) からである． □

系 5.21 $\mathbb{R}^n$ の $\underline{n\text{個}}$ のベクトル $\boldsymbol{a}_1, \boldsymbol{a}_2, \ldots, \boldsymbol{a}_n$ に対し，次の 4 条件 (1)–(4) は同値である．(したがって (1)′–(4)′ も同値である．)

(1) $\boldsymbol{a}_1, \boldsymbol{a}_2, \ldots, \boldsymbol{a}_n$ は 1 次独立　　(1)′ $\boldsymbol{a}_1, \boldsymbol{a}_2, \ldots, \boldsymbol{a}_n$ は 1 次従属

(2) $\operatorname{rank}(\boldsymbol{a}_1\ \boldsymbol{a}_2\ \cdots\ \boldsymbol{a}_n) = n$　　(2)′ $\operatorname{rank}(\boldsymbol{a}_1\ \boldsymbol{a}_2\ \cdots\ \boldsymbol{a}_n) < n$

(3) $\det(\boldsymbol{a}_1\ \boldsymbol{a}_2\ \cdots\ \boldsymbol{a}_n) \neq 0$　　(3)′ $\det(\boldsymbol{a}_1\ \boldsymbol{a}_2\ \cdots\ \boldsymbol{a}_n) = 0$

(4) 行列 $(\boldsymbol{a}_1\ \boldsymbol{a}_2\ \cdots\ \boldsymbol{a}_n)$ は正則　　(4)′ 行列 $(\boldsymbol{a}_1\ \boldsymbol{a}_2\ \cdots\ \boldsymbol{a}_n)$ は正則でない

[証明] 定理 5.17, 定理 4.73 の帰結である．□

> このあたりまでくると，いままで学んだことのつながりが鮮明にみえてくる．

幾何への応用をひとつ紹介しよう．次の例題は，第 1 章の知識で解くことができるが，系 5.21 を応用するのもよい．

例題 5.22 (1) 座標平面上の 3 点 A(1, 2), B(8, −4), C(x, 5) が一直線上にあるように x の値を定めよ．

(2) 座標空間の 4 点 A(1, 0, −3), B(3, 1, 1), C(1, 3, 2), P(−1, y, −2) が同一平面上にあるように y の値を定めよ．

[解答] (1) $\overrightarrow{AB}, \overrightarrow{AC}$ が 1 次従属となる条件を求めればよい．

$$0 = \det\begin{pmatrix} \overrightarrow{AB} & \overrightarrow{AC} \end{pmatrix} = \begin{vmatrix} 7 & x-1 \\ -6 & 3 \end{vmatrix} = 3(2x+5) \quad \text{より} \quad x = -\frac{5}{2}.$$

(2) $\overrightarrow{AB}, \overrightarrow{AC}, \overrightarrow{AP}$ が 1 次従属となる条件を求めればよい．

$$0 = \det\begin{pmatrix} \overrightarrow{AB} & \overrightarrow{AC} & \overrightarrow{AP} \end{pmatrix} = \begin{vmatrix} 2 & 0 & -2 \\ 1 & 3 & y \\ 4 & 5 & 1 \end{vmatrix} = 10(2-y) \quad \text{より} \quad y = 2. \quad \square$$

> もちろんこれは，2 つのベクトルの平行条件であり，第 1 章でも学んだ．
>
> 命題 1.78 (p.25) の応用による解答ともいえる．

上記の例題 5.22 (2) の考え方を用いれば，平面の方程式を次のように記述することも可能である．

例 5.23 座標空間において，1 直線上にない 3 点 A(a_1, a_2, a_3), B(b_1, b_2, b_3), C(c_1, c_2, c_3) を通る平面の方程式は

$$\det(\boldsymbol{p}-\boldsymbol{a}\ \ \boldsymbol{b}-\boldsymbol{a}\ \ \boldsymbol{c}-\boldsymbol{a}) = 0$$

で与えられる．ただし，$\boldsymbol{p} = \begin{pmatrix} x \\ y \\ z \end{pmatrix}$ で，$\boldsymbol{a}, \boldsymbol{b}, \boldsymbol{c}$ はそれぞれ点 A, B, C の位置ベクトルである．

> もちろん $\boldsymbol{a}, \boldsymbol{b}, \boldsymbol{c}$ を入れ替えても同じ方程式が得られる．

では，例題 1.97 (p.32) を解きなおしてみよう．それは A(1, 1, 2), B(2, 3, 5), C(5, 4, 4) を通る平面の方程式を求める問題であったから

$$\begin{vmatrix} x-1 & 2-1 & 5-1 \\ y-1 & 3-1 & 4-1 \\ z-2 & 5-2 & 4-2 \end{vmatrix} = 0$$

が求める方程式である．あとはこれを整理して，$x-2y+z-1=0$ を得る．

問 5.24 次の3点を通る平面の方程式を，3次の行列式を用いて求めよ．

(1) A$(1,0,2)$, B$(0,2,1)$, C$(3,1,3)$

(2) A$(2,1,0)$, B$(3,2,1)$, C$(0,-1,3)$

5.2.4 1次従属なベクトルの1次関係

与えられた数ベクトルの組の1次独立性の判定には定理5.17が有用であるが，1次従属と判定されたとき，実際の1次関係はどうなっているのだろうか．

補題 5.25 $\boldsymbol{a}_1, \boldsymbol{a}_2, \ldots, \boldsymbol{a}_m \in \mathbb{R}^n$ とし，P を n 次正則行列とする．そして

$$\boldsymbol{b}_i = P\boldsymbol{a}_i \quad (i=1,2,\ldots,m)$$

とする．このとき，$\boldsymbol{a}_1, \boldsymbol{a}_2, \ldots, \boldsymbol{a}_m$ に成り立つ1次関係と $\boldsymbol{b}_1, \boldsymbol{b}_2, \ldots, \boldsymbol{b}_m$ に成り立つ1次関係は一致する．つまり，$k_1\boldsymbol{a}_1 + k_2\boldsymbol{a}_2 + \cdots + k_m\boldsymbol{a}_m = \boldsymbol{0}$ が成り立つことと $k_1\boldsymbol{b}_1 + k_2\boldsymbol{b}_2 + \cdots + k_m\boldsymbol{b}_m = \boldsymbol{0}$ が成り立つことは同値である．

［証明］ スカラー $k_1, k_2, \ldots, k_m$ に対し，ベクトル $\boldsymbol{a}_1, \boldsymbol{a}_2, \ldots, \boldsymbol{a}_m$ が1次関係

$$\boldsymbol{0} = k_1\boldsymbol{a}_1 + k_2\boldsymbol{a}_2 + \cdots + k_m\boldsymbol{a}_m$$

をもつとする．この両辺に左から P を掛けると，

$$\begin{aligned}\boldsymbol{0} &= P(k_1\boldsymbol{a}_1 + k_2\boldsymbol{a}_2 + \cdots + k_m\boldsymbol{a}_m) \\ &= k_1P\boldsymbol{a}_1 + k_2P\boldsymbol{a}_2 + \cdots + k_mP\boldsymbol{a}_m \\ &= k_1\boldsymbol{b}_1 + k_2\boldsymbol{b}_2 + \cdots + k_m\boldsymbol{b}_m\end{aligned}$$

を得る．すなわち，$\boldsymbol{b}_1, \boldsymbol{b}_2, \ldots, \boldsymbol{b}_m$ も同じスカラー $k_1, k_2, \ldots, k_m$ に関する1次関係をもつ．

逆に，ベクトル $\boldsymbol{b}_1, \boldsymbol{b}_2, \ldots, \boldsymbol{b}_m$ が1次関係

$$\boldsymbol{0} = k_1\boldsymbol{b}_1 + k_2\boldsymbol{b}_2 + \cdots + k_m\boldsymbol{b}_m$$

をもつならば，この両辺に左から P^{-1} を掛けて

$$\boldsymbol{0} = k_1\boldsymbol{a}_1 + k_2\boldsymbol{a}_2 + \cdots + k_m\boldsymbol{a}_m$$

ここで P が正則であること，すなわち P^{-1} が存在するという仮定を使った．

を得る．すなわち，$\boldsymbol{a}_1, \boldsymbol{a}_2, \ldots, \boldsymbol{a}_m$ も同じスカラー $k_1, k_2, \ldots, k_m$ に関する1次関係をもつ． □

まず，この補題5.25から次の命題が直ちに従う．

命題 5.26 P が n 次正則行列ならば，$\boldsymbol{a}_1, \boldsymbol{a}_2, \ldots, \boldsymbol{a}_m \in \mathbb{R}^n$ の1次独立性と $P\boldsymbol{a}_1, P\boldsymbol{a}_2, \ldots, P\boldsymbol{a}_m \in \mathbb{R}^n$ の1次独立性は一致する．

さらに，行基本変形の意味 (命題 3.40 (p.86)) を思い出そう．一般に，$n \times m$ 行列 A に有限回の行基本変形を繰り返して行列 B を得るとき，ある n 次の正則行列 P について $B = PA$ が成り立つのであった．この事実と補題 5.25 より，次の定理が直ちに導かれる．

定理 5.27　$n\times m$ 行列 $A = (\boldsymbol{a}_1\ \ \boldsymbol{a}_2\ \ \cdots\ \ \boldsymbol{a}_m)$ に行基本変形を繰り返して行列 $B = (\boldsymbol{b}_1\ \ \boldsymbol{b}_2\ \ \cdots\ \ \boldsymbol{b}_m)$ が得られるとする．このとき，ベクトル $\boldsymbol{a}_1, \boldsymbol{a}_2, \ldots, \boldsymbol{a}_m$ とベクトル $\boldsymbol{b}_1, \boldsymbol{b}_2, \ldots, \boldsymbol{b}_m$ は，同一の m 個のスカラーに関する 1 次関係をもつ．特に，$\boldsymbol{a}_1, \boldsymbol{a}_2, \ldots, \boldsymbol{a}_m$ の 1 次独立性と $\boldsymbol{b}_1, \boldsymbol{b}_2, \ldots, \boldsymbol{b}_m$ の 1 次独立性は一致する．

定理 5.17 と「定理 5.27 の階段行列 B への適用」により，与えられた数ベクトルの組の 1 次独立性を，さらに 1 次従属の場合には非自明な 1 次関係を容易に求めることができる．

例題 5.28　ベクトル

$$\boldsymbol{a}_1 = \begin{pmatrix} 1 \\ -1 \\ 5 \\ 1 \end{pmatrix},\ \boldsymbol{a}_2 = \begin{pmatrix} 2 \\ 0 \\ 2 \\ -5 \end{pmatrix},\ \boldsymbol{a}_3 = \begin{pmatrix} 0 \\ 2 \\ 1 \\ -3 \end{pmatrix},\ \boldsymbol{a}_4 = \begin{pmatrix} -3 \\ 5 \\ 4 \\ 2 \end{pmatrix}$$

の 1 次独立性を判定せよ．1 次従属のときは，非自明な 1 次関係をひとつ答えよ．

[解答]　行列 $A = (\boldsymbol{a}_1\ \ \boldsymbol{a}_2\ \ \boldsymbol{a}_3\ \ \boldsymbol{a}_4)$ に行基本変形を施し，その階段行列を求めると，次のようになる．

$$A = \begin{pmatrix} 1 & 2 & 0 & -3 \\ -1 & 0 & 2 & 5 \\ 5 & 2 & 1 & 4 \\ 1 & -5 & -3 & 2 \end{pmatrix} \longrightarrow \cdots \longrightarrow \begin{pmatrix} 1 & 0 & 0 & 1 \\ 0 & 1 & 0 & -2 \\ 0 & 0 & 1 & 3 \\ 0 & 0 & 0 & 0 \end{pmatrix} \qquad (5.3)$$

これより $\operatorname{rank} A = 3\ (< 4)$ であるから，まず $\boldsymbol{a}_1, \boldsymbol{a}_2, \boldsymbol{a}_3, \boldsymbol{a}_4$ が 1 次従属であるといえる．(定理 5.17 参照．) それと同時に，(5.3) の右辺の階段行列を $B = (\boldsymbol{b}_1\ \ \boldsymbol{b}_2\ \ \boldsymbol{b}_3\ \ \boldsymbol{b}_4)$ とおくと，$\boldsymbol{b}_4 = \boldsymbol{b}_1 - 2\boldsymbol{b}_2 + 3\boldsymbol{b}_3$ が成り立っていることがみてとれる．したがって，$\boldsymbol{a}_1, \boldsymbol{a}_2, \boldsymbol{a}_3, \boldsymbol{a}_4$ にも，非自明な 1 次関係 $\boldsymbol{a}_4 = \boldsymbol{a}_1 - 2\boldsymbol{a}_2 + 3\boldsymbol{a}_3$ が成り立つ．(定理 5.27 参照．)　□

$\boldsymbol{a}_1 - 2\boldsymbol{a}_2 + 3\boldsymbol{a}_3 - \boldsymbol{a}_4 = \boldsymbol{0}$ まで式変形せずとも，$\boldsymbol{a}_4 = \boldsymbol{a}_1 - 2\boldsymbol{a}_2 + 3\boldsymbol{a}_3$ をもって「非自明な 1 次関係」といってよい．

問 5.29　次のベクトルの組について，1 次独立性を判定せよ．1 次従属のときは，非自明な 1 次関係をひとつ答えよ．

(1)　$\boldsymbol{a}_1 = \begin{pmatrix} 1 \\ 1 \\ 1 \\ 1 \end{pmatrix},\ \boldsymbol{a}_2 = \begin{pmatrix} 1 \\ 2 \\ 0 \\ 0 \end{pmatrix},\ \boldsymbol{a}_3 = \begin{pmatrix} 0 \\ 0 \\ 2 \\ 1 \end{pmatrix}$

(2) $\boldsymbol{a}_1 = \begin{pmatrix} 1 \\ 1 \\ 1 \\ 1 \end{pmatrix}, \boldsymbol{a}_2 = \begin{pmatrix} 1 \\ 2 \\ 3 \\ 4 \end{pmatrix}, \boldsymbol{a}_3 = \begin{pmatrix} 4 \\ 3 \\ 2 \\ 1 \end{pmatrix}$

(3) $\boldsymbol{a}_1 = \begin{pmatrix} 1 \\ -1 \\ 2 \\ 1 \end{pmatrix}, \boldsymbol{a}_2 = \begin{pmatrix} 0 \\ -3 \\ 3 \\ 1 \end{pmatrix}, \boldsymbol{a}_3 = \begin{pmatrix} -1 \\ -1 \\ 1 \\ 0 \end{pmatrix}, \boldsymbol{a}_4 = \begin{pmatrix} -5 \\ 0 \\ 2 \\ -1 \end{pmatrix}$

5.3 $\mathbb{R}^n$ の基底

系 5.20 によれば，$\mathbb{R}^n$ からできるだけ多くのベクトルを取り出して 1 次独立な組をつくろうとしても，最大で n 個である．

いま，$\mathbb{R}^n$ から n 個の 1 次独立なベクトル $\boldsymbol{a}_1, \boldsymbol{a}_2, \ldots, \boldsymbol{a}_n$ を取り出してあるとする．そのうえで，もうひとつ $\boldsymbol{a} \in \mathbb{R}^n$ を任意に選んでくると，$\boldsymbol{a}_1, \boldsymbol{a}_2, \ldots, \boldsymbol{a}_n, \boldsymbol{a}$ は必然的に 1 次従属となる．すなわち，非自明な 1 次関係

$$c_1 \boldsymbol{a}_1 + c_2 \boldsymbol{a}_2 + \cdots + c_n \boldsymbol{a}_n + c \boldsymbol{a} = \boldsymbol{0} \tag{5.4}$$

が成り立つ．仮にこの (5.4) において $c = 0$ であったとすると，それは $\boldsymbol{a}_1, \boldsymbol{a}_2, \ldots, \boldsymbol{a}_n$ に関する非自明な 1 次関係ということとなり矛盾である．ゆえに $c \ne 0$ である．そこで，(5.4) において $-c_j/c$ を k_j に置き直すこととすれば

$$\boldsymbol{a} = k_1 \boldsymbol{a}_1 + k_2 \boldsymbol{a}_2 + \cdots + k_n \boldsymbol{a}_n \tag{5.5}$$

という式を得る．以上は「どんな $\boldsymbol{a}$ でも $\boldsymbol{a}_1, \boldsymbol{a}_2, \ldots, \boldsymbol{a}_n$ の 1 次結合で表すことができる」ことを意味する．また，そのときの表し方 (5.5) は一意的である．なぜなら，仮にもう一通り $\boldsymbol{a} = l_1 \boldsymbol{a}_1 + l_2 \boldsymbol{a}_2 + \cdots + l_n \boldsymbol{a}_n$ と表せたとしても

$$k_1 \boldsymbol{a}_1 + k_2 \boldsymbol{a}_2 + \cdots + k_n \boldsymbol{a}_n = l_1 \boldsymbol{a}_1 + l_2 \boldsymbol{a}_2 + \cdots + l_n \boldsymbol{a}_n$$

より

$$(k_1 - l_1) \boldsymbol{a}_1 + (k_2 - l_2) \boldsymbol{a}_2 + \cdots + (k_n - l_n) \boldsymbol{a}_n = \boldsymbol{0}$$

であり，$\boldsymbol{a}_1, \boldsymbol{a}_2, \ldots, \boldsymbol{a}_n$ の 1 次独立性より $k_j - l_j = 0$ $(j = 1, 2, \ldots, n)$，すなわち $k_j = l_j$ $(j = 1, 2, \ldots, n)$ となるからである．

定義 5.30 $\mathbb{R}^n$ の 1 次独立な n 個のベクトルの組を $\mathbb{R}^n$ の**基底**とよぶ．

$\mathbb{R}^n$ の基底の選び方は無数にあることに注意しよう．また，定義 5.30 の直前に述べたことは基底の重要な性質であるから，定理としてまとめておく．

定理 5.31 $\mathbb{R}^n$ において，基底が選ばれているとき，任意のベクトルは基底の 1 次結合として一意的に表すことができる．

このような取り出しが可能であることは，階数が n の n 次正方行列が豊富にあることから明らかであろう．

$\boldsymbol{a}_1, \boldsymbol{a}_2, \ldots, \boldsymbol{a}_n$ が，$\mathbb{R}^n$ の骨組みのようなものを与えていると解釈できる．

系 5.21 は
「$\mathbb{R}^n$ において
- $\boldsymbol{a}_1, \ldots, \boldsymbol{a}_n$ は基底
- $\text{rank}(\boldsymbol{a}_1 \cdots \boldsymbol{a}_n) = n$
- $\det(\boldsymbol{a}_1 \cdots \boldsymbol{a}_n) \ne 0$
- $(\boldsymbol{a}_1 \cdots \boldsymbol{a}_n)$ は正則

の 4 つが同値」
と述べなおすことができる．

つまり，$\mathbb{R}^n$ に基底 $\boldsymbol{a}_1, \boldsymbol{a}_2, \ldots, \boldsymbol{a}_n$ が選ばれているとき，任意の $\boldsymbol{a} \in \mathbb{R}^n$ に対して n 個の実数 $c_1, c_2, \ldots, c_n$ が一通りに決まって

$$\boldsymbol{a} = c_1\boldsymbol{a}_1 + c_2\boldsymbol{a}_2 + \cdots + c_n\boldsymbol{a}_n$$

というように表すことができるのである．

なお，例 5.13 で紹介した基本ベクトル $\boldsymbol{e}_1, \boldsymbol{e}_2, \ldots, \boldsymbol{e}_n$ は $\mathbb{R}^n$ の基底であり，$\mathbb{R}^n$ の**標準基底**とよばれる．任意のベクトルが標準基底の 1 次結合として一意的に表せるわけだが，それは

$$\begin{pmatrix} x_1 \\ x_2 \\ \vdots \\ x_n \end{pmatrix} = x_1\boldsymbol{e}_1 + x_2\boldsymbol{e}_2 + \cdots + x_n\boldsymbol{e}_n$$

ということにほかならない．

例題 5.32　ベクトル $\boldsymbol{a}_1 = \begin{pmatrix} 1 \\ 1 \\ 3 \end{pmatrix}$, $\boldsymbol{a}_2 = \begin{pmatrix} 0 \\ 1 \\ 1 \end{pmatrix}$, $\boldsymbol{a}_3 = \begin{pmatrix} -1 \\ 1 \\ 0 \end{pmatrix}$ が $\mathbb{R}^3$ の基底であることを示し，$\boldsymbol{x} = \begin{pmatrix} 3 \\ -4 \\ -3 \end{pmatrix}$ を $\boldsymbol{a}_1, \boldsymbol{a}_2, \boldsymbol{a}_3$ の 1 次結合で表せ．

［解答］　まず行列 $(\boldsymbol{a}_1 \ \ \boldsymbol{a}_2 \ \ \boldsymbol{a}_3 \ \ \boldsymbol{x})$ に行基本変形を施し，その階段行列を求める．結果のみ記すと

$$(\boldsymbol{a}_1 \ \ \boldsymbol{a}_2 \ \ \boldsymbol{a}_3 \ \ \boldsymbol{x}) \longrightarrow \cdots \longrightarrow \begin{pmatrix} 1 & 0 & 0 & -2 \\ 0 & 1 & 0 & 3 \\ 0 & 0 & 1 & -5 \end{pmatrix}.$$

第 1, 2, 3 列の変形結果は，$\mathrm{rank}\,(\boldsymbol{a}_1 \ \ \boldsymbol{a}_2 \ \ \boldsymbol{a}_3) = 3$ を意味するから，$\boldsymbol{a}_1, \boldsymbol{a}_2, \boldsymbol{a}_3$ が $\mathbb{R}^3$ の基底であることを表している．また，第 4 列も含め，定理 5.27 を思い起こすと $\boldsymbol{x} = -2\boldsymbol{a}_1 + 3\boldsymbol{a}_2 - 5\boldsymbol{a}_3$ が成り立つといえる．　□

問 5.33　ベクトル $\boldsymbol{a}_1 = \begin{pmatrix} 1 \\ 1 \end{pmatrix}$, $\boldsymbol{a}_2 = \begin{pmatrix} 1 \\ -1 \end{pmatrix}$ に対して，次の問に答えよ．

(1)　$\boldsymbol{a}_1, \boldsymbol{a}_2$ が $\mathbb{R}^2$ の基底であることを示せ．

(2)　次の各ベクトルを $\boldsymbol{a}_1, \boldsymbol{a}_2$ の 1 次結合で表せ．

$$\boldsymbol{x} = \begin{pmatrix} 5 \\ -1 \end{pmatrix}, \quad \boldsymbol{y} = \begin{pmatrix} 1 \\ 0 \end{pmatrix}, \quad \boldsymbol{z} = \begin{pmatrix} -3 \\ 3 \end{pmatrix}.$$

問 5.34　ベクトル $\boldsymbol{a}_1 = \begin{pmatrix} 1 \\ 2 \\ 0 \\ 0 \end{pmatrix}$, $\boldsymbol{a}_2 = \begin{pmatrix} 0 \\ 1 \\ 0 \\ 0 \end{pmatrix}$, $\boldsymbol{a}_3 = \begin{pmatrix} 0 \\ 0 \\ 1 \\ 0 \end{pmatrix}$, $\boldsymbol{a}_4 = \begin{pmatrix} 0 \\ 0 \\ 2 \\ 1 \end{pmatrix}$ が $\mathbb{R}^4$ の

基底であることを示し，$\boldsymbol{x} = \begin{pmatrix} 1 \\ 2 \\ 3 \\ 4 \end{pmatrix}$ を $\boldsymbol{a}_1, \boldsymbol{a}_2, \boldsymbol{a}_3, \boldsymbol{a}_4$ の 1 次結合で表せ.

5.4 $\mathbb{R}^n$ の線形部分空間

5.4.1 定義と例

$\mathbb{R}^n$ からいくつかのベクトル $\boldsymbol{a}_1, \boldsymbol{a}_2, \ldots, \boldsymbol{a}_m$ を任意に選んでおき，それらの 1 次結合で書けるベクトル全体のなす集合を考えよう．いま，その集合を W と書こう．

$$W = \{c_1\boldsymbol{a}_1 + c_2\boldsymbol{a}_2 + \cdots + c_m\boldsymbol{a}_m \mid c_1, c_2, \ldots, c_m \in \mathbb{R}\} \qquad (5.6)$$

$\boldsymbol{a}_1, \ldots, \boldsymbol{a}_m$ は固定してあり，$c_1, \ldots, c_m$ はすべての実数を動くということ.

W から任意のベクトル $\boldsymbol{x} = c_1\boldsymbol{a}_1 + \cdots + c_m\boldsymbol{a}_m$ と $\boldsymbol{y} = d_1\boldsymbol{a}_1 + \cdots + d_m\boldsymbol{a}_m$ を取り出して，その和をとってみても $\boldsymbol{x}+\boldsymbol{y} = (c_1+d_1)\boldsymbol{a}_1 + \cdots + (c_m+d_m)\boldsymbol{a}_m \in W$ となって，$\boldsymbol{x}+\boldsymbol{y}$ は W 内に留まり W からはみ出すことはない．同様にスカラー倍についても，$\boldsymbol{x} \in W$ に対して $k\boldsymbol{x} \in W$ となる.

これは，W に属するベクトルに限って和やスカラー倍をとることは，W の中だけで話がすむことを意味している．この性質に注目して，次の定義を与える.

定義 5.35 $\mathbb{R}^n$ の空集合ではない部分集合 W が次の 2 条件

(1) 任意の $\boldsymbol{x}, \boldsymbol{y} \in W$ に対して，$\boldsymbol{x}+\boldsymbol{y} \in W$,

(2) 任意の $\boldsymbol{x} \in W$ とスカラー k に対して，$k\boldsymbol{x} \in W$

を満たすとき，W を $\mathbb{R}^n$ の**線形部分空間** (もしくは**部分ベクトル空間**)，または単に**部分空間**という.

(1)，(2) については，「W は和・スカラー倍に関して**閉じている**」といい表すこともある.

上述 (5.6) で考えた W は線形部分空間の重要な例である．この W を，$\boldsymbol{a}_1, \boldsymbol{a}_2, \ldots, \boldsymbol{a}_m$ **が張る** (または**生成する**) **部分空間**とよび,

$$W = \mathrm{Span}\{\boldsymbol{a}_1, \boldsymbol{a}_2, \ldots, \boldsymbol{a}_m\}$$

と表す．$W = \langle \boldsymbol{a}_1, \boldsymbol{a}_2, \ldots, \boldsymbol{a}_m \rangle$ と表すこともある.

「W は $\boldsymbol{a}_1, \ldots, \boldsymbol{a}_m$ で張られる」を英語では 'W is spanned by $\boldsymbol{a}_1, \ldots, \boldsymbol{a}_m$.' のように述べる．記号 Span はそれに由来する.

例 5.36 $\mathbb{R}^3$ の 2 つ以下のベクトルの張る部分空間に限って，少し詳しく調べてみよう．$\mathbb{R}^3$ はすべての空間ベクトルからなる集合と考えられるから，ベクトルと，それを位置ベクトルとする空間内の点を同一視すれば，$\mathbb{R}^3$ の部分集合は何らかの空間図形ととらえられる．その観点から調べよう.

- **Case 1**： 1 つの $\mathbf{0}$ ではないベクトル $\boldsymbol{a} \in \mathbb{R}^3$ が張る部分空間 $\mathrm{Span}\{\boldsymbol{a}\}$ を考える．$\mathrm{Span}\{\boldsymbol{a}\} = \{c\boldsymbol{a} \mid c \in \mathbb{R}\} \subset \mathbb{R}^3$ ということだから，これは「原点を通り，方向ベクトル $\boldsymbol{a}$ の直線」を表していると解釈できる.

「空間」といえども，直線的なものや平面的なものも登場するので注意しよう．用語の使い方において，日常会話の「空間」と区別しよう.

- **Case 2**： 1 次独立なベクトル $\boldsymbol{a}, \boldsymbol{b} \in \mathbb{R}^3$ が張る部分空間 $\mathrm{Span}\{\boldsymbol{a}, \boldsymbol{b}\}$ を考える．$\mathrm{Span}\{\boldsymbol{a}, \boldsymbol{b}\} = \{s\boldsymbol{a} + t\boldsymbol{b} \mid s, t \in \mathbb{R}\} \subset \mathbb{R}^3$ は，「原点を通り，$\boldsymbol{a}$, $\boldsymbol{b}$ に平行な平面」を表していると解釈できる．
- **Case 3**： $\boldsymbol{a}, \boldsymbol{b} \in \mathbb{R}^3$ は 1 次従属で，少なくとも一方は $\boldsymbol{0}$ ではない場合を考える．必要ならば $\boldsymbol{a}$ と $\boldsymbol{b}$ を交換すればよいから，$\boldsymbol{a} \neq \boldsymbol{0}$ としてよい．$\boldsymbol{a}, \boldsymbol{b}$ が張る部分空間 $\mathrm{Span}\{\boldsymbol{a}, \boldsymbol{b}\} = \{s\boldsymbol{a} + t\boldsymbol{b} \mid s, t \in \mathbb{R}\} \subset \mathbb{R}^3$ を考える．1 次従属性より $\boldsymbol{b}$ は $\boldsymbol{a}$ のスカラー倍であるから，$s\boldsymbol{a} + t\boldsymbol{b}$ も $\boldsymbol{a}$ のスカラー倍となる．したがって

$$\mathrm{Span}\{\boldsymbol{a}, \boldsymbol{b}\} = \{s\boldsymbol{a} + t\boldsymbol{b} \mid s, t \in \mathbb{R}\} = \{c\boldsymbol{a} \mid c \in \mathbb{R}\} = \mathrm{Span}\{\boldsymbol{a}\}$$

となって，Case 1 と同様，方向ベクトル $\boldsymbol{a}$ の直線である．

注意 5.37

- $\mathbb{R}^n$ 自身は明らかに $\mathbb{R}^n$ の線形部分空間である．
- $\mathbb{R}^n$ の零ベクトルのみを含む集合 $\{\boldsymbol{0}\}$ は $\mathbb{R}^n$ の線形部分空間である．(任意に 2 つのベクトル $\boldsymbol{x}, \boldsymbol{y}$ を取り出すにせよ，$\boldsymbol{x} = \boldsymbol{0}$, $\boldsymbol{y} = \boldsymbol{0}$ しかありえず，$\boldsymbol{0} + \boldsymbol{0} = \boldsymbol{0} \in \{\boldsymbol{0}\}$ である．また，任意のスカラー k に対して $k\boldsymbol{0} = \boldsymbol{0} \in \{\boldsymbol{0}\}$ である．よって，$\{\boldsymbol{0}\}$ は線形部分空間である．)

これら以外のいくつかの例について考える．

例題 5.38 $\mathbb{R}^2$ の部分集合

$$W = \left\{ \begin{pmatrix} x \\ y \end{pmatrix} \in \mathbb{R}^2 \;\middle|\; y = 2x \right\}$$

が $\mathbb{R}^2$ の線形部分空間であることを示せ．

ベクトル $\begin{pmatrix} x \\ y \end{pmatrix}$ と，それを位置ベクトルとする座標平面の点 (x, y) を同一視すれば，W は直線 $y = 2x$ である．

［解答］ 任意の $\boldsymbol{a} = \begin{pmatrix} a_1 \\ a_2 \end{pmatrix}$, $\boldsymbol{b} = \begin{pmatrix} b_1 \\ b_2 \end{pmatrix} \in W$ は，$a_2 = 2a_1$, $b_2 = 2b_1$ を満たしているから，

$$\boldsymbol{a} + \boldsymbol{b} = \begin{pmatrix} a_1 + b_1 \\ a_2 + b_2 \end{pmatrix}, \quad k\boldsymbol{a} = \begin{pmatrix} ka_1 \\ ka_2 \end{pmatrix} \ (k \in \mathbb{R})$$

補足：W は，ベクトル $\begin{pmatrix} 1 \\ 2 \end{pmatrix}$ の張る部分空間ということもできる．

の成分は，それぞれ $a_2 + b_2 = 2a_1 + 2b_1 = 2(a_1 + b_1)$, $ka_2 = k(2a_1) = 2ka_1$ を満たす．よって $\boldsymbol{a} + \boldsymbol{b} \in W$, $k\boldsymbol{a} \in W$．ゆえに W は線形部分空間である． □

問 5.39 次の W が $\mathbb{R}^3$ の線形部分空間であることを示せ．

$$W = \left\{ \begin{pmatrix} x \\ y \\ z \end{pmatrix} \in \mathbb{R}^3 \;\middle|\; 2x + 3y - z = 0 \right\}$$

一方，$\mathbb{R}^n$ に与えられた部分集合が線形部分空間ではないことを示すには，定義 5.35 の (1) か (2) に対して 1 つでも例外があることをいえば十分である．

例 5.40　$\mathbb{R}^2$ の部分集合

$$W = \left\{ \begin{pmatrix} x \\ y \end{pmatrix} \in \mathbb{R}^2 \;\middle|\; y = x^2 \right\}$$

を考える．たとえば $\boldsymbol{a} = \begin{pmatrix} 1 \\ 1 \end{pmatrix} \in W$ と $2 \in \mathbb{R}$ に対して，$2\boldsymbol{a} = \begin{pmatrix} 2 \\ 2 \end{pmatrix}$ は W の元ではない．よって，W は線形部分空間ではない．

他にも $\boldsymbol{b} = \begin{pmatrix} 3 \\ 9 \end{pmatrix} \in W$ に対し $-\boldsymbol{b} = \begin{pmatrix} -3 \\ -9 \end{pmatrix} \notin W$ など，いくらでも例外はある．

問 5.41　次の集合 W が $\mathbb{R}^3$ の線形部分空間であるか否かを判定せよ．

$$W = \left\{ \begin{pmatrix} x \\ y \\ z \end{pmatrix} \in \mathbb{R}^3 \;\middle|\; z \geq 0 \right\}$$

与えられた部分集合が線形部分空間ではないことを示す際に，次の補題が役に立つ場合がある．

補題 5.42　$\mathbb{R}^n$ の線形部分空間 W は零ベクトル $\mathbf{0}$ を必ず含む．いい換えると，もし W が $\mathbf{0}$ を含まないならば，W は線形部分空間ではない．

［証明］　任意に選んだ $\boldsymbol{a} \in W$ に対し $-\boldsymbol{a} \in W$ だから，$\mathbf{0} = \boldsymbol{a} + (-\boldsymbol{a}) \in W$ が得られる．□

W は空集合ではないので $\boldsymbol{a} \in W$ が選べる．

例 5.43　$\mathbb{R}^3$ の部分集合

$$W = \left\{ \begin{pmatrix} x \\ y \\ z \end{pmatrix} \in \mathbb{R}^3 \;\middle|\; \frac{x-1}{6} = \frac{y}{3} = \frac{z}{2} \right\}$$

を考える．$(x, y, z) = (0, 0, 0)$ は方程式 $\dfrac{x-1}{6} = \dfrac{y}{3} = \dfrac{z}{2}$ を満たさないので，W は零ベクトル $\mathbf{0}$ を含まない．よって，W は線形部分空間ではない．

5.4.2　同次連立 1 次方程式の解空間

$m \times n$ 行列 A とベクトル $\boldsymbol{b} \in \mathbb{R}^m$ に対し，連立 1 次方程式 $A\boldsymbol{x} = \boldsymbol{b}$ の解 $\boldsymbol{x} \in \mathbb{R}^n$ 全体の集合

$$W = \{\boldsymbol{x} \in \mathbb{R}^n \mid A\boldsymbol{x} = \boldsymbol{b}\}$$

を考える．この集合に関して，

(1)　$\boldsymbol{b} = \mathbf{0}$ の場合，W は $\mathbb{R}^n$ の線形部分空間である．

(2)　$\boldsymbol{b} \neq \mathbf{0}$ の場合，W は $\mathbb{R}^n$ の線形部分空間ではない．

その理由は次のとおりである．

(1)　同次連立 1 次方程式 $A\boldsymbol{x} = \mathbf{0}$ は少なくとも 1 つの解 $\boldsymbol{x} = \mathbf{0}$ をもつので，W は空集合ではない．任意の $\boldsymbol{x}, \boldsymbol{y} \in W$ とスカラー k に対して，

$$A(\boldsymbol{x}+\boldsymbol{y}) = A\boldsymbol{x}+A\boldsymbol{y} = \mathbf{0}+\mathbf{0} = \mathbf{0},$$
$$A(k\boldsymbol{x}) = k(A\boldsymbol{x}) = k\mathbf{0} = \mathbf{0}$$

だから，$\boldsymbol{x}+\boldsymbol{y} \in W$, $k\boldsymbol{x} \in W$ である．よって，W は線形部分空間である．

(2) $\mathbf{0} \notin W$ が明らかであるから，補題 5.42 より，W は線形部分空間ではない．

同次連立 1 次方程式 $A\boldsymbol{x} = \mathbf{0}$ の解全体のなす線形部分空間を，$A\boldsymbol{x} = \mathbf{0}$ の**解空間**という．

例 5.44 (1) 同次連立 1 次方程式

$$\begin{cases} x_1 + x_2 - x_3 - x_4 = 0 \\ x_1 + 3x_2 + x_3 - x_4 = 0 \end{cases}$$

解空間を調べるといっても，要は方程式を解くのである．

の解空間を調べてみよう．係数行列 $\begin{pmatrix} 1 & 1 & -1 & -1 \\ 1 & 3 & 1 & -1 \end{pmatrix}$ に行基本変形を繰り返すと，階段行列 $\begin{pmatrix} 1 & 0 & -2 & -1 \\ 0 & 1 & 1 & 0 \end{pmatrix}$ が得られる．これより，任意定数 $x_3 = c_1$, $x_4 = c_2$ を与えると，同次連立 1 次方程式の解は

$$\begin{pmatrix} x_1 \\ x_2 \\ x_3 \\ x_4 \end{pmatrix} = \begin{pmatrix} 2c_1 + c_2 \\ -c_1 \\ c_1 \\ c_2 \end{pmatrix} = c_1 \begin{pmatrix} 2 \\ -1 \\ 1 \\ 0 \end{pmatrix} + c_2 \begin{pmatrix} 1 \\ 0 \\ 0 \\ 1 \end{pmatrix}$$

と表される．ゆえに，与えられた同次連立 1 次方程式の解空間は

$$\mathrm{Span}\left\{ \begin{pmatrix} 2 \\ -1 \\ 1 \\ 0 \end{pmatrix}, \begin{pmatrix} 1 \\ 0 \\ 0 \\ 1 \end{pmatrix} \right\}$$

と記述できる．

(2) 次の例として，同次連立 1 次方程式

$$\begin{cases} 2x + y + 2z = 0 \\ x - y + 2z = 0 \\ -x - y = 0 \end{cases}$$

を考えよう．

係数行列 $\begin{pmatrix} 2 & 1 & 2 \\ 1 & -1 & 2 \\ -1 & -1 & 0 \end{pmatrix}$ に行基本変形を繰り返すと，単位行列 $\begin{pmatrix} 1 & 0 & 0 \\ 0 & 1 & 0 \\ 0 & 0 & 1 \end{pmatrix}$ となる．これは与えられた同次連立 1 次方程式の解が自明な解のみであることを示している．つまり，この同次連立 1 次方程式の解空間は $\{\mathbf{0}\}$ である．

5.4.3 基底と次元

定義 5.45 m を 0 以上の整数とする．$\mathbb{R}^n$ の線形部分空間 W に，m 個の 1 次独立なベクトルは存在するが，どのような $(m+1)$ 個のベクトルを選んでもそれらが 1 次従属であるとき，W の**次元**は m である，もしくは W は $\boldsymbol{m}$ **次元**であるといい，

$$\dim W = m$$

と表す．そしてこのとき，m 個の 1 次独立なベクトルの組を W の**基底**とよぶ．

dim は dimension の略．$\dim W$ は $\dim(W)$ のようにも書く．

定義 5.45 は，$\mathbb{R}^n$ 自身に対して定義した基底 (定義 5.30) の一般化である．

定義 5.45 において $m = 0$ の場合は，1 次独立なベクトルの組がまったく存在しないような W のことを述べている．

命題 5.46 任意の線形部分空間 $W \subset \mathbb{R}^n$ に対して，$0 \leq \dim W \leq n$ である．特に，$\dim W = 0$ となるのは $W = \{\boldsymbol{0}\}$ のとき，$\dim W = n$ となるのは $W = \mathbb{R}^n$ のとき，かつそれらのときに限る．

命題 5.46 については，直観的に受け入れられることだろう．そこで，証明は Web「$\mathbb{R}^n$ の線形部分空間に関する補足」で与えることとして先に進もう．

与えられた $\mathbb{R}^n$ の線形部分空間について，その基底と次元を実際に求めるときなど，次の定理が有用である．

定理 5.47 $\mathbb{R}^n$ の線形部分空間 W とそれに属する m 個の1 次独立なベクトル $\boldsymbol{a}_1, \boldsymbol{a}_2, \ldots, \boldsymbol{a}_m$ に対し，次の 3 条件は同値である．

(1) $\boldsymbol{a}_1, \boldsymbol{a}_2, \ldots, \boldsymbol{a}_m$ は W を張る．すなわち，$W = \mathrm{Span}\{\boldsymbol{a}_1, \boldsymbol{a}_2, \ldots, \boldsymbol{a}_m\}$.

(2) $\dim W = m$

(3) $\boldsymbol{a}_1, \boldsymbol{a}_2, \ldots, \boldsymbol{a}_m$ は W の基底である．

定理 5.47 の証明のまえに，重要な注意事項を述べておく．

注意 5.48 (1) 線形部分空間 $W \subset \mathbb{R}^n$ の基底と次元を求めたい場合，定理 5.47 の条件 (1) を満たす 1 次独立なベクトルの組をみつければよいということである．それらが基底であり，それらの個数が次元である．

1 次独立なベクトルの組が条件 (1) を満たすことをもって，基底の定義とする流儀もある．

(2) 定理 5.47 は「W の任意のベクトルは W の基底の 1 次結合で表せる」と主張している．そしてそのときの 1 次結合による表し方は一意的である．「基底」という言葉の由来はこの性質にある．

「$\{\boldsymbol{0}\}$ 以外のどんな線形部分空間でも，その基底によって張られている」のである．

(3) 1 つの線形部分空間に対して，基底の取り方は無数にあることに注意しよう．

次の補題は，定理 5.47 の証明の役に立つ．

補題 5.49 $\boldsymbol{a}_1, \boldsymbol{a}_2, \ldots, \boldsymbol{a}_m \in \mathbb{R}^n$ に対し $\dim(\mathrm{Span}\{\boldsymbol{a}_1, \boldsymbol{a}_2, \ldots, \boldsymbol{a}_m\}) \leq m$.

［証明］ $W = \mathrm{Span}\{\boldsymbol{a}_1, \boldsymbol{a}_2, \ldots, \boldsymbol{a}_m\}$ から $(m+1)$ 個以上のベクトルを取り出した場合，必ず 1 次従属であることをいえばよい．

$l \geq m+1$ とする．W から任意に選んだ l 個のベクトルを $\boldsymbol{b}_1, \boldsymbol{b}_2, \ldots, \boldsymbol{b}_l$ とする．各 $\boldsymbol{b}_k$ $(k = 1, 2, \ldots, l)$ は $\boldsymbol{a}_1, \boldsymbol{a}_2, \ldots, \boldsymbol{a}_m$ の 1 次結合で書けるベクトルであるから，$\boldsymbol{b}_k$ はスカラー $b_{1k}, b_{2k}, \ldots, b_{mk}$ を用いて

$$\boldsymbol{b}_k = b_{1k}\boldsymbol{a}_1 + b_{2k}\boldsymbol{a}_2 + \cdots + b_{mk}\boldsymbol{a}_m$$

と表せる．つまり，$m \times l$ 行列 $B = (b_{ij})$ によって

$$(\boldsymbol{b}_1 \ \ \boldsymbol{b}_2 \ \ \cdots \ \ \boldsymbol{b}_l) = (\boldsymbol{a}_1 \ \ \boldsymbol{a}_2 \ \ \cdots \ \ \boldsymbol{a}_m)B \tag{5.7}$$

と書ける．いま，$l \geq m+1$ より，B を係数行列とする同次連立 1 次方程式 $B\boldsymbol{x} = \boldsymbol{0}$ $(\boldsymbol{x} \in \mathbb{R}^l)$ は自明ではない解 $\boldsymbol{x} = \boldsymbol{c}$ $(\neq \boldsymbol{0})$ をもつ．（定理 3.36 (p.82) を参照せよ．）この $\boldsymbol{c}$ に左から行列 (5.7) を掛けると，等式

$$(\boldsymbol{b}_1 \ \ \boldsymbol{b}_2 \ \ \cdots \ \ \boldsymbol{b}_l)\boldsymbol{c} = (\boldsymbol{a}_1 \ \ \boldsymbol{a}_2 \ \ \cdots \ \ \boldsymbol{a}_m)B\boldsymbol{c} = \boldsymbol{0}$$

を得る．これは，$\boldsymbol{b}_1, \boldsymbol{b}_2, \ldots, \boldsymbol{b}_l$ の非自明な 1 次関係である．よって，ベクトル $\boldsymbol{b}_1, \boldsymbol{b}_2, \ldots, \boldsymbol{b}_l$ は 1 次従属である． □

［定理 **5.47** の証明］ (1) ⇒ (2) の証明： (1) のとき $\dim W \geq m$ であることは次元の定義から明らかである．一方，補題 5.49 より $\dim W \leq m$ である．ゆえに，$\dim W = m$ を得る．

(2) ⇒ (1) の証明： W は線形部分空間なのだから，

$$\mathrm{Span}\{\boldsymbol{a}_1, \boldsymbol{a}_2, \ldots, \boldsymbol{a}_m\} \subset W \tag{5.8}$$

は明らかである．一方，$\dim W = m$ を仮定していることより，どのような $\boldsymbol{a} \in W$ を選んでも，$\boldsymbol{a}, \boldsymbol{a}_1, \boldsymbol{a}_2, \ldots, \boldsymbol{a}_m$ は $(m+1)$ 個だから 1 次従属となる．つまり，非自明な 1 次関係 $c\boldsymbol{a} + c_1\boldsymbol{a}_1 + c_2\boldsymbol{a}_2 + \cdots + c_m\boldsymbol{a}_m = \boldsymbol{0}$ が成り立つ．ここで $c = 0$ であることはありえないから，$\boldsymbol{a}$ は $\boldsymbol{a}_1, \boldsymbol{a}_2, \ldots, \boldsymbol{a}_m$ の 1 次結合で書けることとなる．ゆえに

$$W \subset \mathrm{Span}\{\boldsymbol{a}_1,\ \boldsymbol{a}_2,\ \ldots,\ \boldsymbol{a}_m\} \tag{5.9}$$

である．したがって，(5.8), (5.9) より $W = \mathrm{Span}\{\boldsymbol{a}_1,\ \boldsymbol{a}_2,\ \ldots,\ \boldsymbol{a}_m\}$ を得る．

残る (2), (3) の同値性は，次元と基底の定義から従う． □

例 5.50 例 5.44 (1) の線形部分空間 $W \subset \mathbb{R}^4$ については，その基底として
$\begin{pmatrix} 2 \\ -1 \\ 1 \\ 0 \end{pmatrix}, \begin{pmatrix} 1 \\ 0 \\ 0 \\ 1 \end{pmatrix}$ を選ぶことができて，$\dim W = 2$ である．

また，例 5.44 (2) の線形部分空間は $\{\boldsymbol{0}\}$ なのだから，基底は存在せず 0 次元である．

例題 5.51　$W = \left\{ \begin{pmatrix} x \\ y \\ z \end{pmatrix} \in \mathbb{R}^3 \;\middle|\; x+y+z=0 \right\}$ が $\mathbb{R}^3$ の線形部分空間であることの理由を述べたうえで，その基底を一組求めよ．また，次元も答えよ．

［解答］ W は (複数の方程式ではないものの) 同次の 1 次方程式 $x+y+z=0$ の解空間であるから，W は $\mathbb{R}^3$ の線形部分空間である．任意定数 c_1, c_2 により $y=c_1$, $z=c_2$ とおいて，解は

$$\begin{pmatrix} x \\ y \\ z \end{pmatrix} = \begin{pmatrix} -c_1-c_2 \\ c_1 \\ c_2 \end{pmatrix} = c_1 \begin{pmatrix} -1 \\ 1 \\ 0 \end{pmatrix} + c_2 \begin{pmatrix} -1 \\ 0 \\ 1 \end{pmatrix}$$

と書ける．これより，

$$W = \operatorname{Span}\left\{ \begin{pmatrix} -1 \\ 1 \\ 0 \end{pmatrix}, \begin{pmatrix} -1 \\ 0 \\ 1 \end{pmatrix} \right\}$$

というように，W は 2 つの 1 次独立なベクトルで張られることがわかる．したがって，W の基底として $\begin{pmatrix} -1 \\ 1 \\ 0 \end{pmatrix}, \begin{pmatrix} -1 \\ 0 \\ 1 \end{pmatrix}$ が選べ，$\dim W = 2$ である．　□

たとえば，$x=c_1$, $y=c_2$ により，同様の議論を行うと $W = \operatorname{Span}\left\{ \begin{pmatrix} 1 \\ 0 \\ -1 \end{pmatrix}, \begin{pmatrix} 0 \\ 1 \\ -1 \end{pmatrix} \right\}$ を得る．この場合，W の基底として，［解答］とは異なるものが得られることに注意．

1 次独立なベクトル $\boldsymbol{a}_1, \boldsymbol{a}_2, \ldots, \boldsymbol{a}_m$ に対して $\operatorname{Span}\{\boldsymbol{a}_1, \boldsymbol{a}_2, \ldots, \boldsymbol{a}_m\}$ の次元は m となるが，$\boldsymbol{a}_1, \boldsymbol{a}_2, \ldots, \boldsymbol{a}_m$ の 1 次独立性が不明のときは，$\operatorname{Span}\{\boldsymbol{a}_1, \boldsymbol{a}_2, \ldots, \boldsymbol{a}_m\}$ の次元について直ちに結論をだしてはならない．(補題 5.49 で述べたように，次元が m 以下であることはわかるが．) たとえば，$W = \operatorname{Span}\{\boldsymbol{a}_1, \boldsymbol{a}_2, \boldsymbol{a}_3\}$ において，$\boldsymbol{a}_1, \boldsymbol{a}_2$ は 1 次独立であるが $\boldsymbol{a}_1, \boldsymbol{a}_2, \boldsymbol{a}_3$ は 1 次従属であったとすると，$\boldsymbol{a}_3$ は $\boldsymbol{a}_1, \boldsymbol{a}_2$ の 1 次結合で書けることとなる．したがって，$W\ (= \operatorname{Span}\{\boldsymbol{a}_1, \boldsymbol{a}_2, \boldsymbol{a}_3\}) = \operatorname{Span}\{\boldsymbol{a}_1, \boldsymbol{a}_2\}$ であるから，この場合 $\boldsymbol{a}_1, \boldsymbol{a}_2$ を W の基底に選べて $\dim W = 2$ である．このような事柄の一般的な命題は次のとおりである．

命題 5.52　$W = \operatorname{Span}\{\boldsymbol{a}_1, \boldsymbol{a}_2, \ldots, \boldsymbol{a}_m\}$ を考える．$\boldsymbol{a}_1, \boldsymbol{a}_2, \ldots, \boldsymbol{a}_m$ から選んだ r 個のベクトル $\boldsymbol{a}_{p_1}, \boldsymbol{a}_{p_2}, \ldots, \boldsymbol{a}_{p_r}$ が 1 次独立であるとする．さらに，残りの任意の $\boldsymbol{a}_j\ (j \neq p_1, p_2, \ldots, p_r)$ は $\boldsymbol{a}_{p_1}, \boldsymbol{a}_{p_2}, \ldots, \boldsymbol{a}_{p_r}$ の 1 次結合で書けるとする．このとき，$\boldsymbol{a}_{p_1}, \boldsymbol{a}_{p_2}, \ldots, \boldsymbol{a}_{p_r}$ は W の基底をなし，$\dim W = r$ である．

［証明］ 後半の仮定より，任意の $\boldsymbol{a} \in W$ は $\boldsymbol{a}_{p_1}, \boldsymbol{a}_{p_2}, \ldots, \boldsymbol{a}_{p_r}$ のみの 1 次結合で書けることとなる．すなわち，$\boldsymbol{a}_{p_1}, \boldsymbol{a}_{p_2}, \ldots, \boldsymbol{a}_{p_r}$ は W を張る．$\boldsymbol{a}_{p_1}, \boldsymbol{a}_{p_2}, \ldots, \boldsymbol{a}_{p_r}$ は 1 次独立なのだから，それらが W の基底であるのと同時に $\dim W = r$ である．(定理 5.47 参照．)　□

例題 5.53 $\mathbb{R}^4$ のベクトル

$$\boldsymbol{a}_1 = \begin{pmatrix}1\\0\\0\\2\end{pmatrix},\ \boldsymbol{a}_2 = \begin{pmatrix}0\\1\\1\\0\end{pmatrix},\ \boldsymbol{a}_3 = \begin{pmatrix}2\\1\\1\\4\end{pmatrix},\ \boldsymbol{a}_4 = \begin{pmatrix}0\\0\\1\\0\end{pmatrix},\ \boldsymbol{a}_5 = \begin{pmatrix}1\\0\\4\\2\end{pmatrix}$$

に対して $W = \mathrm{Span}\{\boldsymbol{a}_1, \boldsymbol{a}_2, \boldsymbol{a}_3, \boldsymbol{a}_4, \boldsymbol{a}_5\}$ とする．W の基底を一組求めよ．また，次元も答えよ．

［解答］ 行列 $(\boldsymbol{a}_1\ \ \boldsymbol{a}_2\ \ \boldsymbol{a}_3\ \ \boldsymbol{a}_4\ \ \boldsymbol{a}_5)$ に行基本変形を繰り返し

$$(\boldsymbol{a}_1\ \ \boldsymbol{a}_2\ \ \boldsymbol{a}_3\ \ \boldsymbol{a}_4\ \ \boldsymbol{a}_5) \longrightarrow \cdots \longrightarrow \begin{pmatrix}1&0&2&0&1\\0&1&1&0&0\\0&0&0&1&4\\0&0&0&0&0\end{pmatrix}$$

を得る．これより，$\boldsymbol{a}_1, \boldsymbol{a}_2, \boldsymbol{a}_4$ が 1 次独立であること，および $\boldsymbol{a}_3 = 2\boldsymbol{a}_1 + \boldsymbol{a}_2$, $\boldsymbol{a}_5 = \boldsymbol{a}_1 + 4\boldsymbol{a}_4$ が読み取れる．(定理 5.17，定理 5.27 参照．) すなわち，$\boldsymbol{a}_1, \boldsymbol{a}_2, \boldsymbol{a}_3, \boldsymbol{a}_4, \boldsymbol{a}_5$ から $\boldsymbol{a}_1, \boldsymbol{a}_2, \boldsymbol{a}_4$ を選べば，それらは命題 5.52 の仮定を満たす．したがって，$\boldsymbol{a}_1, \boldsymbol{a}_2, \boldsymbol{a}_4$ が W の基底をなすこと，および $\dim W = 3$ を得る． □

$\mathrm{Span}\{\boldsymbol{a}_1, \boldsymbol{a}_2, \boldsymbol{a}_3, \boldsymbol{a}_4, \boldsymbol{a}_5\}$
$= \mathrm{Span}\{\boldsymbol{a}_1, \boldsymbol{a}_2, \boldsymbol{a}_4\}$

問 5.54 ベクトル $\boldsymbol{a}_1 = \begin{pmatrix}1\\0\\1\end{pmatrix}$, $\boldsymbol{a}_2 = \begin{pmatrix}2\\-1\\0\end{pmatrix}$, $\boldsymbol{a}_3 = \begin{pmatrix}-1\\2\\3\end{pmatrix}$ によって張られる $\mathbb{R}^3$ の部分空間を W とするとき，W の基底を一組求めよ．また，次元も答えよ．

命題 5.52 から次の公式を得る．証明は例題 5.53 の解答をなぞればよい．

定理 5.55 $\boldsymbol{a}_1, \boldsymbol{a}_2, \ldots, \boldsymbol{a}_m \in \mathbb{R}^n$ に対し

$$\dim(\mathrm{Span}\{\boldsymbol{a}_1, \boldsymbol{a}_2, \ldots, \boldsymbol{a}_m\}) = \mathrm{rank}\,(\boldsymbol{a}_1\ \ \boldsymbol{a}_2\ \ \cdots\ \ \boldsymbol{a}_m)$$

が成り立つ．

［証明］ $\mathrm{rank}\,(\boldsymbol{a}_1\ \ \boldsymbol{a}_2\ \ \cdots\ \ \boldsymbol{a}_m) = r$ とする．行基本変形により $(\boldsymbol{a}_1\ \ \boldsymbol{a}_2\ \ \cdots\ \ \boldsymbol{a}_m)$ を階段行列に変形したとき，ピボットが現れる列番号を $p_1, p_2, \ldots, p_r$ とする．このとき $\boldsymbol{a}_{p_1}, \boldsymbol{a}_{p_2}, \ldots, \boldsymbol{a}_{p_r}$ は，$\mathrm{Span}\{\boldsymbol{a}_1, \boldsymbol{a}_2, \ldots, \boldsymbol{a}_m\}$ に対して命題 5.52 の仮定を満たすこととなる．(定理 5.17，定理 5.27 参照．) ゆえに $\dim(\mathrm{Span}\{\boldsymbol{a}_1, \boldsymbol{a}_2, \ldots, \boldsymbol{a}_m\}) = r$ を得る． □

5.4.4 同次連立 1 次方程式の解空間の次元

定理 3.36 (p.82) の内容をより精密に表す定理として次が成り立つ．

定理 5.56 $m \times n$ 行列 A による同次連立 1 次方程式 $A\boldsymbol{x} = \boldsymbol{0}$ の解空間 W の次元について，

$$\dim W = n - \operatorname{rank} A$$

が成り立つ．

第 3 章で学んだことや例 5.44，例 5.50，例題 5.51 等をふまえることで，定理 5.56 が正しいことを経験的に理解できる読者も多いことだろう．

詳しい証明はここでは省略し，Web「$\mathbb{R}^n$ の線形部分空間に関する補足」で与えることとする．

5.4.5 $\mathbb{R}^2$ および $\mathbb{R}^3$ の線形部分空間の幾何的特徴づけ

本章のいくつかの部分ですでに述べたことであるが，$\mathbb{R}^2$ はすべての平面ベクトルからなる集合を，$\mathbb{R}^3$ はすべての空間ベクトルからなる集合を表していると考えられる．数ベクトルと，それを位置ベクトルとする座標平面または座標空間内の点の座標を同一視すれば，$\mathbb{R}^2$ は座標平面，$\mathbb{R}^3$ は座標空間とみなすことができる．また，$\mathbb{R}^2$ または $\mathbb{R}^3$ の部分集合は何らかの図形であると解釈できる．この立場で，次の 2 つの定理を述べる．

定理 5.57 $\mathbb{R}^2$ の部分集合 W に対して，次の 2 条件は同値である．

(1) W は $\mathbb{R}^2$ の線形部分空間である．

(2) W は $\{\boldsymbol{0}\}$，$\mathbb{R}^2$，または原点を通る直線のいずれかである．

定理 5.58 $\mathbb{R}^3$ の部分集合 W に対して，次の 2 条件は同値である．

(1) W は $\mathbb{R}^3$ の線形部分空間である．

(2) W は $\{\boldsymbol{0}\}$，$\mathbb{R}^3$，原点を通る平面，または原点を通る直線のいずれかである．

［定理 5.58 の証明］ (1) ⇒ (2) の証明： 命題 5.46 より，W の次元は $0, 1, 2, 3$ のいずれかの値であり，$\dim W = 0$ ならば $W = \{\boldsymbol{0}\}$，および $\dim W = 3$ ならば $W = \mathbb{R}^3$ である．残る $\dim W = 1, 2$ の場合を以下で調べる．

定理 5.57 の証明も同様であるから，読者自ら取り組まれたい．

$\dim W = 1$ の場合，W の基底として 1 つのベクトル $\boldsymbol{a} \neq \boldsymbol{0}$ をとることができ $W = \operatorname{Span}\{\boldsymbol{a}\}$ である．例 5.36 で述べたように，これは原点を通る直線と解釈できる．

$\dim W = 2$ の場合，W の基底として 1 次独立なベクトル $\boldsymbol{a}, \boldsymbol{b}$ をとることができ，$W = \operatorname{Span}\{\boldsymbol{a}, \boldsymbol{b}\}$ である．例 5.36 で述べたように，これは原点を通る平面と解釈できる．

(2) ⇒ (1) であることも，例 5.36 ですでに述べたことといってよい． □

幾何的解釈は，次章で固有値・固有ベクトルを学ぶ際にも，その理解の助けとなる．

演習問題 5-A

[**1**] ベクトル $\boldsymbol{a}=\begin{pmatrix}2\\0\\1\\0\end{pmatrix}$, $\boldsymbol{b}=\begin{pmatrix}-1\\1\\0\\3\end{pmatrix}$, $\boldsymbol{c}=\begin{pmatrix}3\\4\\2\\1\end{pmatrix}$ に対し，次を計算せよ．

(1) $2\boldsymbol{a}+3\boldsymbol{b}$　　(2) $3(\boldsymbol{a}+2\boldsymbol{b}+\boldsymbol{c})-2(\boldsymbol{a}+3\boldsymbol{b}+\boldsymbol{c})$

[**2**] 4つのベクトル $\boldsymbol{a}_1=\begin{pmatrix}1\\4\\3\end{pmatrix}$, $\boldsymbol{a}_2=\begin{pmatrix}-2\\1\\-3\end{pmatrix}$, $\boldsymbol{a}_3=\begin{pmatrix}3\\6\\7\end{pmatrix}$, $\boldsymbol{a}_4=\begin{pmatrix}2\\0\\3\end{pmatrix}$ から次のように3つのベクトルを選ぶ．

(1) $\boldsymbol{a}_1, \boldsymbol{a}_2, \boldsymbol{a}_3$　　(2) $\boldsymbol{a}_1, \boldsymbol{a}_2, \boldsymbol{a}_4$

このとき (1), (2) のベクトルの組について，それぞれ1次独立性を判定せよ．1次従属のときは，非自明な1次関係をひとつ答えよ．

[**3**] 次のベクトルの組について，1次独立性を判定せよ．1次従属のときは，非自明な1次関係をひとつ答えよ．

(1) $\boldsymbol{a}_1=\begin{pmatrix}1\\-1\\1\end{pmatrix}$, $\boldsymbol{a}_2=\begin{pmatrix}1\\3\\5\end{pmatrix}$, $\boldsymbol{a}_3=\begin{pmatrix}1\\2\\4\end{pmatrix}$

(2) $\boldsymbol{a}_1=\begin{pmatrix}5\\3\\1\end{pmatrix}$, $\boldsymbol{a}_2=\begin{pmatrix}1\\4\\7\end{pmatrix}$, $\boldsymbol{a}_3=\begin{pmatrix}3\\3\\2\end{pmatrix}$

(3) $\boldsymbol{a}_1=\begin{pmatrix}1\\1\\1\\0\end{pmatrix}$, $\boldsymbol{a}_2=\begin{pmatrix}1\\0\\1\\1\end{pmatrix}$, $\boldsymbol{a}_3=\begin{pmatrix}0\\1\\0\\-1\end{pmatrix}$

(4) $\boldsymbol{a}_1=\begin{pmatrix}1\\1\\0\\0\end{pmatrix}$, $\boldsymbol{a}_2=\begin{pmatrix}2\\0\\5\\3\end{pmatrix}$, $\boldsymbol{a}_3=\begin{pmatrix}1\\-2\\1\\2\end{pmatrix}$, $\boldsymbol{a}_4=\begin{pmatrix}-1\\9\\1\\-5\end{pmatrix}$

[**4**] ベクトル $\boldsymbol{a}_1=\begin{pmatrix}1\\-3\\2\end{pmatrix}$, $\boldsymbol{a}_2=\begin{pmatrix}1\\-2\\1\end{pmatrix}$ に対して，次のベクトル (1)〜(3) が $\boldsymbol{a}_1$, $\boldsymbol{a}_2$ の1次結合で表せるか調べよ．もし表せるならば，その1次結合の具体的な形を書け．

(1) $\begin{pmatrix}1\\1\\-2\end{pmatrix}$　　(2) $\begin{pmatrix}1\\2\\3\end{pmatrix}$　　(3) $\begin{pmatrix}0\\1\\-1\end{pmatrix}$

[**5**] ベクトル $\boldsymbol{a}_1=\begin{pmatrix}1\\0\\1\end{pmatrix}$, $\boldsymbol{a}_2=\begin{pmatrix}1\\2\\3\end{pmatrix}$, $\boldsymbol{a}_3=\begin{pmatrix}-3\\2\\1\end{pmatrix}$ が $\mathbb{R}^3$ の基底であることを示したうえで，次のベクトルを $\boldsymbol{a}_1, \boldsymbol{a}_2, \boldsymbol{a}_3$ の1次結合で表せ．

(1) $\boldsymbol{b}=\begin{pmatrix}0\\6\\8\end{pmatrix}$　　(2) $\boldsymbol{c}=\begin{pmatrix}1\\1\\1\end{pmatrix}$　　(3) $\boldsymbol{d}=\begin{pmatrix}0\\0\\1\end{pmatrix}$

[**6**] ベクトル $\boldsymbol{a}_1=\begin{pmatrix}1\\1\\1\\1\end{pmatrix}$, $\boldsymbol{a}_2=\begin{pmatrix}2\\3\\4\\5\end{pmatrix}$, $\boldsymbol{a}_3=\begin{pmatrix}1\\-3\\6\\10\end{pmatrix}$, $\boldsymbol{a}_4=\begin{pmatrix}0\\0\\0\\1\end{pmatrix}$ が $\mathbb{R}^4$ の基底であることを示したうえで，次のベクトルを $\boldsymbol{a}_1, \boldsymbol{a}_2, \boldsymbol{a}_3, \boldsymbol{a}_4$ の1次結合で表せ．

(1) $\boldsymbol{b}=\begin{pmatrix}0\\-5\\3\\-1\end{pmatrix}$ (2) $\boldsymbol{c}=\begin{pmatrix}1\\7\\0\\-2\end{pmatrix}$

[7] 次の $\mathbb{R}^n$ $(n=2,3,4)$ の部分集合が線形部分空間であるかどうかを判定せよ．線形部分空間であるものについては，その基底を一組求めよ．また，次元も答えよ．

(1) $\left\{\begin{pmatrix}x\\y\end{pmatrix}\in\mathbb{R}^2 \;\middle|\; x=2y\right\}$ (2) $\left\{\begin{pmatrix}x\\y\end{pmatrix}\in\mathbb{R}^2 \;\middle|\; x=y^2\right\}$

(3) $\left\{\begin{pmatrix}x\\y\\z\end{pmatrix}\in\mathbb{R}^3 \;\middle|\; x+2y=0\right\}$ (4) $\left\{\begin{pmatrix}x\\y\\z\end{pmatrix}\in\mathbb{R}^3 \;\middle|\; x^2+y^2=1\right\}$

(5) $\left\{\begin{pmatrix}x\\y\\z\end{pmatrix}\in\mathbb{R}^3 \;\middle|\; \dfrac{x}{2}=\dfrac{y}{3}=\dfrac{z}{10}\right\}$ (6) $\left\{\begin{pmatrix}x\\y\\z\end{pmatrix}\in\mathbb{R}^3 \;\middle|\; \dfrac{x}{5}=\dfrac{y-1}{3}=\dfrac{z+1}{-8}\right\}$

(7) $\left\{\begin{pmatrix}x\\y\\z\\w\end{pmatrix}\in\mathbb{R}^4 \;\middle|\; x=y=0\right\}$ (8) $\left\{\begin{pmatrix}x\\y\\z\\w\end{pmatrix}\in\mathbb{R}^4 \;\middle|\; xy=0\right\}$

[8] 次の同次連立 1 次方程式の解空間の基底を一組求めよ．また，次元も答えよ．

(1) $\begin{cases} x_1+2x_2+4x_3 \qquad\;\; =0 \\ \qquad\; x_2+2x_3-x_4=0 \end{cases}$ (2) $\begin{cases} x_1+\;\;2x_2+\;\;3x_3+\;\;4x_4=0 \\ 5x_1+\;\;6x_2+\;\;7x_3+\;\;8x_4=0 \\ 9x_1+10x_2+11x_3+12x_4=0 \\ 13x_1+14x_2+15x_3+16x_4=0 \end{cases}$

(3) $\begin{cases} x_1+7x_2+3x_3+2x_4=0 \\ 2x_1 \qquad\;\; +5x_3 \qquad\;\; =0 \\ x_1+8x_2+7x_3+2x_4=0 \\ 2x_1+6x_2+4x_3+\;\;x_4=0 \end{cases}$ (4) $\begin{cases} x-3y-3z=0 \\ -x+\;\;y-3z=0 \\ 2x-\;\;y+9z=0 \end{cases}$

[9] 次の $\mathbb{R}^n$ $(n=3,4)$ の線形部分空間の基底を一組求めよ．また，次元も答えよ．

(1) $\mathrm{Span}\left\{\begin{pmatrix}1\\2\\-3\end{pmatrix}, \begin{pmatrix}4\\5\\3\end{pmatrix}, \begin{pmatrix}2\\3\\-1\end{pmatrix}\right\}$

(2) $\mathrm{Span}\left\{\begin{pmatrix}1\\1\\-1\\2\end{pmatrix}, \begin{pmatrix}2\\1\\0\\-2\end{pmatrix}, \begin{pmatrix}0\\1\\-2\\6\end{pmatrix}\right\}$

演習問題 5-B

[1] $\boldsymbol{a}_1,\boldsymbol{a}_2,\boldsymbol{a}_3\in\mathbb{R}^n$ が 1 次独立であるとき，次のベクトルの組の 1 次独立性を調べよ．

(1) $\boldsymbol{a}_1+\boldsymbol{a}_2$, $\boldsymbol{a}_2+\boldsymbol{a}_3$, $\boldsymbol{a}_3+\boldsymbol{a}_1$

(2) $\boldsymbol{a}_1-\boldsymbol{a}_2$, $\boldsymbol{a}_2-\boldsymbol{a}_3$, $\boldsymbol{a}_3-\boldsymbol{a}_1$

[2] $\boldsymbol{a}_1,\boldsymbol{a}_2,\ldots,\boldsymbol{a}_m\in\mathbb{R}^n$ の中に零ベクトル $\boldsymbol{0}$ が含まれているならば，$\boldsymbol{a}_1,\boldsymbol{a}_2,\ldots,\boldsymbol{a}_m$ は 1 次従属である．これを示せ．

[3] $\boldsymbol{a}_1,\boldsymbol{a}_2,\ldots,\boldsymbol{a}_m\in\mathbb{R}^n$ の中に同じベクトルが 2 つ含まれているならば，$\boldsymbol{a}_1,\boldsymbol{a}_2,\ldots,\boldsymbol{a}_m$ は 1 次従属である．これを示せ．

[4] 1 次独立なベクトル $\boldsymbol{a}_1,\boldsymbol{a}_2,\ldots,\boldsymbol{a}_m$ の中から任意に選んだベクトルの組は 1 次独立である．これを示せ．

[**5**] 実数 a に対し，4 つのベクトル $\boldsymbol{a}_1=\begin{pmatrix}a\\1\\1\\1\end{pmatrix}$，$\boldsymbol{a}_2=\begin{pmatrix}1\\a\\1\\1\end{pmatrix}$，$\boldsymbol{a}_3=\begin{pmatrix}1\\1\\a\\1\end{pmatrix}$，$\boldsymbol{a}_4=\begin{pmatrix}1\\1\\1\\a\end{pmatrix}$ を考える．これら 4 つのベクトルの 1 次独立性を判定せよ．もし 1 次従属ならば，非自明な 1 次関係をひとつ答えよ．(**ヒント**：定数 a についての場合分けが必要.)

[**6**] 次の $\mathbb{R}^3$ の部分集合が線形部分空間であるかどうかを判定せよ．線形部分空間であるものについては，その基底を一組求めよ．また，次元も答えよ．

(1) $W=\{\boldsymbol{x}\in\mathbb{R}^3 \mid |\boldsymbol{x}|=1\}$

(2) $W=\{\boldsymbol{x}\in\mathbb{R}^3 \mid \boldsymbol{x}\cdot\boldsymbol{e}_3=0\}$

(3) $W=\{\boldsymbol{x}\in\mathbb{R}^3 \mid \boldsymbol{x}\times\boldsymbol{e}_3=\boldsymbol{0}\}$

[**7**] $1\leq k\leq n-1$ を満たす自然数 k をひとつ固定するとき，$\mathbb{R}^n$ の部分集合

$$W_k=\left\{\begin{pmatrix}x_1\\x_2\\\vdots\\x_n\end{pmatrix}\in\mathbb{R}^n \,\middle|\, x_j=0\ (k+1\leq j\leq n)\right\}$$

が $\mathbb{R}^n$ の線形部分空間であることを示せ．また，一組の基底，次元も答えよ．

[**8**] $\mathbb{R}^4$ のベクトル

$$\boldsymbol{a}_1=\begin{pmatrix}1\\0\\0\\1\end{pmatrix},\ \boldsymbol{a}_2=\begin{pmatrix}1\\1\\2\\2\end{pmatrix},\ \boldsymbol{a}_3=\begin{pmatrix}0\\2\\4\\2\end{pmatrix},\ \boldsymbol{a}_4=\begin{pmatrix}3\\0\\1\\4\end{pmatrix},\ \boldsymbol{a}_5=\begin{pmatrix}0\\0\\1\\1\end{pmatrix},\ \boldsymbol{a}_6=\begin{pmatrix}0\\1\\3\\2\end{pmatrix}$$

の張る線形部分空間 $W=\mathrm{Span}\{\boldsymbol{a}_1,\boldsymbol{a}_2,\boldsymbol{a}_3,\boldsymbol{a}_4,\boldsymbol{a}_5,\boldsymbol{a}_6\}$ を考える．W の基底を一組求めよ．また，次元も答えよ．

[**9**] 次の線形部分空間の基底を一組求めよ．また，次元も答えよ．

(1) $\mathbb{R}^3$ の線形部分空間 $\mathrm{Span}\left\{\begin{pmatrix}a\\1\\1\end{pmatrix},\begin{pmatrix}1\\b\\1\end{pmatrix}\right\}$ (ただし a, b は定数)

(2) $\mathbb{R}^5$ の線形部分空間 $\left\{\begin{pmatrix}x_1\\x_2\\x_3\\x_4\\x_5\end{pmatrix}\in\mathbb{R}^5 \,\middle|\, x_1=-x_5,\ 3x_2-x_3=0\right\}$

[**10**] $\mathbb{R}^n$ の任意の線形部分空間 W_1, W_2 に対して，次の集合は線形部分空間であるか？

(1) W_1, W_2 の**和空間** $W_1+W_2=\{\boldsymbol{a}+\boldsymbol{b} \mid \boldsymbol{a}\in W_1,\ \boldsymbol{b}\in W_2\}$

(2) $W_1\cup W_2$

(3) $W_1\cap W_2$

[**11**] 定理 5.57 を証明せよ．

6

固有値・固有ベクトル

6.1　固有値と固有ベクトル

2.2 節で学んだ，2 次正方行列 A が表す平面ベクトルの 1 次変換 f において，ある零でないベクトル $\boldsymbol{u}$ の像 $f(\boldsymbol{u})$ が，$\boldsymbol{u}$ のスカラー倍になることがある．このようなベクトル $\boldsymbol{u}$ は A の固有ベクトルとよばれ，1 次変換 f の様子を反映する特別な方向を表す．

例 6.1　行列 $A = \begin{pmatrix} 2 & 1 \\ 1 & 2 \end{pmatrix}$ が表す 1 次変換を f とする．平面ベクトル $\boldsymbol{u}_1 = \begin{pmatrix} 1 \\ 1 \end{pmatrix}$ に対し，

$$f(\boldsymbol{u}_1) = A\boldsymbol{u}_1 = \begin{pmatrix} 2 & 1 \\ 1 & 2 \end{pmatrix}\begin{pmatrix} 1 \\ 1 \end{pmatrix} = \begin{pmatrix} 3 \\ 3 \end{pmatrix} = 3\begin{pmatrix} 1 \\ 1 \end{pmatrix} = 3\boldsymbol{u}_1$$

より，$f(\boldsymbol{u}_1)$ は $\boldsymbol{u}_1$ の 3 倍になるので，$\boldsymbol{u}_1$ は A の固有ベクトルである．また，このときの倍率 3 は A の固有値とよばれる．一方で，平面ベクトルを適当に選んでも大抵の場合は A の固有ベクトルにはならない．たとえば $\boldsymbol{u}_2 = \begin{pmatrix} -3 \\ 2 \end{pmatrix}$ とすると，

$$f(\boldsymbol{u}_2) = A\boldsymbol{u}_2 = \begin{pmatrix} 2 & 1 \\ 1 & 2 \end{pmatrix}\begin{pmatrix} -3 \\ 2 \end{pmatrix} = \begin{pmatrix} -4 \\ 1 \end{pmatrix}$$

より，$f(\boldsymbol{u}_2)$ は $\boldsymbol{u}_2$ のスカラー倍にはなりえないので，$\boldsymbol{u}_2$ は A の固有ベクトル

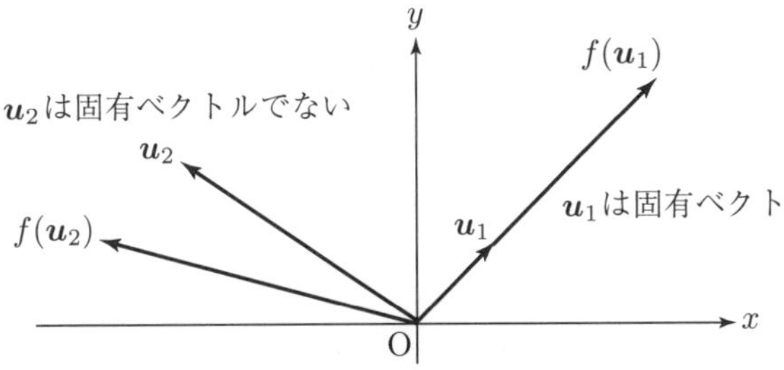

図 1

ではない．

本節では，より一般に n 次正方行列 A に対する固有値，固有ベクトルを考え，それらを実際に求める方法を学ぶ．

定義 6.2 (固有値，固有ベクトル) n 次正方行列 A に対し，スカラー λ と零ベクトルでない n 項数ベクトル $\boldsymbol{u} \neq \boldsymbol{0}$ が，

$$A\boldsymbol{u} = \lambda\boldsymbol{u} \tag{6.1}$$

を満たすとき，λ を A の**固有値**といい，$\boldsymbol{u}$ を A の固有値 λ に関する**固有ベクトル**という．

λ を A の固有値とし，$\boldsymbol{u}$ を λ に関する固有ベクトルとするとき，λ と $\boldsymbol{u}$ が満たす関係式 (6.1) は，n 次単位行列 I を用いて

$$\begin{aligned}(6.1) &\iff \lambda\boldsymbol{u} - A\boldsymbol{u} = \boldsymbol{0}\\ &\iff \lambda(I\boldsymbol{u}) - A\boldsymbol{u} = \boldsymbol{0}\\ &\iff (\lambda I)\boldsymbol{u} - A\boldsymbol{u} = \boldsymbol{0}\\ &\iff (\lambda I - A)\boldsymbol{u} = \boldsymbol{0}\end{aligned}$$

と変形される．したがって，固有値 λ に関する固有ベクトル $\boldsymbol{u}$ は，同次連立1次方程式

3.2 節の連立 1 次方程式の行列による表示を思い出そう．

$$(\lambda I - A)\begin{pmatrix} x_1 \\ \vdots \\ x_n \end{pmatrix} = \begin{pmatrix} 0 \\ \vdots \\ 0 \end{pmatrix} \tag{6.2}$$

の自明でない解の 1 つを与える．ここで，もし n 次正方行列 $(\lambda I - A)$ が逆行列をもつならば，(6.2) の両辺に左から $(\lambda I - A)^{-1}$ を掛けることにより，同次連立 1 次方程式 (6.2) は自明な解しかもてないことになる．したがって，λ が A の固有値ならば $(\lambda I - A)$ は逆行列をもたない．よって，系 4.74 (p.115) より

$|\lambda I - A|$ は n 次正方行列 $(\lambda I - A)$ の行列式を表す．

$$|\lambda I - A| = 0 \tag{6.3}$$

が成り立つ．つまり，A の固有値 λ は t に関する方程式

方程式の左辺 $|tI - A|$ は t についての多項式である．

$$|tI - A| = 0$$

の解になる．

定義 6.3 (固有多項式，固有方程式) n 次正方行列 A に対し，文字 t についての多項式

t の代わりに別の文字を用いてもよい．

$$F_A(t) = |tI - A|$$

を A の**固有多項式**という．また t についての方程式

$$F_A(t) = 0$$

を A の**固有方程式**という．

例 6.4　$A = \begin{pmatrix} 2 & 1 \\ 1 & 3 \end{pmatrix}$ の固有多項式は

$$\begin{aligned} F_A(t) &= |tI - A| \\ &= \left| \begin{pmatrix} t & 0 \\ 0 & t \end{pmatrix} - \begin{pmatrix} 2 & 1 \\ 1 & 3 \end{pmatrix} \right| \\ &= \begin{vmatrix} t-2 & -1 \\ -1 & t-3 \end{vmatrix} \\ &= (t-2)(t-3) - (-1)\cdot(-1) \\ &= t^2 - 5t + 5 \end{aligned}$$

である．

注意 6.5　n 次正方行列の固有多項式の次数は n である．

たとえば A が 3 次正方行列ならば，その固有多項式は 3 次多項式である．

問 6.6　次の行列 A の固有多項式を求めよ．

(1)　$A = \begin{pmatrix} 4 & -1 \\ 3 & -7 \end{pmatrix}$　　(2)　$A = \begin{pmatrix} 2 & 4 & -1 \\ 0 & 2 & 1 \\ -3 & 1 & 1 \end{pmatrix}$

定理 6.7　n 次正方行列 A の固有多項式を $F_A(t)$ とするとき，スカラー λ が A の固有値となるための必要十分条件は $F_A(\lambda) = 0$ となることである．

［証明］　λ を A の固有値とするとき，$F_A(\lambda) = 0$ となることは (6.3) で確かめた．ここでは逆に，固有方程式 $F_A(t) = 0$ の解が必ず A の固有値になることを確かめる．$F_A(\alpha) = |\alpha I - A| = 0$ とする．系 4.74 (p.115) より，方程式 $(\alpha I - A)\boldsymbol{x} = \boldsymbol{0}$ を満たす $\boldsymbol{x} = \boldsymbol{b}\ (\neq \boldsymbol{0})$ が存在する．つまり $(\alpha I - A)\boldsymbol{b} = \boldsymbol{0}$ である．これを式変形すると $A\boldsymbol{b} = \alpha\boldsymbol{b}$ となるので，α は A の固有値であり，$\boldsymbol{b}$ は α に関する固有ベクトルである．□

定理 6.7 より，<u>A の固有値をすべて求めるには，固有方程式 $F_A(t) = 0$ を解けばよい</u>．

例題 6.8　行列 $A = \begin{pmatrix} 3 & 1 \\ 2 & 4 \end{pmatrix}$ の固有値を求めよ．

［解答］　A の固有多項式は

$$\begin{aligned} |tI - A| &= \begin{vmatrix} t-3 & -1 \\ -2 & t-4 \end{vmatrix} \\ &= t^2 - 7t + 10 \\ &= (t-2)(t-5) \end{aligned}$$

より，固有方程式 $(t-2)(t-5) = 0$ を解いて，A の固有値は $2, 5$ である．□

例 6.9 $A=\begin{pmatrix}0 & 1\\ -1 & 0\end{pmatrix}$ とするとき，A の固有方程式は $t^2+1=0$ となり，実数解をもたない．このような場合でも，複素数の範囲で考えることにより，固有値，固有ベクトルを求めることができる．たとえば

以下では，固有値が複素数になるような例は扱わないことにする．

$$A\begin{pmatrix}-i\\ 1\end{pmatrix}=i\begin{pmatrix}-i\\ 1\end{pmatrix}$$

より，複素数 i は A の固有値であり，複素数ベクトル $\begin{pmatrix}-i\\ 1\end{pmatrix}$ は A の固有値 i に関する固有ベクトルの 1 つである．

問 6.10 次の行列 A の固有値を求めよ．

(1) $A=\begin{pmatrix}2 & -3\\ -2 & 1\end{pmatrix}$ (2) $A=\begin{pmatrix}3 & -1 & 3\\ 2 & 0 & 1\\ -4 & 2 & -5\end{pmatrix}$

次に，固有ベクトルを求める方法を考える．n 次正方行列 A の固有値が得られているとき，その固有値 λ に関する固有ベクトルを求めるには，同次連立 1 次方程式 (6.2) を解けばよい．つまり，A の固有値 λ に関する固有ベクトルを $\boldsymbol{u}=\begin{pmatrix}x_1\\ \vdots\\ x_n\end{pmatrix}$ とおいて，同次連立 1 次方程式

$$(\lambda I-A)\boldsymbol{u}=\boldsymbol{0}$$

の自明でない解を求めればよい．

$(A-\lambda I)\boldsymbol{u}=\boldsymbol{0}$ を解いても同じである．

例題 6.11 行列 $A=\begin{pmatrix}3 & 1\\ 2 & 4\end{pmatrix}$ の固有値 2 に関する固有ベクトルを求めよ．

例題 6.8 より，2 は A の固有値である．

[解答] 固有値 2 に関する固有ベクトルを $\boldsymbol{u}=\begin{pmatrix}x\\ y\end{pmatrix}$ とする．同次連立 1 次方程式

$$(2I-A)\boldsymbol{u}=\boldsymbol{0},$$

つまり

$$\begin{pmatrix}2-3 & -1\\ -2 & 2-4\end{pmatrix}\begin{pmatrix}x\\ y\end{pmatrix}=\begin{pmatrix}0\\ 0\end{pmatrix}$$

を解くと，

$$\begin{cases}x=-c\\ y=c\end{cases}\quad (c\text{ は任意の数})$$

より，固有ベクトルは

$$\boldsymbol{u}=\begin{pmatrix}x\\ y\end{pmatrix}=c\begin{pmatrix}-1\\ 1\end{pmatrix}\quad (\text{ただし } c\neq 0).$$ □

零ベクトルは固有ベクトルでないので，$\boldsymbol{u}\neq\boldsymbol{0}$ でなければならないことに注意する．

問 6.12 行列 $A = \begin{pmatrix} 3 & 1 \\ 2 & 4 \end{pmatrix}$ の固有値 5 に関する固有ベクトルを求めよ.

A が 3 次正方行列の場合には，固有値を求めるために 3 次方程式を解き，固有ベクトルを求めるために，未知数が 3 つの同次連立 1 次方程式を解かなければならない.

例題 6.13 行列 $A = \begin{pmatrix} 1 & -1 & -1 \\ 1 & 3 & -5 \\ 1 & 1 & -3 \end{pmatrix}$ の固有値と固有ベクトルを求めよ.

［解答］ A の固有多項式は

$$\begin{aligned} |tI - A| &= \begin{vmatrix} t-1 & 1 & 1 \\ -1 & t-3 & 5 \\ -1 & -1 & t+3 \end{vmatrix} \\ &= t(t+1)(t-2) \end{aligned}$$

であるから，A の固有値は $-1, 0, 2$ である.

方程式 $|A - tI| = 0$ を解いてもよい.

固有値 -1 に関する固有ベクトルを $\boldsymbol{u}_1 = \begin{pmatrix} x \\ y \\ z \end{pmatrix}$ とおくと，$(-I - A)\boldsymbol{u}_1 = \mathbf{0}$ より,

$$\begin{pmatrix} -1-1 & 1 & 1 \\ -1 & -1-3 & 5 \\ -1 & -1 & -1+3 \end{pmatrix} \begin{pmatrix} x \\ y \\ z \end{pmatrix} = \begin{pmatrix} 0 \\ 0 \\ 0 \end{pmatrix}$$

である．この同次連立 1 次方程式の係数行列

$$\begin{pmatrix} -2 & 1 & 1 \\ -1 & -4 & 5 \\ -1 & -1 & 2 \end{pmatrix}$$

は行基本変形の繰り返しにより

$$\begin{pmatrix} 1 & 0 & -1 \\ 0 & 1 & -1 \\ 0 & 0 & 0 \end{pmatrix}$$

となるので，解は

$$\begin{cases} x = c \\ y = c \quad (c \text{ は任意の数}) \\ z = c \end{cases}$$

3.3 節の同次連立 1 次方程式の解法を思い出そう.

である．よって $\boldsymbol{u}_1 = c \begin{pmatrix} 1 \\ 1 \\ 1 \end{pmatrix}$ （ただし $c \neq 0$).

同様にして，固有値 0 に関する固有ベクトルを $\boldsymbol{u}_2 = \begin{pmatrix} x \\ y \\ z \end{pmatrix}$ とおき，同次連立 1 次方程式

固有値 $0, 2$ に関しても，固有値 -1 の場合と同様に，同次連立 1 次方程式の係数行列の基本変形の計算を行う．

$(0I - A)\boldsymbol{u}_2 = \boldsymbol{0}$ を解くことにより，

$$\begin{cases} x = 2c \\ y = c \\ z = c \end{cases} \quad (c \text{ は任意の数})$$

を得る．よって $\boldsymbol{u}_2 = c\begin{pmatrix} 2 \\ 1 \\ 1 \end{pmatrix}$ (ただし $c \neq 0$).

最後に，固有値 2 に関する固有ベクトルを $\boldsymbol{u}_3 = \begin{pmatrix} x \\ y \\ z \end{pmatrix}$ とおき，同次連立 1 次方程式 $(2I - A)\boldsymbol{u}_3 = \boldsymbol{0}$ を解くことにより，

$$\begin{cases} x = -c \\ y = c \\ z = 0 \end{cases} \quad (c \text{ は任意の数})$$

を得る．よって $\boldsymbol{u}_3 = c\begin{pmatrix} -1 \\ 1 \\ 0 \end{pmatrix}$ (ただし $c \neq 0$). □

上の例題 6.13 では A の固有方程式が異なる 3 つの解をもっていたが，次の例題のように，固有方程式が重解をもつ場合もある．

例題 6.14 行列 $A = \begin{pmatrix} -1 & -2 & 0 \\ 1 & 3 & -1 \\ 3 & 2 & 2 \end{pmatrix}$ の固有値と固有ベクトルを求めよ．

[解答] A の固有多項式は

$$|tI - A| = \begin{vmatrix} t+1 & 2 & 0 \\ -1 & t-3 & 1 \\ -3 & -2 & t-2 \end{vmatrix}$$
$$= (t-1)^2(t-2)$$

A の固有方程式の解 $t = 1$ は重解である．

であるから，A の固有値は $1, 2$ である．

固有値 1 に関する固有ベクトルを $\boldsymbol{u}_1 = \begin{pmatrix} x \\ y \\ z \end{pmatrix}$ とおき，同次連立 1 次方程式 $(I - A)\boldsymbol{u}_1 = \boldsymbol{0}$ を解くことにより，

$$\begin{cases} x = -c \\ y = c \\ z = c \end{cases} \quad (c \text{ は任意の数})$$

を得る．よって $\boldsymbol{u}_1 = c\begin{pmatrix} -1 \\ 1 \\ 1 \end{pmatrix}$ (ただし $c \neq 0$).

次に，固有値 2 に関する固有ベクトルを $\boldsymbol{u}_2 = \begin{pmatrix} x \\ y \\ z \end{pmatrix}$ とおき，同次連立 1 次方程式 $(2I - A)\boldsymbol{u}_2 = \boldsymbol{0}$ を解くことにより，

$$\begin{cases} x = -2c \\ y = 3c \\ z = c \end{cases} \quad (c \text{ は任意の数})$$

を得る．よって $\boldsymbol{u}_2 = c\begin{pmatrix} -2 \\ 3 \\ 1 \end{pmatrix}$ (ただし $c \neq 0$). □

上の例題 6.13 と例題 6.14 では，各固有値に関する固有ベクトルの方向は 1 つに決まっていたが，次の例題のように，ある固有値に関する固有ベクトルの方向が 1 つに決まらない場合もある．

例題 6.15 行列 $A = \begin{pmatrix} -1 & 4 & -2 \\ -2 & 5 & -2 \\ -1 & 2 & 0 \end{pmatrix}$ の固有値と固有ベクトルを求めよ．

[解答] A の固有多項式は

$$\begin{aligned} |tI - A| &= \begin{vmatrix} t+1 & -4 & 2 \\ 2 & t-5 & 2 \\ 1 & -2 & t \end{vmatrix} \\ &= (t-1)^2(t-2) \end{aligned}$$

であるから，A の固有値は 1, 2 である．

固有値 1 に関する固有ベクトルを $\boldsymbol{u}_1 = \begin{pmatrix} x \\ y \\ z \end{pmatrix}$ とおくと，同次連立 1 次方程式 $(I - A)\boldsymbol{u}_1 = \boldsymbol{0}$ の係数行列

$$\begin{pmatrix} 2 & -4 & 2 \\ 2 & -4 & 2 \\ 1 & -2 & 1 \end{pmatrix}$$

は行基本変形の繰り返しにより

$$\begin{pmatrix} 1 & -2 & 1 \\ 0 & 0 & 0 \\ 0 & 0 & 0 \end{pmatrix}$$

となるので，解は

$$\begin{cases} x = 2c_1 - c_2 \\ y = c_1 \\ z = c_2 \end{cases} \quad (c_1,\ c_2 \text{ は任意の数})$$

である．よって $\boldsymbol{u}_1 = c_1\begin{pmatrix} 2 \\ 1 \\ 0 \end{pmatrix} + c_2\begin{pmatrix} -1 \\ 0 \\ 1 \end{pmatrix}$ (ただし $(c_1, c_2) \neq (0, 0)$).

2 つの任意定数 c_1，c_2 をもち，固有値 1 の固有ベクトルの方向が 1 つに決まらない．

次に，固有値 2 に関する固有ベクトルを $\boldsymbol{u}_2 = \begin{pmatrix} x \\ y \\ z \end{pmatrix}$ とおき，同次連立 1 次方程式 $(2I - A)\boldsymbol{u}_2 = \boldsymbol{0}$ を解くことにより，

$$\begin{cases} x = 2c \\ y = 2c \\ z = c \end{cases} \quad (c \text{ は任意の数})$$

を得る．よって $\boldsymbol{u}_2 = c\begin{pmatrix} 2 \\ 2 \\ 1 \end{pmatrix}$ (ただし $c \neq 0$). □

問 6.16 次の行列 A の固有値と固有ベクトルを求めよ．

(1) $A = \begin{pmatrix} 1 & 8 \\ 2 & 1 \end{pmatrix}$ (2) $A = \begin{pmatrix} 1 & 3 & -1 \\ 1 & -1 & 1 \\ 1 & -3 & 3 \end{pmatrix}$ (3) $A = \begin{pmatrix} 1 & -2 & -2 \\ 1 & -2 & -4 \\ -1 & 1 & 3 \end{pmatrix}$

6.2 固有空間

前節の例題 6.14 と例題 6.15 における行列 A の固有多項式はまったく同じであるにもかかわらず，固有値 1 に関する固有ベクトルの方向の自由度が異なっていた．本節では，ある固有値に関する固有ベクトル全体が生成する線形部分空間として固有空間の概念を導入し，上記 2 つの例題の違いをより明確に理解する．そして，次節で学ぶ行列の対角化において用いられる定理 (定理 6.24) を準備する．

定義 6.17 (固有空間) λ を n 次正方行列 A の固有値とするとき，同次連立 1 次方程式

$$(\lambda I - A)\begin{pmatrix} x_1 \\ \vdots \\ x_n \end{pmatrix} = \begin{pmatrix} 0 \\ \vdots \\ 0 \end{pmatrix}$$

の解全体のなす $\mathbb{R}^n$ の線形部分空間を $W(\lambda, A)$ と表し，A の固有値 λ に関する**固有空間**という．

同次連立 1 次方程式の解全体の集合が線形部分空間となることは 5.4.2 項で学んだ．

注意 6.18 すでに定義した固有ベクトルとは，固有空間に含まれる零でないベクトルのことである．いい換えると，固有ベクトル全体の集合に零ベクトル $\boldsymbol{0}$ を加えた集合が固有空間である．固有値 λ の固有空間は零でないベクトルを必ず含むので，$\dim W(\lambda, A) \geq 1$ である．

例 6.19 例題 6.14 より，行列 $A = \begin{pmatrix} -1 & -2 & 0 \\ 1 & 3 & -1 \\ 3 & 2 & 2 \end{pmatrix}$ の固有値は 1, 2 である．各固有値に関する固有空間は

$$W(1, A) = \mathrm{Span}\left\{\begin{pmatrix} -1 \\ 1 \\ 1 \end{pmatrix}\right\}, \quad W(2, A) = \mathrm{Span}\left\{\begin{pmatrix} -2 \\ 3 \\ 1 \end{pmatrix}\right\}$$

であり，次元は $\dim W(1, A) = 1$, $\dim W(2, A) = 1$ である．

例 6.20 例題 6.15 より，行列 $A = \begin{pmatrix} -1 & 4 & -2 \\ -2 & 5 & -2 \\ -1 & 2 & 0 \end{pmatrix}$ の固有値は 1, 2 である．各固有値に関する固有空間は

$$W(1, A) = \mathrm{Span}\left\{\begin{pmatrix} 2 \\ 1 \\ 0 \end{pmatrix}, \begin{pmatrix} -1 \\ 0 \\ 1 \end{pmatrix}\right\}, \quad W(2, A) = \mathrm{Span}\left\{\begin{pmatrix} 2 \\ 2 \\ 1 \end{pmatrix}\right\}$$

であり，次元は $\dim W(1, A) = 2$, $\dim W(2, A) = 1$ である．

一般に，固有空間の次元は次の定理により計算できる．

定理 6.21 n 次正方行列 A の固有値 λ に関する固有空間の次元は

$$\dim W(\lambda, A) = n - \mathrm{rank}\,(\lambda I - A)$$

である．

[証明] 同次連立 1 次方程式の解空間の次元に関する定理 5.56 (p.145) より，直ちに従う． □

例題 6.22 行列 $A = \begin{pmatrix} 5 & -2 & -2 \\ -2 & 5 & 2 \\ 2 & -2 & 1 \end{pmatrix}$ の各固有値に関する固有空間の次元を求めよ．

[解答] A の固有多項式は

$$|tI - A| = \begin{vmatrix} t-5 & 2 & 2 \\ 2 & t-5 & -2 \\ -2 & 2 & t-1 \end{vmatrix}$$
$$= (t-3)^2(t-5)$$

であるから，A の固有値は 3, 5 である．

$$3I - A = \begin{pmatrix} 3-5 & 2 & 2 \\ 2 & 3-5 & -2 \\ -2 & 2 & 3-1 \end{pmatrix}$$

は行基本変形の繰り返しにより，

$$\begin{pmatrix} 1 & -1 & -1 \\ 0 & 0 & 0 \\ 0 & 0 & 0 \end{pmatrix}$$

となるので，$\dim W(3, A) = 3 - \mathrm{rank}\,(3I - A) = 2$ である．また，

$$5I - A = \begin{pmatrix} 5-5 & 2 & 2 \\ 2 & 5-5 & -2 \\ -2 & 2 & 5-1 \end{pmatrix}$$

は行基本変形の繰り返しにより，

$$\begin{pmatrix} 1 & 0 & -1 \\ 0 & 1 & 1 \\ 0 & 0 & 0 \end{pmatrix}$$

となるので，$\dim W(5, A) = 3 - \mathrm{rank}\,(5I - A) = 1$ である． □

問 6.23 問 6.16 の行列 A について，各固有値に関する固有空間の次元を求めよ．

次の定理は，次節で学ぶ対角化を行う際に有用である．

定理 6.24 の証明は Web「固有ベクトルの1 次独立性」で与える．

定理 6.24 $\lambda_1, \ldots, \lambda_m$ を A の相異なる固有値とし，$d_i = \dim W(\lambda_i, A)$ とする．$\boldsymbol{u}_{i,1}, \ldots, \boldsymbol{u}_{i,d_i}$ を固有空間 $W(\lambda_i, A)$ の基底とするとき，$d_1 + \cdots + d_m$ 個のベクトルの組

$$\underbrace{\boldsymbol{u}_{1,1}, \ldots, \boldsymbol{u}_{1,d_1}}_{d_1\text{ 個}},\ \ldots\ldots,\ \underbrace{\boldsymbol{u}_{m,1}, \ldots, \boldsymbol{u}_{m,d_m}}_{d_m\text{ 個}} \tag{6.4}$$

は 1 次独立である．

定理 6.24 は，異なる固有値に対応する固有ベクトルは平行ではないという次の基本的な定理を一般化したものである．

2 つの数ベクトル $\boldsymbol{u}_1$, $\boldsymbol{u}_2$ が 1 次従属であるとき，$\boldsymbol{u}_1$ と $\boldsymbol{u}_2$ は平行であるという．

定理 6.25 λ_1, λ_2 を A の異なる固有値とし，固有値 λ_1 に関する固有ベクトルを $\boldsymbol{u}_1$，固有値 λ_2 に関する固有ベクトルを $\boldsymbol{u}_2$ とする．このとき，$\boldsymbol{u}_1, \boldsymbol{u}_2$ は 1 次独立である．

［証明］ $\boldsymbol{u}_1, \boldsymbol{u}_2$ が 1 次関係

$$c_1\boldsymbol{u}_1 + c_2\boldsymbol{u}_2 = \boldsymbol{0} \tag{6.5}$$

をもつとする．(6.5) の両辺に左から A を掛けると，$\boldsymbol{u}_i$ が固有値 λ_i に関する固有ベクトルであることから，

$A(c_1\boldsymbol{u}_1 + c_2\boldsymbol{u}_2) = c_1A\boldsymbol{u}_1 + c_2A\boldsymbol{u}_2 = c_1\lambda_1\boldsymbol{u}_1 + c_2\lambda_2\boldsymbol{u}_2$ である．

$$c_1\lambda_1\boldsymbol{u}_1 + c_2\lambda_2\boldsymbol{u}_2 = \boldsymbol{0} \tag{6.6}$$

となる．(6.6) $-\lambda_2\times$ (6.5) を計算すると，$c_1(\lambda_1-\lambda_2)\boldsymbol{u}_1=\boldsymbol{0}$ となるから，$(\lambda_1-\lambda_2)\boldsymbol{u}_1\neq\boldsymbol{0}$ より $c_1=0$ である．よって，$c_2\boldsymbol{u}_2=\boldsymbol{0}$ となるから，$\boldsymbol{u}_2\neq\boldsymbol{0}$ より $c_2=0$ である．したがって，$\boldsymbol{u}_1,\boldsymbol{u}_2$ は自明な 1 次関係しかもたない． □

注意 6.26 定理 6.24 と系 5.20 (p.131) より，n 次正方行列 A の相異なる固有値 $\lambda_1,\ldots,\lambda_m$ に対し，

$$\dim W(\lambda_1,A)+\cdots+\dim W(\lambda_m,A)\leq n$$

であることがわかる．

例 6.27 3 次正方行列 A の固有多項式が $F_A(t)=(t-\lambda_1)(t-\lambda_2)(t-\lambda_3)$ となり，A が異なる 3 つの固有値 $\lambda_1,\lambda_2,\lambda_3$ をもつとする．$i=1,2,3$ について，$\boldsymbol{u}_i$ を λ_i に関する固有ベクトルとするとき，定理 6.24 により

$\boldsymbol{u}_i$ は 1 次元部分空間 $W(\lambda_i,A)$ の基底である．

$$\boldsymbol{u}_1,\ \boldsymbol{u}_2,\ \boldsymbol{u}_3$$

は 1 次独立となり，$\mathbb{R}^3$ の基底を与える．

例 6.28 3 次正方行列 A の固有多項式が $F_A(t)=(t-\lambda_1)^2(t-\lambda_2)$ となり，A が異なる 2 つの固有値 λ_1,λ_2 をもつとする．$\dim W(\lambda_1,A)=2$ であるとき

$$\boldsymbol{u}_{1,1},\ \boldsymbol{u}_{1,2}$$

を $W(\lambda_1,A)$ の基底とする．$\boldsymbol{u}_2$ を λ_2 に関する固有ベクトルとするとき，定理 6.24 により

$$\boldsymbol{u}_{1,1},\ \boldsymbol{u}_{1,2},\ \boldsymbol{u}_2$$

は 1 次独立となり，$\mathbb{R}^3$ の基底を与える．

正則行列について，定義 2.63 (p.57) を思い出そう．

6.3 行列の対角化

(6.7) の右辺のように，対角成分以外の成分がすべて 0 の正方行列を**対角行列**とよぶ．

定義 6.29 n 次正方行列 A に対し，n 次正則行列 P で $P^{-1}AP$ が対角行列になるものを求め，

$$P^{-1}AP=\begin{pmatrix}\alpha_1 & 0 & \cdots & 0\\ 0 & \alpha_2 & \ddots & \vdots\\ \vdots & \ddots & \ddots & 0\\ 0 & \cdots & 0 & \alpha_n\end{pmatrix}\tag{6.7}$$

と表すことを，A の**対角化**という．

例 6.30 行列 $A=\begin{pmatrix}2&1\\1&2\end{pmatrix}$ に対し，$P=\begin{pmatrix}1&-1\\1&1\end{pmatrix}$ とすると，P は正則行列であり，

$$P^{-1}AP=\frac{1}{2}\begin{pmatrix}1&1\\-1&1\end{pmatrix}\begin{pmatrix}2&1\\1&2\end{pmatrix}\begin{pmatrix}1&-1\\1&1\end{pmatrix}=\begin{pmatrix}3&0\\0&1\end{pmatrix}$$

と対角化することができる．

例 6.30 では，対角化するための正則行列 P が与えられていたが，実際には対角化するための正則行列 P をみつけることが重要な問題である．本節では，与えられた n 次正方行列 A を対角化するための正則行列 P をみつけ，A を対角化する方法を学ぶ．

n 次正方行列 A が n 次正則行列 P により，(6.7) のように対角化されると仮定する．このとき (6.7) の両辺に左から P を掛けると

$$AP=P\begin{pmatrix}\alpha_1&0&\cdots&0\\0&\alpha_2&\ddots&\vdots\\\vdots&\ddots&\ddots&0\\0&\cdots&0&\alpha_n\end{pmatrix} \tag{6.8}$$

となる．ここで，P を n 項数ベクトル $\boldsymbol{u}_j$ により

$$P=\begin{pmatrix}\boldsymbol{u}_1&\cdots&\boldsymbol{u}_n\end{pmatrix}$$

2.3.5 項で学んだ分割表示を思い出そう．

と分割表示すれば，(6.8) は

$$A\begin{pmatrix}\boldsymbol{u}_1&\cdots&\boldsymbol{u}_n\end{pmatrix}=\begin{pmatrix}\boldsymbol{u}_1&\cdots&\boldsymbol{u}_n\end{pmatrix}\begin{pmatrix}\alpha_1&0&\cdots&0\\0&\alpha_2&\ddots&\vdots\\\vdots&\ddots&\ddots&0\\0&\cdots&0&\alpha_n\end{pmatrix}$$

と表され，

$$\begin{pmatrix}A\boldsymbol{u}_1&\cdots&A\boldsymbol{u}_n\end{pmatrix}=\begin{pmatrix}\alpha_1\boldsymbol{u}_1&\cdots&\alpha_n\boldsymbol{u}_n\end{pmatrix} \tag{6.9}$$

$\begin{pmatrix}\boldsymbol{u}_1&\cdots&\boldsymbol{u}_n\end{pmatrix}\begin{pmatrix}\alpha_1&&0\\&\ddots&\\0&&\alpha_n\end{pmatrix}=\begin{pmatrix}\alpha_1\boldsymbol{u}_1&\cdots&\alpha_n\boldsymbol{u}_n\end{pmatrix}$ であることに注意する．

が成り立つ．(6.9) の両辺の第 j 列をみると

$$A\boldsymbol{u}_j=\alpha_j\boldsymbol{u}_j$$

が得られる．P が正則行列なので $\boldsymbol{u}_j\neq\boldsymbol{0}$ であるから，α_j は A の固有値で，$\boldsymbol{u}_j$ はその固有ベクトルになっている．つまり，(6.7) のように対角化されるならば，対角行列の各対角成分 α_j は A の固有値で，P の各列は固有ベクトルになっていることがわかる．

$\alpha_1,\ldots,\alpha_n$ の中には同じ値が含まれていてもよい．

定理 6.31 $\alpha_1,\ldots,\alpha_n$ を n 次正方行列 A の固有値とする．$1\leq j\leq n$ について，$\boldsymbol{u}_j$ を固有値 α_j に関する固有ベクトルとし，$P=\begin{pmatrix}\boldsymbol{u}_1&\cdots&\boldsymbol{u}_n\end{pmatrix}$ とおく．

もし P が正則行列ならば

$$P^{-1}AP = \begin{pmatrix} \alpha_1 & 0 & \cdots & 0 \\ 0 & \alpha_2 & \ddots & \vdots \\ \vdots & \ddots & \ddots & 0 \\ 0 & \cdots & 0 & \alpha_n \end{pmatrix}$$

が成り立つ.

P が正則行列であることと，$\boldsymbol{u}_1, \ldots, \boldsymbol{u}_n$ が 1 次独立であることは同値である.

［証明］ ベクトル $\boldsymbol{u}_j$ が固有値 α_j に関する固有ベクトルであることから，上の (6.9) が成り立ち，変形すると (6.8) を得る．(6.8) の両辺に左から P の逆行列を掛ければよい． □

例 6.32 例題 6.8 より，$A = \begin{pmatrix} 3 & 1 \\ 2 & 4 \end{pmatrix}$ の固有値は 2 と 5 であり，固有値 2 に関する固有ベクトルの 1 つとして $\boldsymbol{u}_1 = \begin{pmatrix} -1 \\ 1 \end{pmatrix}$ が，固有値 5 に関する固有ベクトルの 1 つとして $\boldsymbol{u}_2 = \begin{pmatrix} 1 \\ 2 \end{pmatrix}$ がとれる．このとき

$$\begin{aligned} A(\boldsymbol{u}_1 \ \ \boldsymbol{u}_2) &= (A\boldsymbol{u}_1 \ \ A\boldsymbol{u}_2) \\ &= (2\boldsymbol{u}_1 \ \ 5\boldsymbol{u}_2) = (\boldsymbol{u}_1 \ \ \boldsymbol{u}_2)\begin{pmatrix} 2 & 0 \\ 0 & 5 \end{pmatrix} \end{aligned}$$

であるから，

$$P = (\boldsymbol{u}_1 \ \ \boldsymbol{u}_2) = \begin{pmatrix} -1 & 1 \\ 1 & 2 \end{pmatrix}$$

とおくと，P は正則であり，

$$P^{-1}AP = \begin{pmatrix} 2 & 0 \\ 0 & 5 \end{pmatrix}$$

と対角化することができる．

固有値の順序を入れ換えると，$A(\boldsymbol{u}_2 \ \ \boldsymbol{u}_1) = (\boldsymbol{u}_2 \ \boldsymbol{u}_1)\begin{pmatrix} 5 & 0 \\ 0 & 2 \end{pmatrix}$ なので，$Q = (\boldsymbol{u}_2 \ \boldsymbol{u}_1)$ により，

$$Q^{-1}AQ = \begin{pmatrix} 5 & 0 \\ 0 & 2 \end{pmatrix}$$

と対角化することもできる．

注意 6.33 定理 6.31 における行列 P が正則であるためには，系 5.21 (p.132) より，固有ベクトル $\boldsymbol{u}_1, \ldots, \boldsymbol{u}_n$ が 1 次独立でなければならない．n 次正方行列 A の固有値全体の集合を $\{\lambda_1, \ldots, \lambda_m\}$ とするとき，

$$\dim W(\lambda_1, A) + \cdots + \dim W(\lambda_m, A) = n$$

が成り立つならば，定理 6.24 における 1 次独立なベクトルの組 (6.4) を $\boldsymbol{u}_1, \ldots, \boldsymbol{u}_n$ とすることにより，A を対角化することができる．特に，n 次正方行列 A が相異なる n 個の固有値をもつ場合には，各固有空間の次元が 1 以上であることから，必ず A を対角化することができる．

対角化するためには，各固有空間の基底を求めなければならない．

例 6.34 例 6.27 のように，3 次正方行列 A が相異なる 3 つの固有値をもつ場合には，A を対角化することができる．例 6.27 におけるベクトル $\boldsymbol{u}_1, \boldsymbol{u}_2, \boldsymbol{u}_3$ により $P = \begin{pmatrix} \boldsymbol{u}_1 & \boldsymbol{u}_2 & \boldsymbol{u}_3 \end{pmatrix}$ とすれば，P は正則行列であり，

$$P^{-1}AP = \begin{pmatrix} \lambda_1 & 0 & 0 \\ 0 & \lambda_2 & 0 \\ 0 & 0 & \lambda_3 \end{pmatrix}$$

となる．

例 6.35 例 6.28 のように，3 次正方行列 A が固有値を 2 つしかもたない場合でも，固有空間の次元の和が 3 であれば A を対角化することができる．例 6.28 におけるベクトル $\boldsymbol{u}_{1,1}, \boldsymbol{u}_{1,2}, \boldsymbol{u}_2$ により $P = \begin{pmatrix} \boldsymbol{u}_{1,1} & \boldsymbol{u}_{1,2} & \boldsymbol{u}_2 \end{pmatrix}$ とすれば，P は正則行列であり，

$$P^{-1}AP = \begin{pmatrix} \lambda_1 & 0 & 0 \\ 0 & \lambda_1 & 0 \\ 0 & 0 & \lambda_2 \end{pmatrix}$$

となる．

例題 6.36 行列 $A = \begin{pmatrix} 1 & -1 & -1 \\ 1 & 3 & -5 \\ 1 & 1 & -3 \end{pmatrix}$ を対角化せよ．

［解答］ 例題 6.13 より，A の固有値は -1, 0, 2 であり，固有値 -1 に関する固有ベクトルとして $\boldsymbol{u}_1 = \begin{pmatrix} 1 \\ 1 \\ 1 \end{pmatrix}$，固有値 0 に関する固有ベクトルとして $\boldsymbol{u}_2 = \begin{pmatrix} 2 \\ 1 \\ 1 \end{pmatrix}$，固有値 2 に関する固有ベクトルとして $\boldsymbol{u}_3 = \begin{pmatrix} -1 \\ 1 \\ 0 \end{pmatrix}$ がとれる．

$$P = \begin{pmatrix} \boldsymbol{u}_1 & \boldsymbol{u}_2 & \boldsymbol{u}_3 \end{pmatrix} = \begin{pmatrix} 1 & 2 & -1 \\ 1 & 1 & 1 \\ 1 & 1 & 0 \end{pmatrix}$$

とおけば，P は正則行列であり，

$$P^{-1}AP = \begin{pmatrix} -1 & 0 & 0 \\ 0 & 0 & 0 \\ 0 & 0 & 2 \end{pmatrix}$$

が成り立つ． □

固有ベクトルの取り方はいろいろある．たとえば $\boldsymbol{u}_1 = \begin{pmatrix} 3 \\ 3 \\ 3 \end{pmatrix}$ と取り替え，

$$P = \begin{pmatrix} 3 & 2 & -1 \\ 3 & 1 & 1 \\ 3 & 1 & 0 \end{pmatrix}$$

としても，同じ結果が得られる．

定理 6.24 より，P が正則であることがわかる．

注意 6.37 対角化する際には，固有値と固有ベクトルの順序に注意する．たとえば，例題 6.36 においては $Q = \begin{pmatrix} \boldsymbol{u}_2 & \boldsymbol{u}_1 & \boldsymbol{u}_3 \end{pmatrix} = \begin{pmatrix} 2 & 1 & -1 \\ 1 & 1 & 1 \\ 1 & 1 & 0 \end{pmatrix}$ とおいて，

$Q^{-1}AQ = \begin{pmatrix} 0 & 0 & 0 \\ 0 & -1 & 0 \\ 0 & 0 & 2 \end{pmatrix}$ と対角化することもできる．

例題 6.38　行列 $A = \begin{pmatrix} -1 & 4 & -2 \\ -2 & 5 & -2 \\ -1 & 2 & 0 \end{pmatrix}$ を対角化せよ．

［解答］　例題 6.15 より，A の固有値は $1, 2$ であり，固有値 1 に関する固有空間の基底として，

$$\begin{pmatrix} 2 \\ 1 \\ 0 \end{pmatrix}, \quad \begin{pmatrix} -1 \\ 0 \\ 1 \end{pmatrix}$$

がとれ，固有値 2 に関する固有空間の基底として $\begin{pmatrix} 2 \\ 2 \\ 1 \end{pmatrix}$ がとれる．

固有値 1 に関する固有空間の次元が 2 であったので，2 つの 1 次独立なベクトルが基底を与える．この場合も基底の取り方はいろいろある．

$$P = \begin{pmatrix} 2 & -1 & 2 \\ 1 & 0 & 2 \\ 0 & 1 & 1 \end{pmatrix}$$

とおけば，P は正則行列であり，

$$P^{-1}AP = \begin{pmatrix} 1 & 0 & 0 \\ 0 & 1 & 0 \\ 0 & 0 & 2 \end{pmatrix}$$

が成り立つ．　□

注意 6.39　対角化することができない正方行列も存在する．たとえば，例題 6.14 における行列 $A = \begin{pmatrix} -1 & -2 & 0 \\ 1 & 3 & -1 \\ 3 & 2 & 2 \end{pmatrix}$ は，正則行列 P をどのようにとっても対角化することができない．詳しくは 6.4 節で説明する．

問 6.40　問 6.16 の行列 A を対角化せよ．

6.4　対角化可能性

6.3 節では与えられた n 次正方行列を対角化する方法を学んだが，対角化できない行列も存在する．

定義 6.41 (対角化可能)　n 次正方行列 A に対し，n 次正則行列 P で $P^{-1}AP$ が対角行列となるものが存在するとき，A は**対角化可能**であるという．

定理 6.42 n 次正方行列 A について，次の 3 条件は同値である．

(1) A は対角化可能である．

(2) A の固有ベクトルからなる $\mathbb{R}^n$ の基底が存在する．

(3) A の固有値全体の集合を $\{\lambda_1, \ldots, \lambda_m\}$ とするとき，

$$\dim W(\lambda_1, A) + \cdots + \dim W(\lambda_m, A) = n$$

が成り立つ．

[証明] (3) ⇒ (1) が成り立つことは，注意 6.33 においてすでに説明した．

(1) ⇒ (2) の証明： 正則行列 P により，$P^{-1}AP$ が対角行列となるとき，P の各列 $\boldsymbol{u}_1, \ldots, \boldsymbol{u}_n$ は 1 次独立な A の固有ベクトルであるから，これらは $\mathbb{R}^n$ の基底である．

(2) ⇒ (3) の証明： $\boldsymbol{u}_1, \ldots, \boldsymbol{u}_n$ を A の固有ベクトルからなる $\mathbb{R}^n$ の基底とする．これらのうち固有値 λ_j に関する固有ベクトルの個数を d_j とすると，それらは 1 次独立なので $d_j \leq \dim W(\lambda_j, A)$ である．よって

$$n = d_1 + \cdots + d_m \leq \dim W(\lambda_1, A) + \cdots + \dim W(\lambda_m, A)$$

となる．ここで注意 6.26 により，上の不等式において等号が成り立つ． □

例 6.43 例 6.19 より，行列 $A = \begin{pmatrix} -1 & -2 & 0 \\ 1 & 3 & -1 \\ 3 & 2 & 2 \end{pmatrix}$ の固有空間の次元について，

$$\dim W(1, A) + \dim W(2, A) = 2 < 3$$

となるので，定理 6.42 より A は正則行列 P をどのようにとっても対角化することはできない．

問 6.44 次の行列 A が対角化可能かどうかを調べ，対角化可能であるときには対角化せよ．

(1) $A = \begin{pmatrix} 1 & 1 \\ 0 & 1 \end{pmatrix}$ (2) $A = \begin{pmatrix} 3 & 1 & 2 \\ 2 & 4 & 4 \\ -1 & -1 & 0 \end{pmatrix}$

(3) $A = \begin{pmatrix} 3 & -8 & -8 \\ 4 & -8 & -7 \\ -4 & 7 & 6 \end{pmatrix}$

6.5　対角化の応用

6.5.1　行列の m 乗の計算

例 6.45　例 6.30 より，行列 $A = \begin{pmatrix} 2 & 1 \\ 1 & 2 \end{pmatrix}$ は正則行列 $P = \begin{pmatrix} 1 & -1 \\ 1 & 1 \end{pmatrix}$ により，

$$P^{-1}AP = \begin{pmatrix} 3 & 0 \\ 0 & 1 \end{pmatrix}$$

と対角化することができる．$B = P^{-1}AP$ とおくと，$A = PBP^{-1}$ より，自然数 m について

$$\begin{aligned} A^m &= \underbrace{(PBP^{-1})(PBP^{-1})\cdots(PBP^{-1})}_{m\text{ 個}} \\ &= PB(P^{-1}P)B(P^{-1}P)\cdots(P^{-1}P)BP^{-1} \\ &= P\underbrace{BB\cdots B}_{m\text{ 個}}P^{-1} \\ &= PB^mP^{-1} \\ &= \begin{pmatrix} 1 & -1 \\ 1 & 1 \end{pmatrix}\begin{pmatrix} 3^m & 0 \\ 0 & 1 \end{pmatrix}\begin{pmatrix} \frac{1}{2} & \frac{1}{2} \\ -\frac{1}{2} & \frac{1}{2} \end{pmatrix} \\ &= \frac{1}{2}\begin{pmatrix} 3^m+1 & 3^m-1 \\ 3^m-1 & 3^m+1 \end{pmatrix} \end{aligned}$$

が得られる．

$$B^m = \begin{pmatrix} 3 & 0 \\ 0 & 1 \end{pmatrix}^m = \begin{pmatrix} 3^m & 0 \\ 0 & 1^m \end{pmatrix}$$

である．

このように正方行列 A を対角化することにより，行列 A^m の各成分を m の式により表すことができる．

定理 6.46　n 次正方行列 A が n 次正則行列 P により

$$P^{-1}AP = \begin{pmatrix} \alpha_1 & 0 & \cdots & 0 \\ 0 & \alpha_2 & \ddots & \vdots \\ \vdots & \ddots & \ddots & 0 \\ 0 & \cdots & 0 & \alpha_n \end{pmatrix}$$

と対角化されているとき，

$$A^m = P\begin{pmatrix} \alpha_1^m & 0 & \cdots & 0 \\ 0 & \alpha_2^m & \ddots & \vdots \\ \vdots & \ddots & \ddots & 0 \\ 0 & \cdots & 0 & \alpha_n^m \end{pmatrix}P^{-1}$$

である．

［証明］

$$\begin{pmatrix} \alpha_1 & 0 & \cdots & 0 \\ 0 & \alpha_2 & \ddots & \vdots \\ \vdots & \ddots & \ddots & 0 \\ 0 & \cdots & 0 & \alpha_n \end{pmatrix}^m = \begin{pmatrix} \alpha_1^m & 0 & \cdots & 0 \\ 0 & \alpha_2^m & \ddots & \vdots \\ \vdots & \ddots & \ddots & 0 \\ 0 & \cdots & 0 & \alpha_n^m \end{pmatrix}$$

であることに注意して，例 6.45 と同様に考えればよい． □

例題 6.47 行列 $A = \begin{pmatrix} 1 & -1 & -1 \\ 1 & 3 & -5 \\ 1 & 1 & -3 \end{pmatrix}$ に対し，A^m を求めよ．

［解答］ 例題 6.36 より，$P = \begin{pmatrix} 1 & 2 & -1 \\ 1 & 1 & 1 \\ 1 & 1 & 0 \end{pmatrix}$ とすると，

$P^{-1}AP = \begin{pmatrix} -1 & 0 & 0 \\ 0 & 0 & 0 \\ 0 & 0 & 2 \end{pmatrix}$ が成り立つ．$P^{-1} = \begin{pmatrix} -1 & -1 & 3 \\ 1 & 1 & -2 \\ 0 & 1 & -1 \end{pmatrix}$ より，

逆行列 P^{-1} の求め方は，3.4 節で学んだ．

$$\begin{aligned} A^m &= P \begin{pmatrix} (-1)^m & 0 & 0 \\ 0 & 0 & 0 \\ 0 & 0 & 2^m \end{pmatrix} P^{-1} \\ &= \begin{pmatrix} -(-1)^m & -(-1)^m - 2^m & 3(-1)^m + 2^m \\ -(-1)^m & -(-1)^m + 2^m & 3(-1)^m - 2^m \\ -(-1)^m & -(-1)^m & 3(-1)^m \end{pmatrix}. \end{aligned}$$ □

問 6.48 問 6.16 の行列 A について，問 6.40 の結果を用いて A^m を求めよ．

6.5.2 数列の連立漸化式

6.5.1 項の正方行列 A の m 乗の計算の応用として，次の例題のような漸化式で定まる数列の一般項を求めることもできる．

例題 6.49 数列 $\{a_m\}, \{b_m\}$ の初項がそれぞれ $a_1 = 1, b_1 = 2$ であり，任意の自然数 m に対し漸化式

$$\begin{cases} a_{m+1} = 2a_m + b_m \\ b_{m+1} = a_m + 2b_m \end{cases}$$

が成り立つとき，$\{a_m\}, \{b_m\}$ の一般項を求めよ．

［解答］ $A = \begin{pmatrix} 2 & 1 \\ 1 & 2 \end{pmatrix}$ とおくと，漸化式は

$$\begin{pmatrix} a_{m+1} \\ b_{m+1} \end{pmatrix} = A \begin{pmatrix} a_m \\ b_m \end{pmatrix}$$

と表されるので，

$$\begin{pmatrix} a_m \\ b_m \end{pmatrix} = A \begin{pmatrix} a_{m-1} \\ b_{m-1} \end{pmatrix} = A^2 \begin{pmatrix} a_{m-2} \\ b_{m-2} \end{pmatrix} = \cdots = A^{m-1} \begin{pmatrix} a_1 \\ b_1 \end{pmatrix}$$

である．例 6.45 より $A^{m-1} = \dfrac{1}{2}\begin{pmatrix} 3^{m-1}+1 & 3^{m-1}-1 \\ 3^{m-1}-1 & 3^{m-1}+1 \end{pmatrix}$ であるから，

$$\begin{pmatrix} a_m \\ b_m \end{pmatrix} = \frac{1}{2}\begin{pmatrix} 3^{m-1}+1 & 3^{m-1}-1 \\ 3^{m-1}-1 & 3^{m-1}+1 \end{pmatrix}\begin{pmatrix} 1 \\ 2 \end{pmatrix} = \frac{1}{2}\begin{pmatrix} 3^m-1 \\ 3^m+1 \end{pmatrix},$$

つまり

$$a_m = \frac{3^m-1}{2}, \quad b_m = \frac{3^m+1}{2}$$

となる． □

問 6.50 数列 $\{a_m\}$, $\{b_m\}$ が，$a_1 = 1, b_1 = 1$，任意の自然数 m に対し

$$\begin{cases} a_{m+1} = a_m + 8b_m \\ b_{m+1} = 2a_m + b_m \end{cases}$$

を満たすとき，a_m, b_m を求めよ．

問 6.48 (1) の結果を用いるとよい．

演習問題 6-A

[1] 次の行列 A の固有値と固有ベクトルを求めよ．

(1) $A = \begin{pmatrix} 4 & 1 \\ -2 & 7 \end{pmatrix}$　(2) $A = \begin{pmatrix} 0 & 4 \\ 1 & 0 \end{pmatrix}$

(3) $A = \begin{pmatrix} 3 & 0 & 0 \\ 7 & 2 & 0 \\ 0 & -1 & -4 \end{pmatrix}$　(4) $A = \begin{pmatrix} 3 & 0 & 1 \\ 0 & 1 & 0 \\ 1 & 0 & 3 \end{pmatrix}$

(5) $A = \begin{pmatrix} 0 & 1 & 1 \\ 1 & 0 & -1 \\ 1 & -1 & 0 \end{pmatrix}$　(6) $A = \begin{pmatrix} 1 & 1 & 0 \\ 1 & 0 & 1 \\ 0 & 1 & 1 \end{pmatrix}$

(7) $A = \begin{pmatrix} 4 & 3 & 1 \\ -3 & -2 & -1 \\ 6 & 6 & 3 \end{pmatrix}$　(8) $A = \begin{pmatrix} 1 & -1 & -5 \\ -2 & -1 & 4 \\ 2 & 1 & -4 \end{pmatrix}$

[2] 上の問題 **[1]** の行列 A を対角化せよ．

[3] 上の問題 **[1]** の行列 A について，自然数 m に対し A^m を求めよ．

[4] 次の行列 A が対角化可能かどうかを調べ，対角化可能であるときには対角化せよ．

(1) $A = \begin{pmatrix} 1 & 2 \\ 0 & 3 \end{pmatrix}$　(2) $A = \begin{pmatrix} 4 & -1 \\ 1 & 2 \end{pmatrix}$

(3) $A = \begin{pmatrix} 0 & 1 & 1 \\ 2 & -1 & -2 \\ -3 & -1 & 0 \end{pmatrix}$　(4) $A = \begin{pmatrix} -2 & 5 & -5 \\ 5 & -2 & 5 \\ 5 & -5 & 8 \end{pmatrix}$

[**5**] 数列 $\{a_m\}$, $\{b_m\}$ が，$a_1=2$, $b_1=-1$，任意の自然数 m に対し

$$\begin{cases} a_{m+1}=4a_m+b_m \\ b_{m+1}=-2a_m+7b_m \end{cases}$$

を満たすとき，a_m, b_m を求めよ．

演習問題 6－B

[**1**] 行列 $A=\begin{pmatrix} 0 & 1 & 2 & 0 \\ 2 & 1 & 0 & -1 \\ 1 & 0 & -1 & 2 \\ 1 & -1 & 0 & 1 \end{pmatrix}$ の固有多項式を求めよ．

[**2**] 次の行列 A が対角化可能かどうかを調べ，対角化可能であるときには対角化せよ．

(1) $A=\begin{pmatrix} 1 & 1 & 0 & 0 \\ 0 & 2 & 1 & 0 \\ 0 & 0 & 3 & 1 \\ 0 & 0 & 0 & 4 \end{pmatrix}$ (2) $A=\begin{pmatrix} 1 & 1 & 0 & 0 \\ 0 & 2 & 1 & 0 \\ 0 & 0 & 3 & 1 \\ 0 & 0 & 0 & 1 \end{pmatrix}$ (3) $A=\begin{pmatrix} 0 & 0 & 0 & 1 \\ 0 & 0 & 1 & 0 \\ 0 & 1 & 0 & 0 \\ 1 & 0 & 0 & 0 \end{pmatrix}$

[**3**] n 次正方行列 A が $A^2=A$ を満たすとき，A の固有値は 0 または 1 であることを示せ．

[**4**] n 次正方行列 A が 0 を固有値にもたないことは，A が正則行列であるための必要十分条件であることを示せ．

[**5**] 3 次正方行列 A が 3 つの固有値 -1, -2, 2 をもつとき，次の行列の固有値を求めよ．

(1) A^2

(2) A^{-1}

(3) A^3-2A+I (I は 3 次単位行列)

[**6**] a, b, c を実数とするとき，行列 $A=\begin{pmatrix} a & b \\ b & c \end{pmatrix}$ の固有値はすべて実数であることを示せ．

[**7**] 数列 $\{a_m\}$ が $a_1=0$, $a_2=3$，任意の自然数 m に対し $a_{m+2}=a_{m+1}+2a_m$ を満たすとき，次の手順に従い，a_m を求めよ．

任意の自然数 m に対し $b_m=a_{m+1}$ とおく．

(1) b_{m+1} を a_m と b_m で表せ．

(2) (1) の結果を用いて，$\begin{pmatrix} a_{m+1} \\ b_{m+1} \end{pmatrix}=A\begin{pmatrix} a_m \\ b_m \end{pmatrix}$ を満たす，2×2 行列 A を求めよ．

(3) (2) の結果を用いて，a_m を求めよ．

付録

集合と写像

A.1 集　　合

- ものの集まりのことを**集合**とよぶ．数学では，あるものがその集合に属するかどうかはっきりと定められているものを扱う．集合に属するもののことを**元**とか**要素**とよぶ．

  1つの集合は1つの大文字アルファベットなどで名付けられることが多い．たとえば，「10未満の自然数のなす集合を A とする」といった具合である．このような場合，式では

$$A = \{1, 2, 3, 4, 5, 6, 7, 8, 9\}$$

  とか

$$A = \{n \mid n \text{ は 10 未満の自然数}\}$$

  のように書く．区切りを縦棒 | で表したが，

$$A = \{n ; n \text{ は 10 未満の自然数}\}$$

  のように，セミコロン ; もよく用いられる．

- 元の個数が無限個の集合も特別なものではない．自然数全体を $\mathbb{N}$，整数全体を $\mathbb{Z}$，有理数全体を $\mathbb{Q}$，実数全体を $\mathbb{R}$，複素数全体を $\mathbb{C}$ で表すことは一般的であり，断りなしに使われることも多い．

  上述の集合 A は

$$A = \{n \mid n \in \mathbb{N},\ n < 10\}$$

  や

$$A = \{n \in \mathbb{N} \mid n < 10\}$$

  のように書くこともできる．

- 1つも元を含まない集合を**空集合**とよび，これは (大文字のアルファベットではなく) $\emptyset$ という特殊な記号で表す．
- x が集合 A の元であることを，式では

$$x \in A$$

と書く．そうではないことを

$$x \notin A$$

と書き表す．たとえば，$\dfrac{1}{2} \in \mathbb{R}$, $\dfrac{1}{2} \notin \mathbb{Z}$ など．

- 集合 A のすべての元が集合 B の元でもあるとき，A は B の**部分集合**であるといい，

$$A \subset B$$

と書く．つまり，

$$x \in A \text{ ならば } x \in B \tag{A.1}$$

が常に成り立つことが $A \subset B$ の意味である．また，$B \supset A$ と書いても $A \subset B$ と同じ意味である．

- $A \subset B$ と $B \subset C$ が同時に成り立っているとき，まとめて $A \subset B \subset C$ と書くことがよくある． もっと多くの包含関係があるときも同様である．たとえば

$$\mathbb{N} \subset \mathbb{Z} \subset \mathbb{Q} \subset \mathbb{R} \subset \mathbb{C}.$$

- 2 つの集合 A, B がまったく同じ元から成り立っているとき，

$$A = B$$

と書く．

- 記号 $\subset$ の意味 (A.1) を注意深くみてほしい．どのような集合 A に対しても $A \subset A$ は正しい式であることに気づいてもらいたい．つまり，$A \subset B$ と書いたら $A = B$ である可能性も含んでいるのである．$A \subset B$ であって $A \neq B$ であることを明確にしたいときは，

$$A \subsetneq B$$

と書く．このとき，A は B の**真部分集合**であるという．

- $A = B$ であることと「$A \subset B$ かつ $A \supset B$」は同値である．
- 集合 A, B に対し，次の記号を使う．

$$A \cup B = \{x \mid x \in A \text{ または } x \in B\}$$
$$A \cap B = \{x \mid x \in A \text{ かつ } x \in B\}$$
$$A \setminus B = \{x \mid x \in A \text{ かつ } x \notin B\}$$

$A \cup B$ を A と B の**和集合**とよぶ．$A \cap B$ を A と B の**交わり**もしくは，A と B の**共通部分**という．

- 2 つの集合 A, B があるとき，$a \in A$ と $b \in B$ を任意にとり，それらのペア (a, b) をつくる．このようなペア全体のなす集合を $A \times B$ で表す．すなわち，

$$A \times B = \{(a, b) \mid a \in A,\ b \in B\}.$$

この $A \times B$ を A と B の**直積集合**とよぶ．

A.2 写　　像

- A, B を集合とする．A の各元に対し，B の 1 つの元を対応させる規則 f を A から B への**写像**とよび，

$$f\colon A \to B$$

と書く．ただし，集合 A から実数全体 $\mathbb{R}$ への写像 $f\colon A \to \mathbb{R}$ は **A 上の (実数値) 関数**とよばれることのほうが多い．同様に，写像 $f\colon A \to \mathbb{C}$ は **A 上の (複素数値) 関数**とよばれる．

- 写像 $f\colon A \to B$ により $a \in A$ が $b \in B$ に対応することを，

$$f(a) = b \quad \text{とか} \quad f\colon a \mapsto b$$

と書く．このとき「写像 f は $a \in A$ を $b \in B$ に**写す**」などという．

- 写像 $f\colon A \to B$ に対し，A を f の**定義域**，

$$f(A) = \{f(a) \mid a \in A\}$$

を f の**値域**もしくは **f による A の像**とよぶ．また，1 つ固定した $b \in B$ に対し，

$$f^{-1}(b) = \{a \in A \mid f(a) = b\}$$

を **f による b の逆像**とよぶ．これらの定義から，$f(A) \subset B$ であり，$f^{-1}(b) \subset A$ であることは明らか．

- $f\colon A \to B$ が **1 対 1** の写像であるとは

$$a \neq a' \quad \text{ならば} \quad f(a) \neq f(a')$$

が成り立つこと，すなわち，異なる元を必ず異なる元に写すことを意味する．

- $f\colon A \to B$ が**上への**写像であるとは

$$f(A) = B$$

が成り立つこと，すなわち，値域が B 全体であることを意味する．

- $f\colon A \to B$ が 1 対 1 かつ上への写像であるとき，$b \in B$ に対し $f(a) = b$ となる $a \in A$ がただ 1 つ存在する．つまり，$f^{-1}(b) = \{a\}$ というように，各 $b \in B$ について，その逆像 $f^{-1}(b)$ は 1 つの元からなる集合である．そこで

$$b \longmapsto f^{-1}(b) \text{ のただ 1 つの元} \tag{A.2}$$

という，B から A への写像をつくることができる．この写像 (A.2) も f^{-1} を使って $f^{-1}\colon B \to A$ と書き，f の**逆写像**とよぶ．逆写像 f^{-1} もまた 1 対 1 かつ上への写像である．

- 2 つの写像 $f\colon A \to B$ と $g\colon B \to C$ があったとき，f で写した後，続けて g で写すことが考えられる．これを

$$g \circ f\colon A \to C$$

と書く．すなわち，

$$(g \circ f)(a) = g(f(a))$$

で定める．この $g \circ f$ を f と g の**合成写像**とよぶ．

- 集合 A からそれ自身 A への写像 $f\colon A \to A$ は，A の**変換**とよばれることもある．
- $a \in A$ に対し $a \in A$ を対応させる写像

$$i\colon A \to A$$

を A の**恒等写像**または**恒等変換**とよぶ．どの集合における恒等写像であるか明確にするために，集合 A の恒等写像を i_A のように書くこともある．

- $f\colon A \to B$ が逆写像 $f^{-1}\colon B \to A$ をもつならば，

$$f^{-1} \circ f = i_A \quad \text{および} \quad f \circ f^{-1} = i_B$$

である．

問および演習問題の略解

1 章

問 1.10 (p.3)　略

問 1.13 (p.5)　(1) $-2\boldsymbol{b}+\boldsymbol{c}$　(2) $-3\boldsymbol{b}+\boldsymbol{c}$

問 1.18 (p.8)　D(3, 3)

問 1.20 (p.8)　$\pm\dfrac{\sqrt{10}}{10}\begin{pmatrix}-1\\3\end{pmatrix}$

問 1.25 (p.9)　(1) $-2\boldsymbol{a}-3\boldsymbol{b}$　(2) $-\frac{1}{2}\boldsymbol{a}+\frac{3}{2}\boldsymbol{b}$

問 1.27 (p.10)　(1) $\begin{pmatrix}-3\\13\\-19\end{pmatrix}$, 長さ $7\sqrt{11}$　(2) $\begin{pmatrix}1\\1\\1\end{pmatrix}$, 長さ $\sqrt{3}$

問 1.36 (p.13)　(1) 45°　(2) 120°

問 1.41 (p.15)　(1) 3　(2) $\sqrt{26}$　(3) -3　(4) $3\sqrt{34}$

問 1.42 (p.15)　$k=\frac{15}{2}$

問 1.48 (p.17)　(1) -1　(2) -4　(3) 1

問 1.52 (p.18)　7

問 1.56 (p.19)　$\sqrt{19}$

問 1.57 (p.19)　略　　**問 1.62 (p.20)**　略　　**問 1.65 (p.21)**　略

問 1.69 (p.22)　(1) $\begin{pmatrix}-2\\-1\\-8\end{pmatrix}$　(2) $\begin{pmatrix}-4\\-2\\7\end{pmatrix}$　(3) $\begin{pmatrix}-9\\7\\10\end{pmatrix}$　(4) $\begin{pmatrix}23\\-23\\-46\end{pmatrix}$　(5) $\begin{pmatrix}-8\\19\\37\end{pmatrix}$

(6) -23　(7) -23　(8) $\begin{pmatrix}26\\-10\\12\end{pmatrix}$　(9) $\begin{pmatrix}6\\-20\\1\end{pmatrix}$

問 1.70 (p.22)　$\pm\dfrac{\sqrt{10}}{30}\begin{pmatrix}5\\4\\-7\end{pmatrix}$

問 1.74 (p.24)　1

問 1.75 (p.24)　(1) -6　(2) 略　(3) 略

問 1.79 (p.25)　$k=-\frac{18}{5}$

問 1.80 (p.26)　(1) -41　(2) 10　(3) 12

問 1.90 (p.29)　方程式，パラメーター表示の順で (t は実数とする)，

(1) $\dfrac{x-3}{5}=\dfrac{y+4}{4}=\dfrac{z-1}{-2}$,　$\begin{pmatrix}x\\y\\z\end{pmatrix}=\begin{pmatrix}3\\-4\\1\end{pmatrix}+t\begin{pmatrix}5\\4\\-2\end{pmatrix}$

(2) $\dfrac{x}{3} = \dfrac{y-1}{-2},\ z = -2,\ \begin{pmatrix} x \\ y \\ z \end{pmatrix} = \begin{pmatrix} 0 \\ 1 \\ -2 \end{pmatrix} + t \begin{pmatrix} 3 \\ -2 \\ 0 \end{pmatrix}$

(3) $\dfrac{x-3}{3} = \dfrac{y-5}{-2},\ z = -1,\ \begin{pmatrix} x \\ y \\ z \end{pmatrix} = \begin{pmatrix} 3 \\ 5 \\ -1 \end{pmatrix} + t \begin{pmatrix} 3 \\ -2 \\ 0 \end{pmatrix}$

問 1.98 (p.32) (1) $4x - y - 2 = 0$ (2) $3x - 5y - z + 2 = 0$ (3) $2x - y - z + 4 = 0$

問 1.99 (p.33) パラメーター表示：$\begin{pmatrix} x \\ y \\ z \end{pmatrix} = \begin{pmatrix} 1 \\ 5 \\ -1 \end{pmatrix} + t \begin{pmatrix} 3 \\ 0 \\ -2 \end{pmatrix}$ (t は実数)

方程式：$\dfrac{x-1}{3} = \dfrac{z+1}{-2},\ y = 5$

問 1.102 (p.34) パラメーター表示 (s, t は実数とする)，方程式の順で，

(1) $\begin{cases} x = 2 + s + 3t \\ y = 1 + 3s - 6t \\ z = -1 + 2s + t \end{cases},\ 3x + y - 3z - 10 = 0$

(2) $\begin{cases} x = 1 + 2s + 8t \\ y = 1 - 3s + 2t \\ z = 1 - 2s - t \end{cases},\ x - 2y + 4z - 3 = 0$

問 1.104 (p.35) $(4, -2, 3)$

演習問題 1-A (p.35)

[1] (1) 17 (2) $\frac{17}{\sqrt{290}}$ (3) $\sqrt{2}$ (4) 1

[2] (1) $\dfrac{\sqrt{2}}{10}\begin{pmatrix} 1 \\ 7 \end{pmatrix}$ (2) $\pm\dfrac{1}{\sqrt{2}}\begin{pmatrix} -1 \\ 0 \\ 1 \end{pmatrix}$

[3] (1) $\overrightarrow{\mathrm{AB}} \cdot \overrightarrow{\mathrm{AC}} = 2,\ \overrightarrow{\mathrm{AB}} \times \overrightarrow{\mathrm{AC}} = \begin{pmatrix} 1 \\ -1 \\ -2 \end{pmatrix}$ (2) $\frac{\sqrt{6}}{2}$ (3) 10 (4) $\frac{5}{3}$

[4] (1) -17 (2) 7 (3) -20

[5] (1) $\dfrac{x-4}{-2} = y + 1 = \dfrac{z-2}{4}$ (2) $\dfrac{x-7}{2} = \dfrac{y-1}{5},\ z = -2$

(3) $\dfrac{x-3}{2} = \dfrac{y-4}{-5} = \dfrac{z-6}{-3}$ (4) $2x + y + z - 18 = 0$ (5) $x + 2y + 3z + 1 = 0$

(6) $3x + y - 2z + 9 = 0$ (7) $5x - 3y + 2z - 14 = 0$ (8) $2x - 6y - z = 0$

(9) $5x - 8y - 2z - 3 = 0$ (10) $14x - 5y - 11z - 43 = 0$

[6] (1) $(0, -\frac{3}{2}, \frac{3}{2})$ (2) $(-1, -1, 0)$

演習問題 1-B (p.36)

[1] (1) 直線 AB (2) 線分 AB (3) OA, OB を 2 辺とする平行四辺形の周および内部

(4) 3 点 A, B, C を通る平面 (5) △ABC の周および内部

[2] (証明の概略) O は △ABC の重心に一致するから，△ABC の面積を S とおくと，△OBC, △OCA, △OAB の面積はいずれも $\frac{1}{3}S$ に等しい．よって，$a = |\overrightarrow{\mathrm{OA}}|,\ b = |\overrightarrow{\mathrm{OB}}|,\ c = |\overrightarrow{\mathrm{OC}}|$ とおくと，$\dfrac{1}{3}S = \dfrac{1}{2}bc\sin\alpha = \dfrac{1}{2}ca\sin\beta = \dfrac{1}{2}ab\sin\gamma$．辺々に $\dfrac{2}{abc}$ を掛

けると，$\dfrac{\sin\alpha}{a}=\dfrac{\sin\beta}{b}=\dfrac{\sin\gamma}{c}$．逆数をとって，$\dfrac{a}{\sin\alpha}=\dfrac{b}{\sin\beta}=\dfrac{c}{\sin\gamma}$．

[3] $\boldsymbol{a},\boldsymbol{b},\boldsymbol{c}$ がこの順序で右手系をなすときの解答を与える．そうでないときは，下の $\boldsymbol{S}_{\mathrm{A}},\boldsymbol{S}_{\mathrm{B}},\boldsymbol{S}_{\mathrm{C}},\boldsymbol{S}_{\mathrm{D}}$ の答えを (-1) 倍すればよい．

(1) $\boldsymbol{S}_{\mathrm{A}}=-\frac{1}{2}\boldsymbol{b}\times\boldsymbol{c}$ (2) $\boldsymbol{S}_{\mathrm{B}}=-\frac{1}{2}\boldsymbol{c}\times\boldsymbol{a}$，$\boldsymbol{S}_{\mathrm{C}}=-\frac{1}{2}\boldsymbol{a}\times\boldsymbol{b}$，$\boldsymbol{S}_{\mathrm{D}}=\frac{1}{2}(\boldsymbol{b}-\boldsymbol{a})\times(\boldsymbol{c}-\boldsymbol{a})=\frac{1}{2}(\boldsymbol{b}\times\boldsymbol{c}+\boldsymbol{c}\times\boldsymbol{a}+\boldsymbol{a}\times\boldsymbol{b})$ となるので，$\boldsymbol{S}_{\mathrm{A}}+\boldsymbol{S}_{\mathrm{B}}+\boldsymbol{S}_{\mathrm{C}}+\boldsymbol{S}_{\mathrm{D}}=\boldsymbol{0}$．

2 章

問 2.2 (p.37) (1) $(1,1)$ 成分は 1，$(1,2)$ 成分は 2，$(2,1)$ 成分は 3，$(2,2)$ 成分は 4．
(2) $C=\begin{pmatrix}\sqrt{2} & 0\\ x & \frac{1}{2}\end{pmatrix}$

問 2.6 (p.38) (1) $\begin{pmatrix}-4\\1\end{pmatrix}$ (2) $\begin{pmatrix}8\\-\sqrt{6}\end{pmatrix}$ (3) $\begin{pmatrix}0\\0\end{pmatrix}$

問 2.10 (p.40) (1) $\begin{pmatrix}17 & 1\\ 39 & 3\end{pmatrix}$ (2) $\begin{pmatrix}3 & 5\\ 2 & 10\end{pmatrix}$ (3) $\begin{pmatrix}5 & b+2\\ -3a & -a\end{pmatrix}$ (4) $\begin{pmatrix}0 & 0\\ 0 & 0\end{pmatrix}$

(5) $\begin{pmatrix}4 & 1\\ 10 & -1\end{pmatrix}$ (6) $\begin{pmatrix}8 & 5\\ 16 & 13\end{pmatrix}$ (7) $\begin{pmatrix}-8 & 0\\ 0 & -27\end{pmatrix}$ (8) $\begin{pmatrix}a^4 & 4a^3\\ 0 & a^4\end{pmatrix}$

(9) $\begin{pmatrix}2a+2b & 0\\ 0 & 2a-2b\end{pmatrix}$

問 2.11 (p.40) (1) $AB=\begin{pmatrix}a+1 & a+b\\ 2 & 1+b\end{pmatrix}$，$BA=\begin{pmatrix}a+1 & 2\\ a+b & 1+b\end{pmatrix}$ (2) $a+b=2$

問 2.13 (p.41) 略

問 2.18 (p.42) $AX=\begin{pmatrix}1 & 1\\ 1 & 1\end{pmatrix}\begin{pmatrix}x & y\\ z & w\end{pmatrix}$ とすると，$AX=\begin{pmatrix}x+z & y+w\\ x+z & y+w\end{pmatrix}$ となるが，x,y,z,w をどのように選んでも，これは単位行列 I にはなりえない．よって A は逆行列をもたない．

問 2.23 (p.44) (1) $A^{-1}=\begin{pmatrix}\frac{3}{2} & -4\\ -1 & 3\end{pmatrix}$ (2) $A^{-1}=\begin{pmatrix}-\frac{5}{7} & -\frac{2}{7}\\ \frac{4}{7} & \frac{3}{7}\end{pmatrix}$

(3) 逆行列をもたない．

(4) 逆行列をもつのは $a\neq 4$ のときで，このとき，$A^{-1}=\dfrac{1}{3a-12}\begin{pmatrix}3 & -6\\ -2 & a\end{pmatrix}$．

問 2.25 (p.44) $B=\begin{pmatrix}5 & 4\\ -1 & -1\end{pmatrix}$

問 2.29 (p.45) 略

問 2.31 (p.45) (1) 点 $(1,1)$ (2) 点 $(2,3)$ (3) 点 $(11,15)$ (4) 点 $(8,11)$

問 2.33 (p.46) $A=\begin{pmatrix}4 & -1\\ 3 & 5\end{pmatrix}$

問 2.36 (p.47) (1) 点 $(\sqrt{3}-\frac{3}{2},1+\frac{3\sqrt{3}}{2})$ (2) 点 $(-\frac{5}{\sqrt{2}},-\frac{1}{\sqrt{2}})$

(3) 点 $(3,-2)$ (4) 点 $(1+\frac{3\sqrt{3}}{2},\frac{3}{2}-\sqrt{3})$

問 2.37 (p.47) 求める点 Q は，$(2+\frac{\sqrt{3}}{2},2\sqrt{3}-\frac{1}{2})$ と $(2-\frac{\sqrt{3}}{2},-2\sqrt{3}-\frac{1}{2})$．

問 2.40 (p.49) (1) $AB=\begin{pmatrix}-2 & -1\\ 2 & 4\end{pmatrix}$ (2) $BA=\begin{pmatrix}1 & 1\\ 7 & 1\end{pmatrix}$ (3) $A^2=\begin{pmatrix}3 & -3\\ 3 & 0\end{pmatrix}$

問 2.41 (p.49) $\begin{pmatrix}1 & 0\\ 0 & -1\end{pmatrix}\begin{pmatrix}\frac{1}{\sqrt{2}} & -\frac{1}{\sqrt{2}}\\ \frac{1}{\sqrt{2}} & \frac{1}{\sqrt{2}}\end{pmatrix}=\begin{pmatrix}\frac{1}{\sqrt{2}} & -\frac{1}{\sqrt{2}}\\ -\frac{1}{\sqrt{2}} & -\frac{1}{\sqrt{2}}\end{pmatrix}$

問 2.42 (p.49)　略

問 2.43 (p.49)　(1) 求める行列は $\begin{pmatrix} \cos\theta & \sin\theta \\ -\sin\theta & \cos\theta \end{pmatrix}$ で，これは原点を中心とする角度 $(-\theta)$ の回転を表す．

(2) 点 $(2\sqrt{3}-1, \sqrt{3}+2)$

問 2.48 (p.52)　(1) 4 点 $(0,0)$, $(2,3)$, $(4,7)$, $(2,4)$ を頂点とする平行四辺形

(2) 4 点 $(0,0)$, $(2,3)$, $(6,10)$, $(4,7)$ を頂点とする平行四辺形

問 2.49 (p.52)　(1) 原点 $(0,0)$ と点 $(8,12)$ を結ぶ線分

(2) 原点 $(0,0)$ と点 $(10,15)$ を結ぶ線分

問 2.52 (p.54)　(1) $\begin{pmatrix} 5 & 5 & -6 \\ -2 & -1 & 5 \end{pmatrix}$　(2) $\begin{pmatrix} 5 & -5 & 14 \\ -4 & 3 & -1 \end{pmatrix}$

(3) $\begin{pmatrix} 20 & 0 & 16 \\ -12 & 4 & 8 \end{pmatrix}$　(4) $\begin{pmatrix} 10 & -15 & 38 \\ -9 & 8 & -5 \end{pmatrix}$

問 2.54 (p.54)　略

問 2.58 (p.55)　(1) $AB = \begin{pmatrix} 3 & 4 \\ 6 & 8 \end{pmatrix}$, $BA = 11$

(2) $AB = \begin{pmatrix} x+2y & y+3z & 2x+2z \end{pmatrix}$, BA は定義されない．

(3) AB は定義されない．$BA = \begin{pmatrix} -6 & -2 & 3 \\ 3 & 0 & -9 \end{pmatrix}$

問 2.59 (p.55)　$AB = \begin{pmatrix} x-z \\ y-z \end{pmatrix}$ より，$AB = \mathbf{0} \iff x = y = z$．よって求める B は $B = k\begin{pmatrix} 1 \\ 1 \\ 1 \end{pmatrix}$ (k は任意定数)．

問 2.61 (p.56)　略　**問 2.62 (p.57)**　略

問 2.65 (p.57)　注意 2.15 (p.41) の証明が一般の n 次の場合にもそのまま成立する．

問 2.71 (p.59)　(1) B_1, B_2 を列ベクトルで分割表示して，命題 2.70 (p.59) の (1) を適用する．

(2) A_1, A_2 を行ベクトルで分割表示して，命題 2.70 (p.59) の (2) を適用する．

演習問題 2-A (p.60)

[1]　(1) $\begin{pmatrix} -1 & 0 \\ 0 & -1 \end{pmatrix}$　(2) $\begin{pmatrix} -19 & -35 \\ -31 & -49 \end{pmatrix}$

[2]　$a = b$

[3]　$\begin{pmatrix} 6 & 3 \\ 4 & 2 \end{pmatrix}$

[4]　$(0,0)$, $(-\frac{1}{2}, \frac{\sqrt{3}}{2})$, $(-\frac{1+\sqrt{3}}{2}, \frac{\sqrt{3}-1}{2})$

[5]　3 つの 1 次変換を表す行列は，すべて $\begin{pmatrix} -1 & 0 \\ 0 & -1 \end{pmatrix}$ となる．よって 3 つの 1 次変換はすべて同じものである．

[6]　3 点 $(0,0)$, $(6,1)$, $(6,5)$ を頂点とする三角形

[7]　(1) $\begin{pmatrix} 8 & 10 \\ 6 & 9 \end{pmatrix}$　(2) $\begin{pmatrix} 9 & 6 & 3 \\ 10 & 12 & 14 \\ 4 & 4 & 4 \end{pmatrix}$

(3) $A^2 = \begin{pmatrix} 0 & 0 & x^2 & 0 \\ 0 & 0 & 0 & x^2 \\ 0 & 0 & 0 & 0 \\ 0 & 0 & 0 & 0 \end{pmatrix}$, $A^3 = \begin{pmatrix} 0 & 0 & 0 & x^3 \\ 0 & 0 & 0 & 0 \\ 0 & 0 & 0 & 0 \\ 0 & 0 & 0 & 0 \end{pmatrix}$, $A^n = O\ (n \geq 4)$.

[8] 積が定義されるのは，AA, AC, BA, BC, CB, CD, DB, DD の 8 通りである．積を計算すると，$AA = \begin{pmatrix} 3 & 5 \\ 10 & 18 \end{pmatrix}$, $AC = \begin{pmatrix} 7 & 4 & 1 \\ 24 & 14 & 4 \end{pmatrix}$, $BA = \begin{pmatrix} 2 & 4 \\ 1 & 1 \\ 5 & 9 \end{pmatrix}$,

$BC = \begin{pmatrix} 5 & 3 & 1 \\ 2 & 1 & 0 \\ 12 & 7 & 2 \end{pmatrix}$, $CB = \begin{pmatrix} 1 & 2 \\ 4 & 7 \end{pmatrix}$, $CD = \begin{pmatrix} 1 & 4 & 7 \\ 6 & 15 & 24 \end{pmatrix}$, $DB = \begin{pmatrix} 3 & 4 \\ 5 & 7 \\ 9 & 13 \end{pmatrix}$,

$DD = \begin{pmatrix} 7 & 10 & 13 \\ 11 & 17 & 23 \\ 19 & 31 & 43 \end{pmatrix}$.

[9] 条件より $A + A^2 = I_n$. よって，$(I_n + A)A = A + A^2 = I_n$, $A(I_n + A) = A + A^2 = I_n$ である．ゆえに $A^{-1} = I_n + A$ である．

[10] 行列の積の結合法則より，$(ABC)(C^{-1}B^{-1}A^{-1}) = ABCC^{-1}B^{-1}A^{-1} = ABB^{-1}A^{-1} = AA^{-1} = I_n$. 同様にして，$(C^{-1}B^{-1}A^{-1})(ABC) = I_n$. よって，$(ABC)^{-1} = C^{-1}B^{-1}A^{-1}$.

演習問題 2-B (p.61)

[1] (1) 略 (2) ハミルトン・ケーリーの等式より，$A^2 = (a+d)A - (ad-bc)I$. これより，問題の A に対しては $A^2 = 7I$. よって $A^{2n} = (A^2)^n = 7^n I$. また，$A^{2n+1} = A^{2n}A = 7^n A$.

[2] (1) $\begin{pmatrix} \cos(\alpha+\beta) & -\sin(\alpha+\beta) \\ \sin(\alpha+\beta) & \cos(\alpha+\beta) \end{pmatrix}$ (2) $\begin{pmatrix} \cos(\alpha-\beta) & -\sin(\alpha-\beta) \\ \sin(\alpha-\beta) & \cos(\alpha-\beta) \end{pmatrix}$

(3) $\begin{pmatrix} \cos 3\alpha & -\sin 3\alpha \\ \sin 3\alpha & \cos 3\alpha \end{pmatrix}$ (4) $\begin{pmatrix} \cos n\alpha & -\sin n\alpha \\ \sin n\alpha & \cos n\alpha \end{pmatrix}$

[3] まず，$\boldsymbol{e}_1$ と $\boldsymbol{e}_2$ が張る平行四辺形を $\begin{pmatrix} 1 \\ 0 \end{pmatrix}$ と $\begin{pmatrix} 1 \\ 1 \end{pmatrix}$ が張る平行四辺形に移す 1 次変換を表す行列は，$\begin{pmatrix} 1 & 1 \\ 0 & 1 \end{pmatrix}$ と $\begin{pmatrix} 1 & 1 \\ 1 & 0 \end{pmatrix}$ の 2 つである．このうち，行列式が正のものが求める行列 A だから，$A = \begin{pmatrix} 1 & 1 \\ 0 & 1 \end{pmatrix}$.

[4] (1) $\boldsymbol{x}' = k\boldsymbol{a}$ とおくと，$\overrightarrow{\mathrm{PQ}} = \boldsymbol{x}' - \boldsymbol{x} = k\boldsymbol{a} - \boldsymbol{x}$. $\overrightarrow{\mathrm{PQ}} \perp l$ より，$\boldsymbol{a} \cdot \overrightarrow{\mathrm{PQ}} = \boldsymbol{a} \cdot (k\boldsymbol{a} - \boldsymbol{x}) = 0$. これより，$k\boldsymbol{a} \cdot \boldsymbol{a} = \boldsymbol{a} \cdot \boldsymbol{x}$ となるので，$k = \dfrac{\boldsymbol{a} \cdot \boldsymbol{x}}{|\boldsymbol{a}|^2}$. よって，$\boldsymbol{x}' = \dfrac{\boldsymbol{a} \cdot \boldsymbol{x}}{|\boldsymbol{a}|^2}\boldsymbol{a}$ である．

(2) $\boldsymbol{x} = \begin{pmatrix} x \\ y \end{pmatrix}$ とすると，(1) の関係式より，$\boldsymbol{x}' = \dfrac{ax+by}{a^2+b^2}\begin{pmatrix} a \\ b \end{pmatrix} = \dfrac{1}{a^2+b^2}\begin{pmatrix} a^2x + aby \\ abx + b^2y \end{pmatrix}$
$= \dfrac{1}{a^2+b^2}\begin{pmatrix} a^2 & ab \\ ab & b^2 \end{pmatrix}\begin{pmatrix} x \\ y \end{pmatrix}$. よって，$A = \dfrac{1}{a^2+b^2}\begin{pmatrix} a^2 & ab \\ ab & b^2 \end{pmatrix}$.

(3) $A^2 = A$ の計算は略. $|A| = 0$ より，A は正則行列ではない．

[5] (1) 前問 [4] (1) の結果を利用する．P から l へ下ろした垂線の足を Q とすると，Q は PR の中点である．よって，$\boldsymbol{x}'$ を Q の位置ベクトルとすると，$\boldsymbol{x} + \boldsymbol{y} = 2\boldsymbol{x}'$. よって，$\boldsymbol{y} = -\boldsymbol{x} + 2\boldsymbol{x}' = -\boldsymbol{x} + 2\dfrac{\boldsymbol{a} \cdot \boldsymbol{x}}{|\boldsymbol{a}|^2}\boldsymbol{a}$ である．

(2) $\boldsymbol{x} = \begin{pmatrix} x \\ y \end{pmatrix}$ とすると，(1) の関係式より，$\boldsymbol{y} = \begin{pmatrix} -x \\ -y \end{pmatrix} + \dfrac{2}{a^2+b^2}\begin{pmatrix} a^2x+aby \\ abx+b^2y \end{pmatrix} = \begin{pmatrix} -1 & 0 \\ 0 & -1 \end{pmatrix}\begin{pmatrix} x \\ y \end{pmatrix} + \dfrac{2}{a^2+b^2}\begin{pmatrix} a^2 & ab \\ ab & b^2 \end{pmatrix}\begin{pmatrix} x \\ y \end{pmatrix} = \left\{\begin{pmatrix} -1 & 0 \\ 0 & -1 \end{pmatrix} + \dfrac{2}{a^2+b^2}\begin{pmatrix} a^2 & ab \\ ab & b^2 \end{pmatrix}\right\}\begin{pmatrix} x \\ y \end{pmatrix} = \dfrac{1}{a^2+b^2}\begin{pmatrix} a^2-b^2 & 2ab \\ 2ab & b^2-a^2 \end{pmatrix}\begin{pmatrix} x \\ y \end{pmatrix}$. よって，$A = \dfrac{1}{a^2+b^2}\begin{pmatrix} a^2-b^2 & 2ab \\ 2ab & b^2-a^2 \end{pmatrix}$.

(3) $A^2 = I$ の計算は略．$|A| = -1$ より，A は正則行列である．逆行列は，$A^2 = I$ より，$A^{-1} = A$ である．

[6] (1), (2) ともに $AB = BA$ であるとき，そのときに限って成り立つ．

[7] 背理法で示す．A が逆行列 A^{-1} をもつと仮定すると，条件式 $A^2 = A$ より，$A^2A^{-1} = AA^{-1}$．したがって $A = I_n$ となるが，これは条件 $A \neq I_n$ に反する．よって A は逆行列をもたない．

[8] (1) 数学的帰納法で示す．まず，$n = 1$ の場合は成立している．次に $n = k$ の場合に成立すると仮定して $n = k+1$ の場合を示すと，$AB^{k+1} = AB^kB = B^kAB = B^kBA = B^{k+1}A$. (2 番目の等号は数学的帰納法の仮定から，3 番目の等号は条件 $AB = BA$ から成り立つ．) よって，すべての自然数に対して主張が成り立つ．

(2) (1) を用いて数学的帰納法で示す．まず，$n = 1$ の場合は成立している．次に $n = k$ の場合に成立すると仮定して $n = k+1$ の場合を示すと，$(AB)^{k+1} = (AB)^k(AB) = A^kB^kAB = A^kAB^kBB = A^{k+1}B^{k+1}$. (2 番目の等号は数学的帰納法の仮定から，3 番目の等号は (1) で証明した式から成り立つ．) よって，すべての自然数に対して主張が成り立つ．

[9]
$$\begin{aligned}(P^{-1}AP)^k &= \underbrace{(P^{-1}AP)(P^{-1}AP)\cdots(P^{-1}AP)(P^{-1}AP)}_{k\text{ 個}} \\ &= P^{-1}A(PP^{-1})A(PP^{-1})A\cdots A(PP^{-1})A(PP^{-1})AP \\ &= P^{-1}\underbrace{AA\cdots AA}_{k\text{ 個}}P = P^{-1}A^kP\end{aligned}$$

[10] A を n 次行列とし，ある k $(1 \leq k \leq n)$ に対して A の第 k 列の成分はすべて 0 とする．$A = \begin{pmatrix} \boldsymbol{a}_1 & \cdots & \boldsymbol{a}_n \end{pmatrix}$ (ただし各 $\boldsymbol{a}_j$ は列ベクトル) と分割表示すると，仮定より $\boldsymbol{a}_k = \boldsymbol{0}$ である．命題 2.70 (p.59) の (1) より，任意の n 次行列 X に対して $XA = \begin{pmatrix} X\boldsymbol{a}_1 & \cdots & X\boldsymbol{a}_n \end{pmatrix}$ となるが，$\boldsymbol{a}_k = \boldsymbol{0}$ であるから，$X\boldsymbol{a}_k = \boldsymbol{0}$ となる．よって，いかなる行列 X に対しても XA の第 k 列の成分はすべて 0 であり，$XA \neq I_n$ となる．したがって A は逆行列をもたない．すなわち A は正則行列ではない．

3 章

問 3.10 (p.71) (1) $\begin{pmatrix} 2 & -3 \\ 4 & 7 \end{pmatrix}\begin{pmatrix} x \\ y \end{pmatrix} = \begin{pmatrix} 5 \\ -1 \end{pmatrix}$, $\begin{pmatrix} 2 & -3 & 5 \\ 4 & 7 & -1 \end{pmatrix}$

(2) $\begin{pmatrix} 3 & -1 & 1 \\ 1 & 6 & -1 \\ -1 & 3 & 8 \end{pmatrix}\begin{pmatrix} x \\ y \\ z \end{pmatrix} = \begin{pmatrix} 1 \\ 0 \\ 12 \end{pmatrix}$, $\begin{pmatrix} 3 & -1 & 1 & 1 \\ 1 & 6 & -1 & 0 \\ -1 & 3 & 8 & 12 \end{pmatrix}$

(3) $\begin{pmatrix} 1 & 1 & -1 \\ 1 & 0 & 4 \\ 2 & -1 & 0 \end{pmatrix}\begin{pmatrix} x \\ y \\ z \end{pmatrix} = \begin{pmatrix} 1 \\ 2 \\ 3 \end{pmatrix}$, $\begin{pmatrix} 1 & 1 & -1 & 1 \\ 1 & 0 & 4 & 2 \\ 2 & -1 & 0 & 3 \end{pmatrix}$

問 3.17 (p.74) A_1, A_2, A_5 が階段行列であり，A_3, A_4, A_6 はそうではない．

問 3.21 (p.75) $C_1 \to \begin{pmatrix} 0 & 1 & 0 \\ 0 & 0 & 0 \end{pmatrix}$, $C_2 \to \begin{pmatrix} 1 & 0 \\ 0 & 1 \end{pmatrix}$, $C_3 \to \begin{pmatrix} 1 & 0 \\ 0 & 1 \end{pmatrix}$,

$C_4 \to \begin{pmatrix} 1 & 0 & 0 & 0 \\ 0 & 0 & 1 & 0 \\ 0 & 0 & 0 & 0 \end{pmatrix}$, $C_5 \to \begin{pmatrix} 1 & 0 & -6 \\ 0 & 1 & 3 \\ 0 & 0 & 0 \end{pmatrix}$. 階数は順に 1, 2, 2, 2, 2.

問 3.23 (p.76) (1) $\begin{pmatrix} 1 & 0 \\ 0 & 1 \\ 0 & 0 \end{pmatrix}$, $\operatorname{rank} A_1 = 2$ (2) $\begin{pmatrix} 1 & 0 & -2 \\ 0 & 1 & 1 \\ 0 & 0 & 0 \end{pmatrix}$, $\operatorname{rank} A_2 = 2$

(3) $\begin{pmatrix} 1 & 0 & 0 \\ 0 & 1 & 0 \\ 0 & 0 & 1 \end{pmatrix}$, $\operatorname{rank} A_3 = 3$

問 3.33 (p.80) (1) $x_1 = 5,\ x_2 = 1,\ x_3 = 4$ (2) $x = \dfrac{3c}{2} + 1,\ y = \dfrac{c}{2} - 1,\ z = c$ (c は任意定数) (注：$c = 2d$ とおいて，$x = 3d + 1,\ y = d - 1,\ z = 2d$ (d は任意定数) としてもよい．) (3) 解なし

問 3.39 (p.84) (1) $\begin{cases} x_1 = 2c_1 - 4c_2 \\ x_2 = c_1 \\ x_3 = 3c_2 \\ x_4 = c_2 \end{cases}$ (2) $\begin{cases} x_1 = -2c \\ x_2 = c \end{cases}$

(以上において，c_1, c_2, c は任意定数)

問 3.46 (p.88) 略

問 3.48 (p.89) (1) $A^{-1} = \begin{pmatrix} -1 & 1 & -1 \\ 2 & -1 & 2 \\ -1 & 1 & -2 \end{pmatrix}$ (2) $B^{-1} = \begin{pmatrix} -5/2 & 5/2 & -2 \\ -6 & 4 & -3 \\ 5/2 & -3/2 & 1 \end{pmatrix}$

(3) C は逆行列をもたない (注：$\operatorname{rank} C = 2$)

演習問題 3-A (p.89)

[1] (1) $\begin{pmatrix} 1 & 0 & 2 \\ 0 & 1 & -4 \\ 0 & 0 & 0 \end{pmatrix}$, $\operatorname{rank} A_1 = 2$ (2) $\begin{pmatrix} 0 & 1 & 1 & 0 & -2 \\ 0 & 0 & 0 & 1 & 5 \end{pmatrix}$, $\operatorname{rank} A_2 = 2$

(3) $\begin{pmatrix} 1 & 0 & 0 & 0 \\ 0 & 1 & 0 & 0 \\ 0 & 0 & 1 & 0 \\ 0 & 0 & 0 & 1 \end{pmatrix}$, $\operatorname{rank} A_3 = 4$ (4) $\begin{pmatrix} 1 & 0 & -1 & 0 \\ 0 & 1 & 4 & 0 \\ 0 & 0 & 0 & 1 \end{pmatrix}$, $\operatorname{rank} A_4 = 3$

[2] (1) $\begin{cases} x = 2 \\ y = 1 \\ z = 3 \end{cases}$ (2) 解なし (3) $\begin{cases} x_1 = 2c_1 - 4c_2 + 1 \\ x_2 = c_1 \\ x_3 = 3c_2 + 5 \\ x_4 = c_2 \end{cases}$ (4) $\begin{cases} x_1 = 1 \\ x_2 = 2 \\ x_3 = -1 \end{cases}$

(5) $\begin{cases} x_1 = 4c_1 + 3c_2 - 2c_3 + 3 \\ x_2 = c_1 \\ x_3 = -c_2 + 2 \\ x_4 = c_2 \\ x_5 = c_3 \end{cases}$ (6) $\begin{cases} x = 3c + 1 \\ y = -5c \\ z = -2c + 6 \\ w = c \end{cases}$ (7) $\begin{cases} x_1 = -c + 5 \\ x_2 = c - 2 \\ x_3 = -2c + 1 \\ x_4 = 3c \\ x_5 = c \end{cases}$

(8) $\begin{cases} x_1 = 0 \\ x_2 = 0 \\ x_3 = 0 \\ x_4 = 0 \end{cases}$ (9) $\begin{cases} x = -3c \\ y = 0 \\ z = c \\ w = 0 \end{cases}$ (以上において，c_1, c_2, c_3, c は任意定数)

[3] (1) $A^{-1} = \begin{pmatrix} 7 & -6 & 8 \\ -1 & 1 & -1 \\ -3 & 3 & -4 \end{pmatrix}$ (2) $B^{-1} = \begin{pmatrix} -2 & 0 & 1 \\ 1/3 & 1/3 & -1/3 \\ 8/3 & -1/3 & -2/3 \end{pmatrix}$

(3) C は逆行列をもたない (注：$\operatorname{rank} C = 2$) (4) $D^{-1} = \begin{pmatrix} -1 & 1 & -1 & 3 \\ 3 & -2 & 2 & -7 \\ -1 & -1 & 2 & -1 \\ -4 & 3 & -3 & 11 \end{pmatrix}$

(5) $E^{-1} = \begin{pmatrix} 2 & 3 & -61 & 12 \\ 1 & 1 & -25 & 5 \\ 0 & 0 & 5 & -1 \\ 0 & 0 & -4 & 1 \end{pmatrix}$ (6) $F^{-1} = \begin{pmatrix} 1 & 0 & 0 & 0 \\ -1 & 1 & 0 & 0 \\ 1/2 & -3/2 & 1/2 & 0 \\ 17/6 & -5/6 & -1/6 & 1/3 \end{pmatrix}$

(7) G は逆行列をもたない (注：$\operatorname{rank} G = 2$) (8) $H^{-1} = \begin{pmatrix} 2 & -1 & 0 & 1 \\ 17 & -10 & -3 & 11 \\ 1 & -1 & 0 & 1 \\ -5 & 3 & 1 & -3 \end{pmatrix}$

演習問題 3-B (p.90)

[1] (1) $a \neq 0$ のとき $\operatorname{rank} A = 3$, $a = 0$ のとき $\operatorname{rank} A = 2$

(2) $a \neq -1$ のとき $\operatorname{rank} B = 4$, $a = -1$ のとき $\operatorname{rank} B = 3$

[2] (1) $x = (3\sqrt{3}+2)/5$, $y = (\sqrt{3}-3)/5$

(2) $x = -(\sqrt{2}+1)c$, $y = c$ (c は任意定数)

(3) $x = -\sqrt{3}c$, $y = (\sqrt{6}/2)c$, $z = c$ (c は任意定数)

[3] (1) 直線 $\dfrac{x-3}{2} = \dfrac{y+1}{-3} = z$ (2) 1 点 $(0, 1, -1)$

(3) 直線 $-2\left(x - \frac{3}{2}\right) = -2\left(y - \frac{5}{2}\right) = z$ (4) 共有点なし

[4] 仮定は $A\boldsymbol{x}_0 = \boldsymbol{b}$, $A\boldsymbol{x}_1 = \boldsymbol{b}$ ということだから,

$$A\{(1-t)\boldsymbol{x}_0 + t\boldsymbol{x}_1\} = (1-t)A\boldsymbol{x}_0 + tA\boldsymbol{x}_1 = (1-t)\boldsymbol{b} + t\boldsymbol{b} = \boldsymbol{b}$$

が成り立つ．これは主張が正しいことを意味している．

[5] 方程式 $A\boldsymbol{x} = \boldsymbol{b}$ の解の個数の可能性は，0 か 1 か 2 以上のいずれかである．解が 2 つ以上のときは，必然的に無限個となることを示せばよい．

解が 2 つ以上ならば，少なくとも 2 つの解 $\boldsymbol{x}_0$, $\boldsymbol{x}_1$ (ただし $\boldsymbol{x}_0 \neq \boldsymbol{x}_1$) がある．前問 [4] より，任意定数 t を用いて $\tilde{\boldsymbol{x}} = (1-t)\boldsymbol{x}_0 + t\boldsymbol{x}_1 = \boldsymbol{x}_0 + t(\boldsymbol{x}_1 - \boldsymbol{x}_0)$ と定めれば，これも解である．$\boldsymbol{x}_1 - \boldsymbol{x}_0 \neq \boldsymbol{0}$ より，定数 t をさまざまな値に動かすことで $\tilde{\boldsymbol{x}}$ は無限個の解を表す．

4 章

問 4.6 (p.91) 4 次順列の総数は 24 個，5 次順列の総数は 120 個である．n 次順列の総数が $n!$ 個であることの証明は略．

問 4.18 (p.93) $\operatorname{sgn}(5\ 3\ 1\ 6\ 4\ 2) = -1$, $\operatorname{sgn}(2\ 3\ 1\ 6\ 4\ 5) = 1$

問 4.25 (p.96) (1) -7 (2) -34

問 4.30 (p.97) 略 **問 4.34 (p.99)** 略 **問 4.36 (p.99)** 略

問 4.38 (p.100) 略 **問 4.41 (p.101)** 略 **問 4.43 (p.102)** 略

問 4.46 (p.103) (1) -4 (2) -6 (3) -38

問 4.48 (p.104) 略 **問 4.58 (p.108)** 略 **問 4.60 (p.109)** 略

問 4.62 (p.109) 略

問 4.65 (p.111) (1) 34 (2) 60 (3) -20 (4) -4

問 4.72 (p.114) 与えられた行列を A とし，余因子行列を $\widetilde{A}$ で表す．

(1) $\widetilde{A}=\begin{pmatrix}-5 & -3\\ -1 & -2\end{pmatrix}$, $|A|=7$, $A^{-1}=-\frac{1}{7}\begin{pmatrix}5 & 3\\ 1 & 2\end{pmatrix}$

(2) $\widetilde{A}=\begin{pmatrix}1 & 1 & -1\\ -1 & -1 & 7\\ 3 & -3 & 9\end{pmatrix}$, $|A|=6$, $A^{-1}=\frac{1}{6}\begin{pmatrix}1 & 1 & -1\\ -1 & -1 & 7\\ 3 & -3 & 9\end{pmatrix}$

(3) $\widetilde{A}=\begin{pmatrix}4 & 0 & -8\\ 5 & 1 & -7\\ -1 & -1 & 3\end{pmatrix}$, $|A|=-4$, $A^{-1}=\frac{1}{4}\begin{pmatrix}-4 & 0 & 8\\ -5 & -1 & 7\\ 1 & 1 & -3\end{pmatrix}$

問 4.77 (p.118) (1) $x=27,\ y=11$ (2) $x=1,\ y=\frac{1}{2},\ z=-\frac{3}{2}$

演習問題 4-A (p.120)

[1] (1) 8800 (2) 0 (3) -97 (4) -25 (5) -120 (6) -109 (7) 16 (8) 4 (9) -1 (10) $4x^3+3x^2+2x-1$

[2] (1) $(a-b)(b-c)(c-a)$ (2) $-a(a-b)(b-c)(c-d)$ (3) $(x-3)(x+3)^2$ (4) $(x-2)(x+2)(x-6)(x+6)$

[3] 与えられた行列を A とし，余因子行列を $\widetilde{A}$ で表す．

(1) $\widetilde{A}=\begin{pmatrix}1 & -2\\ -4 & 3\end{pmatrix}$, $|A|=-5$, $A^{-1}=\frac{1}{5}\begin{pmatrix}-1 & 2\\ 4 & -3\end{pmatrix}$

(2) $\widetilde{A}=\begin{pmatrix}-11 & -3 & 10\\ 6 & 3 & -5\\ -7 & -1 & 5\end{pmatrix}$, $|A|=5$, $A^{-1}=\frac{1}{5}\begin{pmatrix}-11 & -3 & 10\\ 6 & 3 & -5\\ -7 & -1 & 5\end{pmatrix}$

(3) $\widetilde{A}=\begin{pmatrix}-14 & 10 & -8\\ 7 & -17 & 1\\ -7 & -1 & 5\end{pmatrix}$, $|A|=-42$, $A^{-1}=\frac{1}{42}\begin{pmatrix}14 & -10 & 8\\ -7 & 17 & -1\\ 7 & 1 & -5\end{pmatrix}$

(4) $\widetilde{A}=\begin{pmatrix}3 & 0 & -3\\ 6 & -2 & -5\\ -3 & 1 & 1\end{pmatrix}$, $|A|=-3$, $A^{-1}=\frac{1}{3}\begin{pmatrix}-3 & 0 & 3\\ -6 & 2 & 5\\ 3 & -1 & -1\end{pmatrix}$

(5) $\widetilde{A}=\begin{pmatrix}-4 & 12 & -5\\ 1 & -3 & 1\\ 2 & -7 & 3\end{pmatrix}$, $|A|=-1$, $A^{-1}=\begin{pmatrix}4 & -12 & 5\\ -1 & 3 & -1\\ -2 & 7 & -3\end{pmatrix}$

(6) $\widetilde{A}=\begin{pmatrix}7 & -3 & -4\\ 14 & -6 & -8\\ -21 & 9 & 12\end{pmatrix}$, $|A|=0$, 逆行列 A^{-1} は存在しない．

(7) $\widetilde{A}=\begin{pmatrix}1 & -2 & -1\\ 5 & -4 & -2\\ 7 & -5 & -1\end{pmatrix}$, $|A|=3$, $A^{-1}=\frac{1}{3}\begin{pmatrix}1 & -2 & -1\\ 5 & -4 & -2\\ 7 & -5 & -1\end{pmatrix}$

(8) $\widetilde{A}=\begin{pmatrix}-4 & 1 & 9\\ -1 & 3 & 5\\ -5 & -7 & -8\end{pmatrix}$, $|A|=11$, $A^{-1}=\frac{1}{11}\begin{pmatrix}-4 & 1 & 9\\ -1 & 3 & 5\\ -5 & -7 & -8\end{pmatrix}$

[4] (1) $x=-\frac{13}{3},\ y=\frac{11}{3}$ (2) $x=-\frac{1}{5},\ y=0,\ z=\frac{2}{5}$ (3) $x=3,\ y=2,\ z=-1$ (4) $x=\frac{9}{5},\ y=\frac{44}{5},\ z=-\frac{53}{5}$

演習問題 4-B (p.121)

[1] 略 (λA に定理 4.78 を n 回適用せよ.)

[2] (1) $-2D$ (2) $3D$ (3) D (4) $2D$ (5) $3D$ (6) $15D$
後半は略 (定理 4.78 の証明を真似よ.)

[3] 正則行列であるための必要十分条件は $a \neq 3$ であり，このとき逆行列は $\dfrac{1}{a-3}\begin{pmatrix} -1 & 1 & 1 \\ a+4 & 2-3a & -7 \\ a+2 & 1-2a & -5 \end{pmatrix}$ である.

[4] ただ 1 つの解をもつための必要十分条件は $a \neq -\frac{2}{3}$ である．さらにこのとき，解は $x = -\dfrac{2}{3}$, $y = \dfrac{2}{9a+6}$, $z = -\dfrac{a}{9a+6}$ である.

[5] 略 ($A\widetilde{A} = |A|I$ の両辺の行列式を考えよ.)

[6] 略 ($AA^{-1} = I$ の両辺の行列式を考えよ.)

[7] 略 ($A^2 = A$ の両辺の行列式を考えよ．さらに $|A| = 1$ のとき，A^{-1} が存在するから，それを $A^2 = A$ の両辺に掛けてみよ.)

[8] 略 (${}^tA = -A$ の両辺の行列式を考えよ.)

5 章

問 5.4 (p.125) 略

問 5.6 (p.125) (1) $\begin{pmatrix} 5 \\ 4 \\ -\frac{1}{2} \\ 5 \end{pmatrix}$ (2) $\begin{pmatrix} -5 \\ -1 \\ 4 \\ \sqrt{2}-6 \end{pmatrix}$

問 5.19 (p.131) (1) 1 次独立 (2) 1 次従属 (3) 1 次独立

問 5.24 (p.133) (1) $3x - y - 5z + 7 = 0$ (2) $x - y - 1 = 0$

問 5.29 (p.134) (1) 1 次独立 (2) 1 次従属，$5\boldsymbol{a}_1 - \boldsymbol{a}_2 - \boldsymbol{a}_3 = \boldsymbol{0}$
(3) 1 次従属，$\boldsymbol{a}_4 = 2\boldsymbol{a}_1 - 3\boldsymbol{a}_2 + 7\boldsymbol{a}_3$

問 5.33 (p.136) 基本変形 $\begin{pmatrix}\boldsymbol{a}_1 & \boldsymbol{a}_2 & \boldsymbol{x} & \boldsymbol{y} & \boldsymbol{z}\end{pmatrix} \to \cdots \to \begin{pmatrix} 1 & 0 & 2 & \frac{1}{2} & 0 \\ 0 & 1 & 3 & \frac{1}{2} & -3 \end{pmatrix}$ の第 1, 2 列が $\boldsymbol{a}_1, \boldsymbol{a}_2$ の 1 次独立性を表す．第 3 列より $\boldsymbol{x} = 2\boldsymbol{a}_1 + 3\boldsymbol{a}_2$，第 4 列より $\boldsymbol{y} = \frac{1}{2}\boldsymbol{a}_1 + \frac{1}{2}\boldsymbol{a}_2$，第 5 列より $\boldsymbol{z} = -3\boldsymbol{a}_2$.

問 5.34 (p.136) $\boldsymbol{x} = \boldsymbol{a}_1 - 5\boldsymbol{a}_3 + 4\boldsymbol{a}_4$

問 5.39 (p.138) 任意の $\boldsymbol{a} = \begin{pmatrix} a_1 \\ a_2 \\ a_3 \end{pmatrix}, \boldsymbol{b} = \begin{pmatrix} b_1 \\ b_2 \\ b_3 \end{pmatrix} \in W$ は，$2a_1 + 3a_2 - a_3 = 0$, $2b_1 + 3b_2 - b_3 = 0$ を満たしているのだから，$\boldsymbol{a} + \boldsymbol{b}$, $k\boldsymbol{a}$ ($k \in \mathbb{R}$) の成分は，それぞれ $2(a_1 + b_1) + 3(a_2 + b_2) - (a_3 + b_3) = (2a_1 + 3a_2 - a_3) + (2b_1 + 3b_2 - b_3) = 0 + 0 = 0$, $2ka_1 + 3ka_2 - ka_3 = k(2a_1 + 3a_2 - a_3) = k0 = 0$ を満たす．よって $\boldsymbol{a} + \boldsymbol{b} \in W$, $k\boldsymbol{a} \in W$. ゆえに，W は $\mathbb{R}^3$ の線形部分空間である.

問 5.41 (p.139) W は，和に関して閉じているものの，スカラー倍については閉じていない．たとえば $\boldsymbol{a} = \begin{pmatrix} 0 \\ 0 \\ 1 \end{pmatrix} \in W$ とスカラー -1 に対して，$-\boldsymbol{a} = \begin{pmatrix} 0 \\ 0 \\ -1 \end{pmatrix} \notin W$. よっ

て，W は線形部分空間ではない．

問 5.54 (p.144)　基底として $\boldsymbol{a}_1, \boldsymbol{a}_2$ を選べて，$\dim W = 2$ である．

演習問題 5-A (p.146)

[1]　(1) $\begin{pmatrix} 1 \\ 3 \\ 2 \\ 9 \end{pmatrix}$　(2) $\begin{pmatrix} 5 \\ 4 \\ 3 \\ 1 \end{pmatrix}$

[2]　(1) 1 次従属，$5\boldsymbol{a}_1 - 2\boldsymbol{a}_2 - 3\boldsymbol{a}_3 = \boldsymbol{0}$　(2) 1 次独立

[3]　(1) 1 次従属，$\boldsymbol{a}_1 + 3\boldsymbol{a}_2 - 4\boldsymbol{a}_3 = \boldsymbol{0}$　(2) 1 次独立　(3) 1 次従属，$\boldsymbol{a}_3 = \boldsymbol{a}_1 - \boldsymbol{a}_2$

(4) 1 次従属，$\boldsymbol{a}_4 = \boldsymbol{a}_1 + \boldsymbol{a}_2 - 4\boldsymbol{a}_3$

[4]　(1) 表せる．$-3\boldsymbol{a}_1 + 4\boldsymbol{a}_2$　(2) 表せない．　(3) 表せる．$-\boldsymbol{a}_1 + \boldsymbol{a}_2$

[5]　行基本変形 $(\boldsymbol{a}_1 \ \ \boldsymbol{a}_2 \ \ \boldsymbol{a}_3 \ \ \boldsymbol{b} \ \ \boldsymbol{c} \ \ \boldsymbol{d}) \to \cdots \to \begin{pmatrix} 1 & 0 & 0 & 1 & -\frac{3}{2} & 2 \\ 0 & 1 & 0 & 2 & 1 & -\frac{1}{2} \\ 0 & 0 & 1 & 1 & -\frac{1}{2} & \frac{1}{2} \end{pmatrix}$ の第 1, 2, 3 列部分により，$\boldsymbol{a}_1, \boldsymbol{a}_2, \boldsymbol{a}_3$ が基底であることがわかる．残りの列とあわせて次を得る．

(1) $\boldsymbol{b} = \boldsymbol{a}_1 + 2\boldsymbol{a}_2 + \boldsymbol{a}_3$　(2) $\boldsymbol{c} = -\frac{3}{2}\boldsymbol{a}_1 + \boldsymbol{a}_2 - \frac{1}{2}\boldsymbol{a}_3$　(3) $\boldsymbol{d} = 2\boldsymbol{a}_1 - \frac{1}{2}\boldsymbol{a}_2 + \frac{1}{2}\boldsymbol{a}_3$

[6]　(1) $\boldsymbol{b} = \boldsymbol{a}_1 - \boldsymbol{a}_2 + \boldsymbol{a}_3 - 7\boldsymbol{a}_4$　(2) $\boldsymbol{c} = -2\boldsymbol{a}_1 + 2\boldsymbol{a}_2 - \boldsymbol{a}_3$

[7]　(1), (3), (5), (7) が線形部分空間であり，(2), (4), (6), (8) が線形部分空間ではない．　(1) $\begin{pmatrix} 2 \\ 1 \end{pmatrix}$, 1 次元　(3) $\begin{pmatrix} -2 \\ 1 \\ 0 \end{pmatrix}, \begin{pmatrix} 0 \\ 0 \\ 1 \end{pmatrix}$, 2 次元　(5) $\begin{pmatrix} 2 \\ 3 \\ 10 \end{pmatrix}$, 1 次元

(7) $\boldsymbol{e}_3, \boldsymbol{e}_4$, 2 次元

[8]　(1) $\begin{pmatrix} 0 \\ -2 \\ 1 \\ 0 \end{pmatrix}, \begin{pmatrix} -2 \\ 1 \\ 0 \\ 1 \end{pmatrix}$, 2 次元　(2) $\begin{pmatrix} 1 \\ -2 \\ 1 \\ 0 \end{pmatrix}, \begin{pmatrix} 2 \\ -3 \\ 0 \\ 1 \end{pmatrix}$, 2 次元

(3) 基底は存在せず，次元は 0 である．　(4) $\begin{pmatrix} -6 \\ -3 \\ 1 \end{pmatrix}$, 1 次元

[9]　(1) 基底として最初の 2 つのベクトルが選べる．次元は 2.

(2) 基底として最初の 2 つのベクトルが選べる．次元は 2.

演習問題 5-B (p.147)

[1]　(1) 1 次独立　(2) 1 次従属

[2]　必要ならば番号を付け替えればよいから，$\boldsymbol{a}_1 = \boldsymbol{0}$ として考えることで一般性を失わない．このとき，非自明な 1 次関係 $1\boldsymbol{a}_1 + 0\boldsymbol{a}_2 + \cdots + 0\boldsymbol{a}_n = \boldsymbol{0}$ が成り立つ．ゆえに 1 次従属である．

[3]　必要ならば番号を付け替えればよいから，$\boldsymbol{a}_1 = \boldsymbol{a}_2$ として考えることで一般性を失わない．このとき，非自明な 1 次関係 $1\boldsymbol{a}_1 + (-1)\boldsymbol{a}_2 + 0\boldsymbol{a}_3 + \cdots + 0\boldsymbol{a}_n = \boldsymbol{0}$ が成り立つ．ゆえに 1 次従属である．

[4]　$\boldsymbol{a}_1, \boldsymbol{a}_2, \ldots, \boldsymbol{a}_m$ の中から任意に s 個のベクトル $\boldsymbol{a}_{\lambda_1}, \boldsymbol{a}_{\lambda_2}, \ldots, \boldsymbol{a}_{\lambda_s}$ を選ぶ．ここで

選ばれなかった $(m-s)$ 個のベクトルを $\boldsymbol{a}_{\lambda_{s+1}}, \boldsymbol{a}_{\lambda_{s+2}}, \ldots, \boldsymbol{a}_{\lambda_m}$ とする．いま，スカラー $c_1, c_2, \ldots, c_s$ について，1 次関係 $c_1\boldsymbol{a}_{\lambda_1}+c_2\boldsymbol{a}_{\lambda_2}+\cdots+c_s\boldsymbol{a}_{\lambda_s}=\boldsymbol{0}$ が成立していると仮定する．このとき，$c_1\boldsymbol{a}_{\lambda_1}+c_2\boldsymbol{a}_{\lambda_2}+\cdots+c_s\boldsymbol{a}_{\lambda_s}+0\boldsymbol{a}_{\lambda_{s+1}}+0\boldsymbol{a}_{\lambda_{s+2}}+\cdots+0\boldsymbol{a}_{\lambda_m}=\boldsymbol{0}$ となり，この等式はベクトル $\boldsymbol{a}_1, \boldsymbol{a}_2, \ldots, \boldsymbol{a}_m$ の 1 次関係を表している．$\boldsymbol{a}_1, \boldsymbol{a}_2, \ldots, \boldsymbol{a}_m$ は 1 次独立だから $c_1=c_2=\cdots=c_s=0$ である．よって，$\boldsymbol{a}_{\lambda_1}, \boldsymbol{a}_{\lambda_2}, \ldots, \boldsymbol{a}_{\lambda_s}$ も 1 次独立である．

[5] $a \neq 1, -3$ のとき，$\boldsymbol{a}_1, \boldsymbol{a}_2, \boldsymbol{a}_3, \boldsymbol{a}_4$ は 1 次独立である．

$a=1$ のとき，$\boldsymbol{a}_1, \boldsymbol{a}_2, \boldsymbol{a}_3, \boldsymbol{a}_4$ は 1 次従属である．このとき成り立つ 1 次関係として，たとえば $\boldsymbol{a}_1=\boldsymbol{a}_2$ がある．

$a=-3$ のとき，$\boldsymbol{a}_1, \boldsymbol{a}_2, \boldsymbol{a}_3, \boldsymbol{a}_4$ は 1 次従属である．このとき成り立つ 1 次関係として $\boldsymbol{a}_1+\boldsymbol{a}_2+\boldsymbol{a}_3+\boldsymbol{a}_4=\boldsymbol{0}$ がある．

[6] (1) 線形部分空間ではない．

(2) 線形部分空間である．$W=\mathrm{Span}\{\boldsymbol{e}_1, \boldsymbol{e}_2\}$, $\dim W=2$

(3) 線形部分空間である．$W=\mathrm{Span}\{\boldsymbol{e}_3\}$, $\dim W=1$

[7] $W_k=\mathrm{Span}\{\boldsymbol{e}_1, \boldsymbol{e}_2, \ldots, \boldsymbol{e}_k\}$, $\dim W_k=k$

[8] 基底として $\boldsymbol{a}_1, \boldsymbol{a}_2, \boldsymbol{a}_4$ を選べる．$\dim W=3$

[9] (1) $a=b=1$ のとき，与えられた線形部分空間は $\mathrm{Span}\left\{\begin{pmatrix}1\\1\\1\end{pmatrix}\right\}$ となる．ゆえに，基底として $\begin{pmatrix}1\\1\\1\end{pmatrix}$ が選べて，次元は 1 である．それ以外のときは，$\begin{pmatrix}a\\1\\1\end{pmatrix}, \begin{pmatrix}1\\b\\1\end{pmatrix}$ がそのまま基底となって，次元は 2 である．

(2) 基底として $\begin{pmatrix}1\\0\\0\\0\\-1\end{pmatrix}, \begin{pmatrix}0\\1\\3\\0\\0\end{pmatrix}, \begin{pmatrix}0\\0\\0\\1\\0\end{pmatrix}$ が選べる．3 次元．

[10] (1), (3) は線形部分空間であり，(2) は線形部分空間ではない．

[11] 略

6 章

問 6.6 (p.151) (1) $F_A(t)=t^2+3t-25$ (2) $F_A(t)=t^3-5t^2+4t+16$

問 6.10 (p.152) (1) -1, 4 (2) -3, 0, 1

問 6.12 (p.153) $c\begin{pmatrix}1\\2\end{pmatrix}$ $(c \neq 0)$

問 6.16 (p.156) (1) 固有値 -3, 5, 固有値 -3 に関する固有ベクトル $c\begin{pmatrix}-2\\1\end{pmatrix}$ $(c \neq 0)$，固有値 5 に関する固有ベクトル $c\begin{pmatrix}2\\1\end{pmatrix}$ $(c \neq 0)$．

(2) 固有値 -1, 2, 固有値 -1 に関する固有ベクトル $c\begin{pmatrix}-1\\1\\1\end{pmatrix}$ $(c \neq 0)$，固有値 2 に

関する固有ベクトル $c_1\begin{pmatrix}3\\1\\0\end{pmatrix}+c_2\begin{pmatrix}-1\\0\\1\end{pmatrix}$ $((c_1,c_2)\neq(0,0))$.

(3) 固有値 $-1, 1, 2$,　固有値 -1 に関する固有ベクトル $c\begin{pmatrix}1\\1\\0\end{pmatrix}$ $(c\neq 0)$, 固有値 1 に関する固有ベクトル $c\begin{pmatrix}1\\-1\\1\end{pmatrix}$ $(c\neq 0)$, 固有値 2 に関する固有ベクトル $c\begin{pmatrix}0\\-1\\1\end{pmatrix}$ $(c\neq 0)$.

問 6.23 (p.158) (1) $\dim W(-3,A)=1$, $\dim W(5,A)=1$

(2) $\dim W(-1,A)=1$, $\dim W(2,A)=2$

(3) $\dim W(-1,A)=1$, $\dim W(1,A)=1$, $\dim W(2,A)=1$

問 6.40 (p.163) (1) $P=\begin{pmatrix}-2&2\\1&1\end{pmatrix}$ とすると，$P^{-1}AP=\begin{pmatrix}-3&0\\0&5\end{pmatrix}$.

(2) $P=\begin{pmatrix}-1&3&-1\\1&1&0\\1&0&1\end{pmatrix}$ とすると，$P^{-1}AP=\begin{pmatrix}-1&0&0\\0&2&0\\0&0&2\end{pmatrix}$.

(3) $P=\begin{pmatrix}1&1&0\\1&-1&-1\\0&1&1\end{pmatrix}$ とすると，$P^{-1}AP=\begin{pmatrix}-1&0&0\\0&1&0\\0&0&2\end{pmatrix}$.

問 6.44 (p.164) (1) A の固有値は 1 のみで，$\dim W(1,A)=1<2$ より，対角化できない.

(2) 対角化可能で，$P=\begin{pmatrix}-1&-2&-1\\1&0&-2\\0&1&1\end{pmatrix}$ とすると，$P^{-1}AP=\begin{pmatrix}2&0&0\\0&2&0\\0&0&3\end{pmatrix}$.

(3) A の固有値は $-1, 3$ で，$\dim W(-1,A)+\dim W(3,A)=2<3$ より，対角化できない.

問 6.48 (p.166) (1) $A^m=\begin{pmatrix}\frac{(-3)^m+5^m}{2}&-(-3)^m+5^m\\\frac{-(-3)^m+5^m}{4}&\frac{(-3)^m+5^m}{2}\end{pmatrix}$

(2) $A^m=\begin{pmatrix}\frac{(-1)^m+2^{m+1}}{3}&-(-1)^m+2^m&\frac{(-1)^m-2^m}{3}\\\frac{-(-1)^m+2^m}{3}&(-1)^m&\frac{-(-1)^m+2^m}{3}\\\frac{-(-1)^m+2^m}{3}&(-1)^m-2^m&\frac{-(-1)^m+2^{m+2}}{3}\end{pmatrix}$

(3) $A^m=\begin{pmatrix}1&(-1)^m-1&(-1)^m-1\\-1+2^m&(-1)^m+1-2^m&(-1)^m+1-2^{m+1}\\1-2^m&-1+2^m&-1+2^{m+1}\end{pmatrix}$

問 6.50 (p.167) $a_m=\dfrac{-(-3)^{m-1}+3\cdot 5^{m-1}}{2}$,　$b_m=\dfrac{(-3)^{m-1}+3\cdot 5^{m-1}}{4}$

演習問題 6-A (p.167)

[1] (1) 固有値 5, 6,　固有値 5 の固有ベクトル $c\begin{pmatrix}1\\1\end{pmatrix}$ $(c\neq 0)$，固有値 6 の固有ベクトル $c\begin{pmatrix}1\\2\end{pmatrix}$ $(c\neq 0)$.

(2) 固有値 $-2, 2$,　固有値 -2 の固有ベクトル $c\begin{pmatrix}-2\\1\end{pmatrix}$ $(c\neq 0)$，固有値 2 の固有ベ

クトル $c\begin{pmatrix}2\\1\end{pmatrix}$ $(c \neq 0)$.

(3) 固有値 $-4,\ 2,\ 3$,　固有値 -4 の固有ベクトル $c\begin{pmatrix}0\\0\\1\end{pmatrix}$ $(c \neq 0)$，固有値 2 の固有ベクトル $c\begin{pmatrix}0\\-6\\1\end{pmatrix}$ $(c \neq 0)$，固有値 3 の固有ベクトル $c\begin{pmatrix}-1\\-7\\1\end{pmatrix}$ $(c \neq 0)$.

(4) 固有値 $1,\ 2,\ 4$,　固有値 1 の固有ベクトル $c\begin{pmatrix}0\\1\\0\end{pmatrix}$ $(c \neq 0)$，固有値 2 の固有ベクトル $c\begin{pmatrix}-1\\0\\1\end{pmatrix}$ $(c \neq 0)$，固有値 4 の固有ベクトル $c\begin{pmatrix}1\\0\\1\end{pmatrix}$ $(c \neq 0)$.

(5) 固有値 $-2,\ 1$,　固有値 -2 の固有ベクトル $c\begin{pmatrix}-1\\1\\1\end{pmatrix}$ $(c \neq 0)$，固有値 1 の固有ベクトル $c_1\begin{pmatrix}1\\1\\0\end{pmatrix} + c_2\begin{pmatrix}1\\0\\1\end{pmatrix}$ $((c_1, c_2) \neq (0,0))$.

(6) 固有値 $-1,\ 1,\ 2$,　固有値 -1 の固有ベクトル $c\begin{pmatrix}1\\-2\\1\end{pmatrix}$ $(c \neq 0)$，固有値 1 の固有ベクトル $c\begin{pmatrix}-1\\0\\1\end{pmatrix}$ $(c \neq 0)$，固有値 2 の固有ベクトル $c\begin{pmatrix}1\\1\\1\end{pmatrix}$ $(c \neq 0)$.

(7) 固有値 $1, 3$,　固有値 1 の固有ベクトル $c_1\begin{pmatrix}-1\\1\\0\end{pmatrix} + c_2\begin{pmatrix}-1\\0\\3\end{pmatrix}$ $((c_1, c_2) \neq (0,0))$，固有値 3 の固有ベクトル $c\begin{pmatrix}1\\-1\\2\end{pmatrix}$ $(c \neq 0)$.

(8) 固有値 $-3,\ -1,\ 0$,　固有値 -3 の固有ベクトル $c\begin{pmatrix}1\\-1\\1\end{pmatrix}$ $(c \neq 0)$，固有値 -1 の固有ベクトル $c\begin{pmatrix}2\\-1\\1\end{pmatrix}$ $(c \neq 0)$，固有値 0 の固有ベクトル $c\begin{pmatrix}3\\-2\\1\end{pmatrix}$ $(c \neq 0)$.

[2]　(1) $P = \begin{pmatrix}1 & 1\\1 & 2\end{pmatrix}$ とすると，$P^{-1}AP = \begin{pmatrix}5 & 0\\0 & 6\end{pmatrix}$.

(2) $P = \begin{pmatrix}-2 & 2\\1 & 1\end{pmatrix}$ とすると，$P^{-1}AP = \begin{pmatrix}-2 & 0\\0 & 2\end{pmatrix}$.

(3) $P = \begin{pmatrix}0 & 0 & -1\\0 & -6 & -7\\1 & 1 & 1\end{pmatrix}$ とすると，$P^{-1}AP = \begin{pmatrix}-4 & 0 & 0\\0 & 2 & 0\\0 & 0 & 3\end{pmatrix}$.

(4) $P = \begin{pmatrix}0 & -1 & 1\\1 & 0 & 0\\0 & 1 & 1\end{pmatrix}$ とすると，$P^{-1}AP = \begin{pmatrix}1 & 0 & 0\\0 & 2 & 0\\0 & 0 & 4\end{pmatrix}$.

(5) $P=\begin{pmatrix}-1&1&1\\1&1&0\\1&0&1\end{pmatrix}$ とすると，$P^{-1}AP=\begin{pmatrix}-2&0&0\\0&1&0\\0&0&1\end{pmatrix}$.

(6) $P=\begin{pmatrix}1&-1&1\\-2&0&1\\1&1&1\end{pmatrix}$ とすると，$P^{-1}AP=\begin{pmatrix}-1&0&0\\0&1&0\\0&0&2\end{pmatrix}$.

(7) $P=\begin{pmatrix}-1&-1&1\\1&0&-1\\0&3&2\end{pmatrix}$ とすると，$P^{-1}AP=\begin{pmatrix}1&0&0\\0&1&0\\0&0&3\end{pmatrix}$.

(8) $P=\begin{pmatrix}1&2&3\\-1&-1&-2\\1&1&1\end{pmatrix}$ とすると，$P^{-1}AP=\begin{pmatrix}-3&0&0\\0&-1&0\\0&0&0\end{pmatrix}$.

[3] (1) $A^m=\begin{pmatrix}2\cdot5^m-6^m&-5^m+6^m\\2\cdot5^m-2\cdot6^m&-5^m+2\cdot6^m\end{pmatrix}$

(2) $A^m=\begin{pmatrix}\frac{(-2)^m+2^m}{2}&-(-2)^m+2^m\\\frac{-(-2)^m+2^m}{4}&\frac{(-2)^m+2^m}{2}\end{pmatrix}$

(3) $A^m=\begin{pmatrix}3^m&0&0\\-7\cdot2^m+7\cdot3^m&2^m&0\\\frac{-(-4)^m+7\cdot2^m-6\cdot3^m}{6}&\frac{(-4)^m-2^m}{6}&(-4)^m\end{pmatrix}$

(4) $A^m=\begin{pmatrix}\frac{2^m+4^m}{2}&0&\frac{-2^m+4^m}{2}\\0&1&0\\\frac{-2^m+4^m}{2}&0&\frac{2^m+4^m}{2}\end{pmatrix}$

(5) $A^m=\begin{pmatrix}\frac{(-2)^m+2}{3}&\frac{-(-2)^m+1}{3}&\frac{-(-2)^m+1}{3}\\\frac{-(-2)^m+1}{3}&\frac{(-2)^m+2}{3}&\frac{(-2)^m-1}{3}\\\frac{-(-2)^m+1}{3}&\frac{(-2)^m-1}{3}&\frac{(-2)^m+2}{3}\end{pmatrix}$

(6) $A^m=\begin{pmatrix}\frac{(-1)^m+3+2\cdot2^m}{6}&\frac{-(-1)^m+2^m}{3}&\frac{(-1)^m-3+2\cdot2^m}{6}\\\frac{-(-1)^m+2^m}{3}&\frac{2\cdot(-1)^m+2^m}{3}&\frac{-(-1)^m+2^m}{3}\\\frac{(-1)^m-3+2\cdot2^m}{6}&\frac{-(-1)^m+2^m}{3}&\frac{(-1)^m+3+2\cdot2^m}{6}\end{pmatrix}$

(7) $A^m=\begin{pmatrix}\frac{-1+3\cdot3^m}{2}&\frac{-3+3\cdot3^m}{2}&\frac{-1+3^m}{2}\\\frac{3-3\cdot3^m}{2}&\frac{5-3\cdot3^m}{2}&\frac{1-3^m}{2}\\-3+3\cdot3^m&-3+3\cdot3^m&3^m\end{pmatrix}$

(8) $A^m=\begin{pmatrix}-(-3)^m+2\cdot(-1)^m&-(-3)^m+4\cdot(-1)^m&(-3)^m+2\cdot(-1)^m\\(-3)^m-(-1)^m&(-3)^m-2\cdot(-1)^m&-(-3)^m-(-1)^m\\-(-3)^m+(-1)^m&-(-3)^m+2\cdot(-1)^m&(-3)^m+(-1)^m\end{pmatrix}$

[4] (1) 対角化可能で，$P=\begin{pmatrix}1&1\\0&1\end{pmatrix}$ とすると，$P^{-1}AP=\begin{pmatrix}1&0\\0&3\end{pmatrix}$.

(2) A の固有値は 3 のみで，$\dim W(3,A)=1<2$ より，対角化できない．

(3) A の固有値は $-1, 1$ で，$\dim W(-1,A)+\dim W(1,A)=2<3$ より，対角化できない．

(4) 対角化可能で，$P=\begin{pmatrix}-1&1&-1\\1&1&0\\1&0&1\end{pmatrix}$ とすると，$P^{-1}AP=\begin{pmatrix}-2&0&0\\0&3&0\\0&0&3\end{pmatrix}$.

[5] $a_m=5^m-3\cdot6^{m-1}$, $b_m=5^m-6^m$

演習問題 6-B (p.168)

[1] $F_A(t) = t^4 - t^3 - 6t^2 + t + 15$

[2] (1) 対角化可能で，$P = \begin{pmatrix} 1 & 1 & 1 & 1 \\ 0 & 1 & 2 & 3 \\ 0 & 0 & 2 & 6 \\ 0 & 0 & 0 & 6 \end{pmatrix}$ とすると，$P^{-1}AP = \begin{pmatrix} 1 & 0 & 0 & 0 \\ 0 & 2 & 0 & 0 \\ 0 & 0 & 3 & 0 \\ 0 & 0 & 0 & 4 \end{pmatrix}$.

(2) A の固有値は 1, 2, 3 で，$\dim W(1, A) + \dim W(2, A) + \dim W(3, A) = 3 < 4$ より，対角化できない.

(3) 対角化可能で, $P = \begin{pmatrix} 0 & -1 & 0 & 1 \\ -1 & 0 & 1 & 0 \\ 1 & 0 & 1 & 0 \\ 0 & 1 & 0 & 1 \end{pmatrix}$ とすると, $P^{-1}AP = \begin{pmatrix} -1 & 0 & 0 & 0 \\ 0 & -1 & 0 & 0 \\ 0 & 0 & 1 & 0 \\ 0 & 0 & 0 & 1 \end{pmatrix}$.

[3] λ を A の固有値とし，$\boldsymbol{u}$ を固有値 λ に関する固有ベクトルとするとき，

$$\lambda\boldsymbol{u} = A\boldsymbol{u} = A^2\boldsymbol{u} = A(A\boldsymbol{u}) = A(\lambda\boldsymbol{u}) = \lambda(A\boldsymbol{u}) = \lambda(\lambda\boldsymbol{u}) = \lambda^2\boldsymbol{u}$$

より，$(\lambda - \lambda^2)\boldsymbol{u} = \boldsymbol{0}$ である．$\boldsymbol{u} \neq \boldsymbol{0}$ より $\lambda - \lambda^2 = 0$，つまり $\lambda = 0$ または $\lambda = 1$.

[4] 「A が 0 を固有値にもたない」$\Longleftrightarrow F_A(0) = |0I - A| \neq 0 \Longleftrightarrow |A| \neq 0 \Longleftrightarrow$「$A$ が正則行列である」

[5] (1) 1, 4 (2) -1, $-\frac{1}{2}$, $\frac{1}{2}$ (3) 2, -3, 5

[6] A の固有方程式 $t^2 - (a + c)t + ac - b^2 = 0$ の判別式は

$$(a + c)^2 - 4(ac - b^2) = (a - c)^2 + 4b^2 \geq 0$$

なので，A の固有値はすべて実数である.

[7] (1) $b_{m+1} = 2a_m + b_m$ (2) $A = \begin{pmatrix} 0 & 1 \\ 2 & 1 \end{pmatrix}$ (3) $a_m = 2^{m-1} + (-1)^m$

索　引

記号／数字

あ　行

か　行

さ 行

た 行

な 行

は　行

ま　行

や　行

ら　行

わ　行

著者略歴

新井啓介
あら い けい すけ

2005年 東京大学大学院数理科学研究科博士課程修了
現　在 東京電機大学未来科学部教授
博士（数理科学）

池田京司
いけ だ あつ し

2001年 東京大学大学院数理科学研究科博士課程修了
現　在 東京電機大学工学部教授
博士（数理科学）

出耒光夫
いず き みつ お

2008年 北海道大学大学院理学研究科博士課程修了
現　在 東京都市大学共通教育部准教授
博士（理学）

國分雅敏
こく ぶ まさ とし

1995年 東京都立大学大学院理学研究科数学専攻博士課程修了
現　在 東京電機大学工学部教授
博士（理学）

藤澤太郎
ふじ さわ た ろう

1995年 東京工業大学大学院理工学研究科数学専攻博士課程修了
現　在 東京電機大学工学部教授
博士（理学）

三鍋聡司
み なべ さと し

2007年 名古屋大学大学院多元数理科学研究科博士後期課程修了
現　在 東京電機大学工学部教授
博士（数理学）

宮崎　桂
みや ざき かつら

1990年 テキサス大学オースティン校博士課程修了
現　在 東京電機大学未来科学部教授 Ph.D.

山本　現
やま もと げん

2001年 早稲田大学大学院理工学研究科数理科学専攻博士課程修了
現　在 東京電機大学工学部・未来科学部非常勤講師　博士（理学）

執筆協力者

井川　明
い がわ あきら

伊藤雅彦
い とう まさ ひこ

太田琢也
おお た たく や

2015年4月24日　初　版　発　行
2024年11月22日　初版第11刷発行

ベクトルと行列
基礎からはじめる線形代数

著　者　新井啓介
池田京司
出耒光夫
國分雅敏
藤澤太郎
三鍋聡司
宮崎　桂
山本　現

発行者　山本　格

発行所　株式会社　培風館
東京都千代田区九段南4-3-12・郵便番号102-8260
電話(03)3262-5256(代表)・振替00140-7-44725

D.T.P. アベリー・平文社印刷・牧 製本

PRINTED IN JAPAN

ISBN 978-4-563-00496-5 C3041